大气波动与背景流相互作用

朱小谦　何阳　盛峥　等 著

科 学 出 版 社

北 京

内 容 简 介

低层大气中包含重力波、行星波在内的各种尺度的波动，受对流层波源激发后可向上传播到平流层及以上大气。各种尺度的波动通过沉积动量和能量的方式改变背景风场，波破碎产生的湍流也会带来物质和能量的交换。基于此，厘清大气波动影响环流结构的物理过程和作用机制，是有待解决的关键科学问题之一。本书首先介绍了大气科学领域中与波动相关的基础知识，然后基于观测资料、模式结果和再分析数据，分别重点讨论了湍流、小尺度重力波、惯性重力波、天气尺度行星波以及准静止行星波与背景大气的相互作用过程。本书旨在提升对热点区域大气环流及物质能量交换规律的认知水平，深化对大气波动现象的认识，分析评估对流层和平流层中的关键物理过程，进而有效提升大气环流模式精度，为保障航空航天活动提供大气环境的理论和结果参考。

本书可供飞行器设计、大气探测、大气物理与大气环境等相关学科的研究人员及工程人员参考阅读。

图书在版编目（CIP）数据

大气波动与背景流相互作用 / 朱小谦等著. -- 北京：科学出版社，2025. 1. -- ISBN 978-7-03-079868-8

Ⅰ. P433；O354

中国国家版本馆 CIP 数据核字第 20249FQ486 号

责任编辑：许 健 / 责任校对：谭宏宇
责任印制：黄晓鸣 / 封面设计：殷 靓

科学出版社 出版
北京东黄城根北街 16 号
邮政编码：100717
http：//www.sciencep.com

南京展望文化发展有限公司排版
苏州市越洋印刷有限公司印刷
科学出版社发行 各地新华书店经销

*

2025 年 1 月第 一 版 开本：B5（720×1000）
2025 年 1 月第一次印刷 印张：15 3/4
字数：268 000

定价：130.00 元

（如有印装质量问题，我社负责调换）

《大气波动与背景流相互作用》

编 写 人 员

朱小谦　何　阳　盛　峥　何明元

张　杰　秦子林　范志强　宋雨洋

陈　彪　廖麒翔　王　莹　季倩倩

常舒捷　赵笑然　张焕炜　何泽锋

张挚蒙　吴刚耀　管笙荃　王泽瑞

前　言

近年来,开发临近空间、加强太空安全已经是国家的重大发展战略。平流层位于对流层以上到距地表约 50 km 的高度范围,是临近空间飞行器飞行或者驻留的关键区域。低层大气是中高层大气重要的动量和能量来源,低层大气中包含重力波、行星波在内的各种尺度的波动,受到波源激发产生后向上传播。各种尺度的波动在上传过程中,会与背景大气发生相互作用,通过动力学的方式改变大气的结构和状态。此外,这些波动会引起平流层风场、温度、密度、气压等的改变,而这些气象要素和飞行器弹道参数、热环境指标、飞行速度、飞行安全以及瞄准精度密切相关。因此,评估平流层中多尺度波动与背景流相互作用的物理过程,有助于掌握临近空间关键区域的大气环境情况,提升对飞行器运行环境的精细化认知水平,从而实现对临近空间“认得清、留得住、用得上”的总体目标。

重力波活动和行星波活动在大气中的物质和能量交换中具有关键的作用,波破碎产生的湍流会带来物质和能量的交换。但是受限于观测技术手段和机理认知水平,对这些波动的传播与耗散过程如何影响大气环境仍然存在不清晰和有争议的地方。所以,通过开展大气多尺度波动与背景流相互作用的机理分析,厘清大气中的波动影响大气环境的物理过程和机制,是有待解决的关键科学问题。本书基于多源观测数据、再分析资料以及模式结果,针对大气中的多个典型波流相互作用现象,从动力学的角度对其中的物理过程和作用机制开展系统性研究,涵盖湍流、小尺度重力波、惯性重力波、天气尺度行星波、准静止行星波在内的多个尺度上的波动,以及与其对应的背景大气之间的相互作用规律。

本书旨在解析大气环流背后的波动力强迫规律,提升对大气环流现象的模拟精度,探讨未来气候变暖条件下的平流层风场变化趋势,从而有助于更好地预测和应对未来可能再次发生的环流异常现象。本书的内容对于扩展对大气动力学的理论认知，深化对平流层大气波动现象的理解，改进大气环流模式的精度，以及增强对航空航天活动的应用保障能力具有借鉴意义。通过开展多尺度波动与背景大气相互作用的机理研究，有助于突破平流层大气环流现象预报的关键技术，提升对平流层热点区域大气环流现象及物质能量交换规律的认知水平，进而有效支撑对飞行器驻留区域的开发和利用。

本书利用多源观测和模式资料，对包含湍流、小尺度重力波、惯性重力波、天气尺度行星波以及准静止行星波在内的多尺度波动与背景大气的相互作用机理进行研究。分析现有探测基础，探索新型探测技术，介绍基于观测的临近空间大气数据处理方法。同时，结合团队自身研究方向，重点介绍相关探测手段在大气扰动中的分析研究。本书共 8 章，第一章为绪论，主要是基本概念的介绍，帮助读者对本书研究内容有一个基本了解和认识；第二章为资料和方法介绍，阐述了书中开展的工作所涉及的数据资料和研究方法；第三章~第七章为主体部分，讨论了多尺度波动与背景流相互作用的物理过程和机制；第八章为后记，对本书的主要工作和结论、主要创新点以及未来工作进行了总结和展望。第三章~第七章对应研究内容和结论分别归纳如下。

第三章：利用西北地区临近空间高分辨率探空资料，基于 Thorpe 法计算了不同高度湍流的 Thorpe 尺度、湍流层厚度、湍流动能耗散率和湍流扩散系数，并以平流层大尺度湍流为例进行了异常湍流的分析。结果表明，对流层中上层 5~10 km 是湍流出现最频繁的区域，湍流动能耗散率与扩散系数也在该区域出现极大值。此外，通过分析平流层大尺度湍流出现时的天气现象，发现其与降水存在着明显的关系。在降水出现的时期，对应的两组无线电探空仪均在平流层中层探测到远大于平流层平均 Thorpe 尺度的湍流层。利用 6 年美国高垂直分辨率无线电探空仪数据分析西太平洋热带地区湍流的分布特征，进一步确定湍流的分布及其与降水的相关性。结果表明，10~16 km 产生强湍流混合区，月平均湍流发生率约为 40%。湍流与降水的关系随高度发生显著的变化：在云层内部，湍流与降水呈负相关，相关系数在-0.4 左右；在云层上方，降水的增强对湍流有一定的促进作用，特别是对大尺度湍流的出现产生了积极的影响。

第四章：基于新型往返式智能探空系统开展大气湍流和小尺度重力波在背景流下的传播耗散规律研究。评估平流层中的物理过程在气候变化中的作用是过去几十年里大气科学领域最热门的话题之一，然而受限于探测手段，平流层的小尺度扰动信息依然相对缺少，并且对小尺度波扰动的认识依然不够充分。基于结构函数和奇异测度，本章对中国区域平流层小尺度重力波的扰动特征进行了量化，并讨论了由赫斯特（Hurst）指数和间歇性参数形成的参数空间（$H1$，$C1$）与不同尺度扰动之间的联系性。重力波的演化通过三阶结构函数随时间的变化来反映，根据三阶结构函数，可将小尺度重力波分为三种状态：稳定重力波、不稳定重力波以及重力波和湍流共存。此外结果表明，平流层小尺度重力波的增强伴随下方惯性重力波的减弱，这和开尔文-霍尔兹曼不稳定密切相关，而小尺度重力波的增强有利于平流层低层的臭氧向更高的高度输送。本章所发展的扰动量化指标，即参数空间（$H1$，$C1$），在分析平流层大气精细化结构特征及物质交换和能量传输过程中显示出较好的效果。

第五章：利用西太平洋地区六个站点上空 2013～2018 年的无线电探空仪数据，对对流层（2～14 km）和低平流层（18～28 km）的惯性重力波的活动特征进行统计分析。采用斯托克斯（Stokes）参数法提取重力波的特征参数，将重力波分为向上传播波和向下传播波，并与速度图分析结果进行比较。在平流层，由于背景风场的滤波效应，惯性重力波更集中于东向传播的低频波，波源在对流层。对流层重力波活动具有明显的年际变化特征，冬季最强，季风季最弱，平流层重力波活动在准两年振荡相位转换期间有所增强，对应强烈的东向风切变。在 2015/2016 准两年振荡中断期间，对流层波源激发更加强烈的惯性重力波向上传播，到达平流层后，具有较慢相速度的波由于传播速度低于平均流而被吸收，在平流层低层耗散动量，产生额外增强的西向强迫，进一步促进西风准两年振荡（quasi-biennial oscillation，QBO）相位中东风相位的发展。

第六章：探究了天气尺度行星波与背景流的相互作用在夏季极端高温中的贡献。近几十年来，北半球中纬度地区的极端事件变得更加频繁，对生态系统和社会生产生活产生了巨大影响。行星波的准共振放大（quasi-resonant amplification，QRA）被认为是导致极端天气的动力机制之一。然而，QRA 引起的共振波对地表极端高温的具体影响仍然是一个悬而未决的问题。本章结果表明，导致极端高温的准共振放大行星波与对流层中的双急流结构密切相关，并伴随着大气阻塞的增强和行星波进入平流层的减弱。此外，由 QRA 引起的纬向波数 $m=6\sim8$ 的中纬度行星波在近年来日益频繁的热浪中发挥了重要作用，它可以增加中纬度极端高温的覆盖面积和发生频率，并更倾向于对特定区域产生更为显著影响，尤其是欧亚大陆。

第七章：讨论了准静止行星波在两次 QBO 中断中的作用过程及其可能的动力前兆。热带平流层风场的准两年振荡在 2015/2016 的北半球冬季以及

2019/2020 的南半球冬季发生了中断,这对其由于自身周期性所具有的可预测性带来了挑战,并引发广泛的关注。通过探究这两次中断事件背后来自中纬度的行星波活动特征,发现导致赤道地区纬向风场逆转的行星波贡献均源自中高纬向赤道传播的强烈波包,并伴随着向西移动。强烈波包出现的时间和 2016 年主要最终增温、2019 年小型爆发性增温的时间相吻合,显示出两者之间的联系。同时还发现强烈波包的南移过程中还对应平流层高层东移波的破碎,并且只在中断事件中出现,这种额外耗散产生的动量沉积会加强平流层低层行星波的西向强迫,最终造成赤道地区纬向风场的逆转。基于此,本书提出了一种基于行星波特征的角度来论述 QBO 异常的动力配置,即平流层高层东移波的破碎以及平流层低层强烈的赤道向的西移波包的同时发生,并伴随着平流层高层增强的负强迫。

本书由朱小谦研究员、何阳博士、盛峥教授、何明元教授、张杰博士等整理编写。其中,第一章由朱小谦、何阳和盛峥编写。第二章,数据资料部分由朱小谦编写,理论与方法部分由盛峥和何明元编写。第三章,由何阳、秦子林编写。第四章,由何阳、张杰编写。第五章,由何阳、范志强编写。第六章,由何阳、廖麒翔编写。第七章,由朱小谦、何阳编写。第八章,由朱小谦、盛峥、何阳编写。常舒捷、赵笑然、陈彪、季倩倩、王莹、宋雨洋、张焕炜、何泽锋、张挚蒙、吴刚耀、管笙荃、王泽瑞等为本书做了大量细致和烦琐的整理、修改及其他辅助工作。在此谨向为本书做出贡献的所有成员表示诚挚的感谢。

本书得到了某重点项目、某融合专项、国家自然科学基金项目(批准号:42405060、42275060)、军队高层次科技创新人才工程配套科研项目的资助,同行专家给予了大力支持并提出宝贵意见,在此一并表示感谢。

由于作者学识有限,且波流相互作用的研究具有一定难度,本书所形成的成果还是初步的。书中疏漏和不当之处在所难免,恳请专家和学者批评指正。

著　者
2024 年 6 月

目　录

第一章 绪　论

1.1 引言

地球大气是地球外围的空气层，具有复杂的结构和成分，与人类的生产生活紧密相关。地球大气在水平方向上的分布特征比较均匀，但在垂直方向上却表现出明显的层状结构，即不同高度大气的物理化学性质存在明显差异。究其原因，主要是由地球本身的自转，以及太阳辐射对不同高度上大气所施加影响的程度不同所导致的。由于大气在垂直方向上所表现出的层状结构，可以根据大气内部的物理化学性质对其按高度进行分层，如图 1.1 所示。根据大气中性成分的热力结构特征（温度随高度的变化），可将大气分成对流层（一般从地表到海拔 10 km，热带地区可以达到 15~20 km）、平流层（对流层顶到 50 km 附近）、中间层（平流层顶到 85 km 附近）和热层（中间层顶以上的大气）。根据大气中化学成分的垂直分布特征，可以将大气分成均匀层（由于湍流扩散作用，大气各成分均匀混合，所占比例随高度增加基本不变，一般在 85 km 以下）和非均匀层（在光化学作用和重力分离作用下，大气各成分占比随高度增加发生变化，一般在 85 km 以上）。根据大气内部的电磁特性，可将大气分成电离层（大气分子和原子被电离成离子和电子，一般在地表以上 60 km 到 500~1 000 km）和磁层（粒子间碰撞机会减小，带电粒子主要受磁场控制，一般从 500~1 000 km 到磁层顶）。

中层大气是指距地球表面 10 km 高度到 100 km 高度的大气层，包括对流层上部、平流层、中间层以及低热层。虽然中层大气远离地面，内部不存在对流层中常见的天气现象（气旋、雷暴、锋面等），但其独特的重要性依然引起科学家的广泛关注，并进行了大量研究。首先，中层大气是对流层的上边界大气，能够与对流层发生耦合，自上而下影响对流层大气。中层大气中的平流层大气由于其缓慢的演变特征（相较于对流层而言），可为对流层极端天气气候的预报提供重要的信息。例如平流层极涡减弱往往是北半球地表寒潮发生的前兆。其次，中

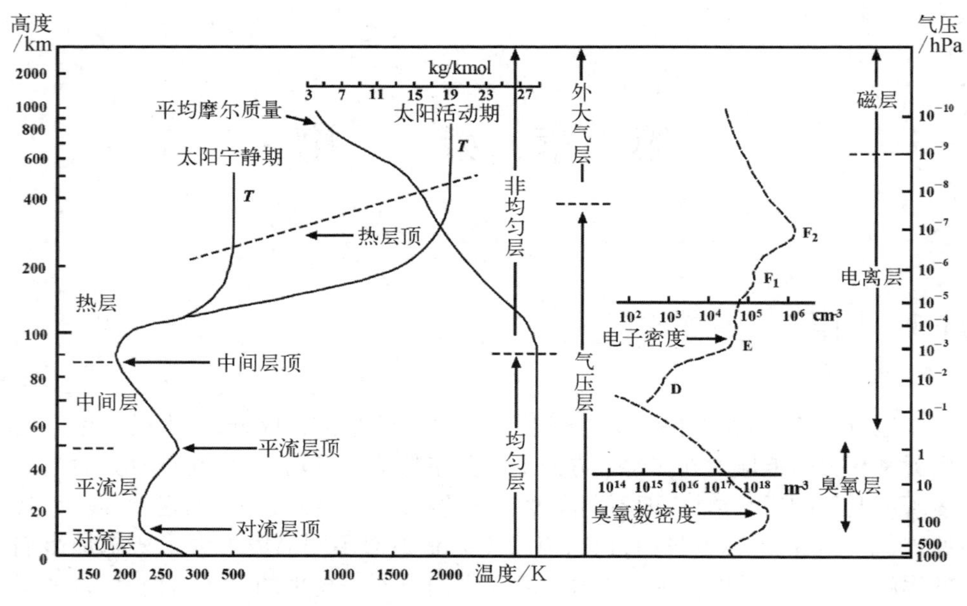

图 1.1 大气分层图[1]

层大气是空间天气的下边界大气,能够作为太阳活动的“显示屏”,太阳活动对地球天气和气候的影响可以从中体现。例如太阳辐射能改变中层大气中的臭氧,通过行星波的作用将这一变化传递到对流层,从而导致天气气候的变化。此外,美军提出的“临近空间”概念就位于中层大气中 20~100 km 的高度范围内,它是航天和航空的结合部,是国家太空安全体系中的一个重要环节。中层大气的环境改变会直接影响航空航天飞行器的飞行安全和任务执行效果。低层大气(对流层)大约集中了全部大气质量的 3/4 以及几乎全部的水汽。低层大气中的垂直混合强烈,具有普遍的对流运动,是中层大气的重要能量和动量来源。

各种波动形式的运动在整个地球大气中无时无刻不在发生,这些波动的空间尺度和时间尺度存在显著差异。根据不同的尺度以及恢复力,大气中的主要波动包括大气潮汐、行星波、重力波、湍流等。这些大气波动对大气的成分以及结构的改变都起着重要作用。低层大气能以波动上传的形式影响中层大气,其中便包括行星波、重力波在内的多尺度波动。重力波活动和行星波活动在中层大气的物质和能量交换中具有关键的作用。如何准确描述重力波和行星波在大气中的传播与耗散过程,需要通过观测资料验证其中的物理过程和作用机制,同时检验和改进数值模式中大气重力波参数化方案也是有待解决的关键科学问题。大气重力波本身会直接影响临近空间飞行器的飞行安全,同时重力波也可也通过波流耦合作用以及激发湍流来改变大气背景状态和临近空间飞行器运行环境。中层大气中的平流层过程及其与对流层的相互作用在大气环流模式和气候预测中都有着非常重要的作用,而大尺度的行星波是联系对流层异常和平流层扰动的关键因素之一,并且行星波破碎能够产生平流层爆发性增温等重要的大气现象。对流层中产生的重力波和行星波向上传播进入平流层及以上大气,同时将所携带的能量、动量通量通过波耗散和波破碎的方式沉积于背景大气中,最终改变平流层及以上大气环流。

因此,系统开展多尺度的波活动在传播与耗散过程中与背景流的相互作用机理研究,对于扩展对大气动力学的理论认知,加深对中层大气波动现象的理解以及增强对中层大气环境的应用保障能力是十分必要的。

1.2 大气湍流

1.2.1 大气湍流简介

大气的流体运动基本可以分为层流和湍流两种形式[2],湍流是大气和空间科学领域最前沿和最具有挑战性的研究内容之一,其在许多方面都起着非常重要的作用,湍流的出现可以使原本稳定的层流大气产生短时的高频不规则波动,是气体上下层交换和传输的主要驱动因素之一[3],对能量、动量的传输与沉积、大气成分的再分布发挥着至关重要的作用。湍流的效应已经广泛涉及大气动力学、大气成分等基础理论。在数值模式方面,湍流动能耗散率、湍流扩散率等只有被准确参数化才能有效评估湍流效应对物质、能量分布的影响[4],因此对于湍流的准确探测还能提高数值模式的精度,对模式的发展起到很好的促进作用。从航空旅客安全和舒适的角度来看,大气湍流也很重要,尤其是飞行员无法观察到的晴空湍流,这是造成飞机颠簸的主要原因。大多数与天气相关的商业飞机事故是由湍流造成的,每年由大气湍流造成的飞机结构损伤都会造成巨大的经济损失;对于军用飞机而言,当湍流与冲击波相互作用,湍流对机身的影响会显著增加,这将对飞行器的稳定造成巨大的安全威胁。

大气中的流体由层流向湍流转变的驱动机制异常复杂,湍流产生的能量来源大致可分为动力学来源和热力学来源。产生湍流的机制主要包括对流不稳定、开尔文-霍尔兹曼(Kelvin-Helmholtz, KH)不稳定和重力波破碎。对流不稳定是近地层大尺度湍流层出现的主要原因[5]。对流不稳定主要在对流层出现,在平流层较少,且大多是由台风等强对流天气引发的[6]。KH 不稳定是适合湍流产生的动力学环境之一,是晴空湍流的主要来源[7],其通常表现为较低的理查森数(通常将阈值设为 0.25)。重力波破碎是湍流生成的又一重要来源[8]。通常情况下由于大气不稳定、波-流相互作用等,重力波会直接破碎成湍流,这种现象更容易发生在地形复杂的区域上空[9]。在低层大气扰动等因素作用下,重力波生成并向上传播,在传播过程中,能量、动量等被带到平流层大气。此外,重力波还可以增强 KH 不稳定,重力波在传播过程中会使得风切变增强,导致理查森数减小,从而促进湍流的产生和增强。反过来,在平流层大气中,当风速和风切变增大到一定地步时,重力波也会发生切变不稳定,不能维持之前稳定的波动状态,从而破碎成不同尺度的湍涡,动能转化为湍能[10,11]。

1.2.2 大气湍流时空分布以及相关因子

(1) 湍流时空分布研究。正确分析湍流的时空分布可以为湍流参数化模型的建立提供关键参数。Jaeger 等将浮力频率小于 0、理查森数小于 0.25、位势涡度小于 0 等作为湍流产生的指标,发现不同指标得到的湍流时空分布有着巨大的差异[12]。Lee 等将模式的风剪切数据作为研究湍流的依据,发现对流层急流高度的湍流在过去几十年里,随着全球增温而加剧,这可能对航空业造成深刻影响[13]。Kohma 等利用南极昭和基地(69.00°S, 39.35°E)的 MST(mesosphere-stratosphere-troposphere)雷达探测数据计算大气湍流参数,分析了极区的湍流动能耗散率等湍流参数的特征,指出最大的湍流动能耗散率出现在南半球夏季的对流层顶附近[14]。Zhang 等从高分辨率探空数据集观察到了自由大气湍流随地形的变化。他们指出,地形在形成大尺度湍流方面起着重要作用;在对流层下部山区与平原的湍流动能耗散率差异较大;在中纬度地区,山地上的能量耗散率比平地上的能量耗散率包含更多的大分量,平流层湍流耗散率的显著变化也可能与地形有关[15]。Ko 等采用北美的探空数据也发现复杂地形对湍流生成的促进作用,指出湍流厚度、湍流耗散率等随高度的变化趋势,对流层各项湍流参数要明显大于平流层[16]。Jaiswal 等将印度阿雅巴塔观测科学研究所(ARIES, 28.4°N, 79.5°E)的平流层-对流层(ST)雷达观测到的湍流动能耗散率与加丹基岛(Gadanki)站(13.5°N, 79.2°E)上空的湍流动能耗散率进行比较,发现前者的结果要明显高于后者,这可能是由于 ARIES 附近复杂的地形导致的[17]。张志标等揭示了湍流的时空分布特征,指出湍流动能耗散率随高度的升高而下降[18]。Chen 等利用中间层-平流层-对流层(MST)雷达数据分析了湍流参数的季节变化特征,指出湍流动能耗散率等参数的季节变化特征随高度发生了显著的变化,该变化特征受到背景大气稳定性的剧烈影响[19]。Lv 等计算了中国上空的湍流参数,发现湍流耗散率具备"南高-北低"的特点,在青藏高原附近明显增强[20]。

(2) 湍流相关因子的研究。Liu 等采用热带海洋的探空数据分析影响湍流的因子,发现湍流与季风、中尺度对流系统有着一定的关系[21]。He 等进一步发现热带海洋湍流增强与对流导致的重力波活动密切相关[22]。张志标等研究证明在局部的大风区域内湍流出现了显著的增强[18]。Ko 等估算了浮力频率、地形重力波湍流等因素对湍流的影响[23]。他们指出,湍流动能耗散率 ε 在特定条件下与垂直风切变、地形重力波参数、降水等存在相关关系。在强静态稳定条件下,湍流动能耗散率与垂直风切变存在正相关关系。地形重力波参数则与湍流存在着更加复杂的关系,在海拔 15~21 km 处,两者在美国西部地区呈现正相关关系。

1.3 大气重力波

1.3.1 大气重力波简介

重力波是在重力作用下产生的一种波动,普遍存在于地球大气中。重力波可分为重力内波和重力外波。重力外波发生在大气边界面上,波振幅随着偏离扰动界面的距离而减小,只能在水平面上传播。重力内波发生在大气内部,在地球大气的稳定层结中,扰动源的存在会使空气气块偏离平衡位置,气块上升,自身密度大于周围空气,产生向下的恢复力;气块下降,自身密度小于周围空气,产生向上的恢复力。在重力和浮力的相互作用下,气团会以波动的形式偏离平衡位置振荡,这便是重力内波。重力波由不同的源产生,一般包括地形[24,25]、对流[26,27]、风切变[28]以及斜压不稳定区域的地转调整[29]等。重力波被波源激发后,可以向水平方向传播,也可以向垂直方向传播,如图 1.2 所示。这些大气中的重力波可以作为载体,通过水平以及垂直方向上的传播,把波源地区的能量和动量输送到更远以及更高的区域。

虽然我们一般无法直接观察到大气重力波,但是重力波对大气的影响可以反映在一些天气现象中。例如,天空中的冷暖空气交汇后,大气内部不稳定,气

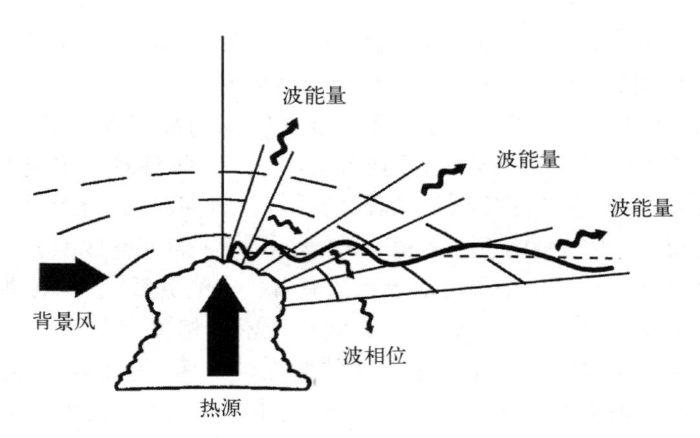

图 1.2 重力波的激发和传播[30]

团在重力和浮力的作用下上下振荡,空气中的水汽会在波峰处受抬升遇冷凝结,在波谷处受下沉遇暖消散,从而形成规律的条纹状薄云。图 1.3 展示了我国风云四号 A 星所捕捉到的重力波事件。该次重力波由澳大利亚西北部的雷暴引起,并进一步在印度洋上传播和扩散。

重力波由低层向平流层和中间层传播过程中,随着大气密度的减小振幅呈指数增加,重力波对周围大气的影响变得越来越重要[9,31]。重力波的传播在大气中体现为风场的扰动和热力结构的振荡,当其水平传播速度接近背景风场速度时,重力波会被吸收,这一高度被称为临界层(critical level)[32]。重力波对背景大气施加的影响,主要通过重力波振幅增大变得不稳定或者遭遇临界层而产生破碎,从而通过耗散能量和动量来改变大气环流和结构[33,34],这也被称为重力波拖曳(gravity wave drag)。重力波与背景大气的相互作用在许多大气现象中起到了关键作用,比如平流层纬向风场准两年振荡(QBO)、开尔文-霍尔兹曼(KH)不稳定产生的晴空湍流以及重力波破碎对平流层中的臭氧等衡量气体产生的强烈不可逆的经向混合等。

小尺度重力波由于不能被大气环流模式解析,需要用各种参数化方案来引入它们的效果[35-37]。然而,在大气环流模式中,重力波参数化机制依然是模式偏差的主要来源之一,限制了模式对中高层大气的预测能力。这是因为目前模式的参数化方案基本采用了简单的假设,而实际观测的重力波的传播特性和波源特征却复杂很多。同时,各种参数化方案都对预设参数十分敏感,需要用观测到的重力波细节特征作为指导和约束。目前,大气环流模式中被参数化的重

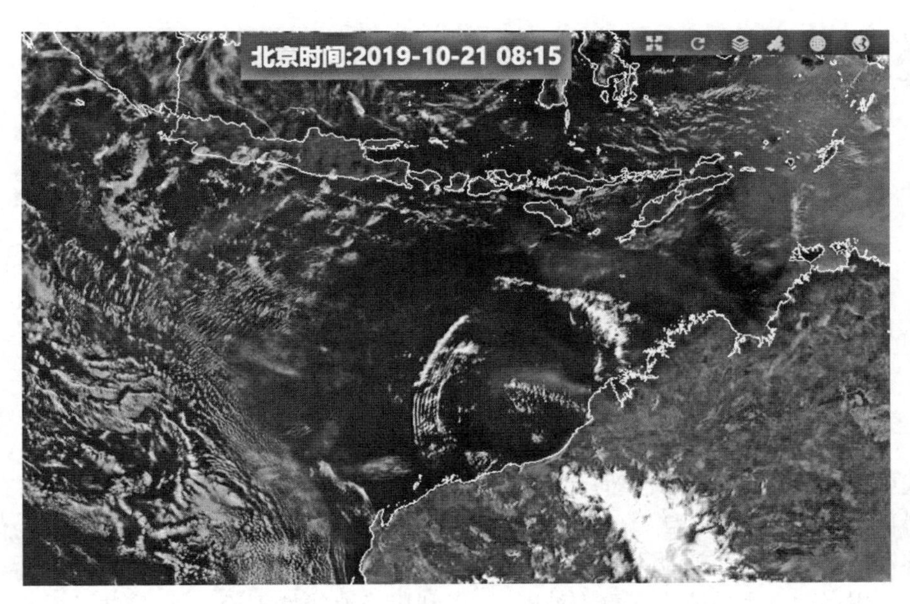

图 1.3　风云四号 A 星拍摄到的印度洋上空的重力波(来自国家卫星气象中心)

力波拖曳力具有较大的不确定性,建立真实的重力波源分布是十分困难的,因为这需要同时去修改多个重力波参数化分量[38,39]。这说明重力波的动力学特征还需要通过更多的观测结果去开展有针对性的研究,由此获得重力波更多的细节特征,从而对模式模拟效果和预报精度的改进和评估提供参考。

为了约束模式中的重力波参数化方案,学者做出了不懈的努力,通过包括卫星遥感[40,41]、地基雷达[42,43]、激光雷达[44,45]、无线电探空仪[46,47]、气象火箭[48-50]、长时平飘气球[8,51-53]在内的各种观测手段来获取更加全面细致的重力波参数,加深了对重力波活动的理解,为改进和提升大气环流模式的效果提供重要的观测依据。然而,参数化的重力波和实际的重力波之间的关系却是复杂的[54,55]。由于测量误差和观测滤波的存在[31],如何将观测到的小尺度重力波和参数化需要考虑到的重力波的部分合理地对应起来仍是一个挑战[56],这说明我们还有大量的工作需要去开展。

1.3.2　重力波线性理论

为了更好地研究地球大气,需要用数学方程的形式来描述大气运动的基本特征。在直角坐标系下,忽略非绝热过程和下垫面的影响,考虑动量、质量和能

量守恒,大气运动基本方程组可以写为[57]

$$\begin{cases}\dfrac{\mathrm{d}u}{\mathrm{d}t}+\dfrac{1}{\rho}\dfrac{\partial p}{\partial x}-fv=0\\ \dfrac{\mathrm{d}v}{\mathrm{d}t}+\dfrac{1}{\rho}\dfrac{\partial p}{\partial y}+fu=0\\ \dfrac{\mathrm{d}w}{\mathrm{d}t}+\dfrac{1}{\rho}\dfrac{\partial p}{\partial z}+g=0\\ \dfrac{1}{\rho}\dfrac{\mathrm{d}\rho}{\mathrm{d}t}+\dfrac{\partial u}{\partial x}+\dfrac{\partial v}{\partial y}+\dfrac{\partial w}{\partial z}=0\\ \dfrac{\mathrm{d}\theta}{\mathrm{d}t}=0\end{cases} \tag{1.1}$$

式中,u、v、w 代表纬向、经向和垂向的流体速度;p 为大气压力;ρ 为大气密度;科氏力 $f=2\Omega\sin\varphi$(Ω 为地球自转角速度,φ 为纬度);g 为重力加速度;θ 为位势温度。上述大气运动方程组在真实大气中是非线性的,为了便于求解和计算,在利用运动方程描述大气重力波时,可以利用经典线性理论[9,35],将波动看作是叠加在平均态上的微小扰动。于是,方程中的物理量均可表示为 $X=\bar{X}+X'$,其中 $\bar{X}$ 可以表示为纬向平均或者静止大气的物理量,X' 为扰动量。此时将平均量 $\bar{X}$ 代入原方程,满足定解条件。将扰动量的二阶项通过尺度分析略去,由原物理量的方程组减去平均量的方程组,便可以得到代表扰动量 X' 的方程组和对应的定解条件。假设大气是无黏且绝热的,方程组(1.1)便可以线性化为如下形式:

$$\begin{cases}\dfrac{\mathrm{D}u'}{\mathrm{D}t}+\omega'\dfrac{\partial\bar{u}}{\partial z}-fv'+\dfrac{\partial}{\partial x}\left(\dfrac{p'}{\bar{\rho}}\right)=0\\ \dfrac{\mathrm{D}v'}{\mathrm{D}t}+\omega'\dfrac{\partial\bar{v}}{\partial z}+fu'+\dfrac{\partial}{\partial y}\left(\dfrac{p'}{\bar{\rho}}\right)=0\\ \dfrac{\mathrm{D}w'}{\mathrm{D}t}+\dfrac{\partial}{\partial z}\left(\dfrac{p'}{\bar{\rho}}\right)-\dfrac{1}{H}\left(\dfrac{p'}{\bar{\rho}}\right)+g\left(\dfrac{p'}{\bar{\rho}}\right)=0\\ \dfrac{\mathrm{D}}{\mathrm{D}t}\left(\dfrac{\theta'}{\bar{\theta}}\right)+\omega'\dfrac{N^2}{g}=0\\ \dfrac{\mathrm{D}}{\mathrm{D}t}\left(\dfrac{\rho'}{\bar{\rho}}\right)+\dfrac{\partial u'}{\partial x}+\dfrac{\partial v'}{\partial y}+\dfrac{\partial w'}{\partial z}-\dfrac{w'}{H}=0\\ \dfrac{\theta'}{\bar{\theta}}=\dfrac{1}{c_s^2}\dfrac{p'}{\bar{\rho}}-\dfrac{\rho'}{\bar{\rho}}\end{cases} \tag{1.2}$$

其中，$\mathrm{D}/\mathrm{D}t=\partial/\partial t+\bar{u}\partial/\partial x+\bar{v}\partial/\partial y$，$(u', v', w')$ 为流体速度叠加在平均量 $(\bar{u}, \bar{v}, \bar{w})$ 上的扰动量；p' 和 ρ' 分别为气压 p 和密度 ρ 的扰动量；H 是大气标高，表示为 $H=-\bar{\rho}(d\bar{\rho}/dz)^{-1}=rT/g$（$r$ 是普适气体常数）；c_s 为声速；N 是大气浮力频率（Brunt-Väisälä 频率），计算如下：

$$N^2=\frac{g}{\bar{T}}\left(\frac{\partial \bar{T}}{\partial z}+\frac{g}{C_p}\right) \tag{1.3}$$

其中，$\bar{T}$ 为局地背景温度；$C_p=1\,005\ \mathrm{J/(kg\cdot K)}$，为空气比热常数。这里在实际计算时忽略了背景切变项的影响，假设纬向和经向风的基本量 $(\bar{u}, \bar{v})$ 以及浮力频率 N 在垂直方向上只存在波周期上的缓慢变化（WKB 近似）[58]，由此可以获得重力波解的形式如下：

$$\left(u', v', w', \frac{\theta'}{\bar{\theta}}, \frac{p'}{\bar{p}}, \frac{\rho'}{\bar{\rho}}\right)=(\tilde{u}, \tilde{v}, \tilde{w}, \tilde{\theta}, \tilde{p}, \tilde{\rho}) \cdot \exp\left[\mathrm{i}(kx+ly+mz-\omega t)+\frac{z}{2H}\right] \tag{1.4}$$

式中，k、l、m 分别为单色重力波的纬向波数、经向波数以及垂直波数；ω 为地基观测频率（欧拉频率）。将方程（1.4）代入方程组（1.2）可以得到包含六个方程的代数方程组：

$$\begin{cases} -\mathrm{i}\hat{\omega}\tilde{u}-f\tilde{v}+\mathrm{i}k\tilde{p}=0 \\ -\mathrm{i}\hat{\omega}\tilde{v}+f\tilde{u}+\mathrm{i}l\tilde{p}=0 \\ -\mathrm{i}\hat{\omega}\tilde{w}+\left(\mathrm{i}m-\frac{1}{2H}\right)\tilde{p}+g\tilde{\rho}=0 \\ -\mathrm{i}\hat{\omega}\tilde{\theta}+\frac{N^2}{g}\tilde{w}=0 \\ -\mathrm{i}\hat{\omega}\tilde{p}=\mathrm{i}k\tilde{u}+\mathrm{i}l\tilde{u}+\left(\mathrm{i}m-\frac{1}{2H}\right)\tilde{w}=0 \\ \bar{\theta}=\frac{\tilde{p}}{c_s^2}-\tilde{\rho} \end{cases} \tag{1.5}$$

利用跟随背景风场移动的参考系可以获取重力波的固有频率 $\hat{\omega}=\omega-k\bar{u}-l\bar{v}$，声速 c_s 满足 $g/c_s^2=1/H-N^2/g$。进一步计算可以得到单色重力波的色散方程：

$$m^2 = \frac{(k^2 + l^2)(N^2 - \hat{\omega}^2)}{\hat{\omega}^2 - f^2} - \frac{1}{4H^2} \tag{1.6}$$

或者表示为

$$\hat{\omega}^2 = \frac{N^2(k^2 + l^2) + f^2\left(m^2 + \frac{1}{4H^2}\right)}{k^2 + l^2 + m^2 + \frac{1}{4H^2}} \tag{1.7}$$

方程(1.6)或(1.7)可以将重力波的频率特征($\hat{\omega}$)、空间特征(k, l, m)以及周围背景大气的特征相联系。利用重力波的频散关系,可以得到特定类型波所对应的特征信息。例如,如果重力波需要垂直向上传播,需要(k, l, m)均为实数,并且固有频率 $\hat{\omega}$ 的大小在浮力频率 N 和惯性频率 f 之间。对于一个重力波波包而言,其能量的传输速度可以用群速度(c_{gx}, c_{gy}, c_{gz})来表示:

$$\begin{cases} c_{gx} = \dfrac{\partial \omega}{\partial k} = \bar{u} + \dfrac{k(N^2 - \hat{\omega}^2)}{\hat{\omega}\left(k^2 + l^2 + m^2 + \dfrac{1}{4H^2}\right)} \\ c_{gy} = \dfrac{\partial \omega}{\partial l} = \bar{v} + \dfrac{l(N^2 - \hat{\omega}^2)}{\hat{\omega}\left(k^2 + l^2 + m^2 + \dfrac{1}{4H^2}\right)} \\ c_{gz} = \dfrac{\partial \omega}{\partial m} = -\dfrac{m(\hat{\omega}^2 - f^2)}{\hat{\omega}\left(k^2 + l^2 + m^2 + \dfrac{1}{4H^2}\right)} \end{cases} \tag{1.8}$$

矢量(k, l)定义水平传播方向,为正值分别代表波能量向东和向北传播。m 定义垂直传播方向,正值代表能量向下传播,负值代表能量向上传播。根据重力波的固有频率,可以将其分为高频重力波($\hat{\omega} \gg f$)、中频重力波($N_B \gg \hat{\omega} \gg f$),以及低频重力波($\hat{\omega}$ 和 f 接近)。其中低频重力波又被称为惯性重力波,会受到地球自转的强烈影响。重力波的频率不同,其自身的传播特征也会存在差异。例如,对高频波,会存在 m 接近 0 的情况,此时垂直波长非常大,会发生内部反射;而对于惯性重力波,由于其垂直群速度和水平群速度之比 $|c_{gz}/c_{gh}| = |k_h/m| = (\hat{\omega}^2 - f^2)^{1/2}/N$ 相对较小,所以在离波源很远的地方依然能被观测到,这也导致许多观测手段都对惯性重力波的观测比较敏感。

1.4　大气行星波

1.4.1　大气行星波简介

由于地球的自转效应,地球上空的大气会受到地球的惯性影响,也就是前面提到的科氏力f。纬度越高,所受到的科氏力影响越大。罗斯贝波是全球尺度的波动,也被称为行星波。行星波是由于地球的自转特征引起的,同时地球表面的地形以及太阳的辐射强迫也会对其造成影响。行星波的水平尺度可达$10^6 \sim 10^7$ m,接近地球的半径,波动周期从几天到几十天不等。纬向波数以及周期是用来描述行星波基本特征的重要物理量,对于某一种行星波,其在相同纬圈上所呈现的波峰或者波谷的数目便是纬向波数。行星波与人们的生活息息相关,因为它控制着地面天气形势、高低压的移动等,能够用来解释低空槽脊的移动以及区域天气的变化和差异。此外,行星波也可以用来阐述极区对流层和平流层的内部变化以及二者之间的相互作用,比如北半球极涡的活动特征及变化规律就可以用行星波来进行表述和研究。

在无黏正压流体中,忽略水平速度的发散,行星波可以看成是绝对位涡守恒的运动,正是由于科氏力参数(Coriolis parameter)随纬度而发生变化,才导致了行星波的存在,这也被称为"β效应"。在最初时刻,没有扰动发生时,相对涡度为$\zeta_0 = 0$。然后空气团发生经向位移后相对涡度变为ζ_1,经向移动距离为δ_y。在气团移动前后的科氏力参数分别为f_0和f_1。由于绝对位涡守恒,$\zeta_1 + f_1 = f_0$,则有

$$\zeta_1 = f_0 - f_1 = -\beta\delta_y \tag{1.9}$$

其中,$\beta = \mathrm{d}f/\mathrm{d}y$为位涡梯度。考虑到相对位涡$\zeta = \partial v/\partial x - \partial u/\partial y$,当$\delta_y < 0$时,$\zeta > 0$,气团按气旋式旋转(逆时针);当$\delta_y > 0$时,$\zeta < 0$,气团按反气旋式旋转(顺时针)。

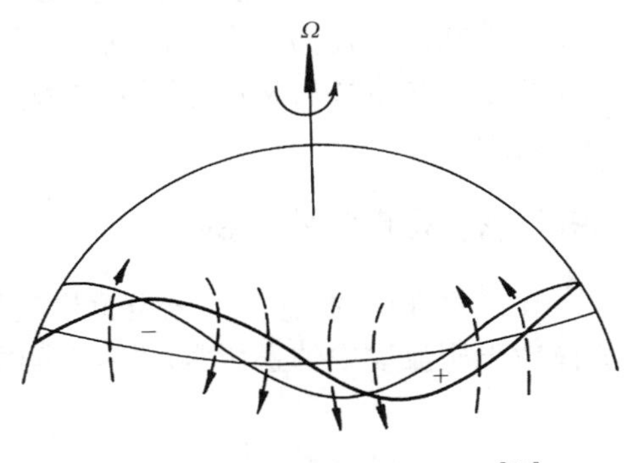

图 1.4　行星波的扰动示意图[57]

行星波的扰动与传播可以由图 1.4 来说明,图中南北向的黑色箭头代表南北向移动的速度场,粗实曲线代表波扰动的初始位置,细实曲线代表这一沿着

纬圈的大尺度行星波扰动在下一时刻的位置。沿着纬圈的这些连续气团在平衡纬度的南北向来回振荡。涡度极大值区域(图中的“+”)位于平衡纬度的南侧,周围的气团会呈逆时针旋转,所以东侧气团北移,西侧气团南移;涡度极小值区域(图中的“-”)位于平衡纬度的北侧,周围的气团会呈顺时针旋转,所以东侧气团南移,西侧气团北移。这意味着涡度场整体在向西移动,这便构成了行星波的向西传播模式。北半球中纬度地区存在普遍强烈的西风,也会使行星波向东传播。当行星波自身的西向传播速度和背景流对其施加的东向移动速度相抵消,波动的相位看上去便不再发生变化,行星波变得静止,这被称为准静止波。

按照激发源的不同,行星波可以分为自由波(free wave)和受迫波(force wave)。在没有外界环流的影响下,行星波会自发向西传播,如图 1.4 所示,这便是自由波。这是因为地球大气内的运动具有自身独特的固有频率,大气运动可以在这一系列频率上产生自发的周期性振荡,形成自由传播的波,且不需要持续性的外力来维持。例如常见的 5 天波,是周期为 5~7 天、纬向波数为 1 的向西传播的波,是由大气固有振荡产生的,属于自由波。与自由波相对应的是受迫波,它的产生与地表地形差异以及海陆热力差异有关,强迫源可以细分为地形强迫和热力强迫。在外力强迫下形成纬向准静止的受迫运动,即在纬圈方向行星波相位静止,但是在经向和垂直方向依然可以进行传播。

根据不同的传播方式,行星波可以分为行进波(traveling wave)和驻波(standing wave)。大气的正压不稳定、斜压不稳定或者大气自身同频共振产生的波动是行进波。行进波主要沿纬向传播,可分为东移波和西移波。由海陆热力差异、地形海拔差异所产生的强迫作用通过 β 效应形成的行星波,便是驻波。受迫波也是驻波。

根据所在纬度的不同,行星波可以分为赤道波(equatorial wave)和赤道外波(extra tropical wave)。热带行星波主要在赤道附近产生,主要包含向东传播的开尔文波和向西传播的混合罗斯贝-重力波,二者均由热带地区对流层中的强迫所激发。热带外行星波主要为准静止波,受地表地形差异以及海陆热力差异的影响而产生。

1.4.2 行星波传播机制

在位涡守恒的前提下,假设背景流只有水平运动(垂直速度场 $w=0$),等深流体中正压流动中的正压涡度方程可以写为

$$\frac{\mathrm{D}_h(\zeta+f)}{\mathrm{D}t}=0 \tag{1.10}$$

这里绝对涡度的垂直分量在水平运动上是守恒的,对于中纬度的 β 平面,$f = f_0 + \beta y$, 此时有

$$\left(\frac{\partial}{\partial t} + u\frac{\partial}{\partial x} + v\frac{\partial}{\partial y}\right)\zeta + \beta v = 0 \tag{1.11}$$

同重力波的简化方式一样,利用线性理论将行星波运动看成纬向平均基本量和扰动量之和,此时 $u = \bar{u} + u'$, $v = v'$, $\zeta = \bar{\zeta} + \zeta'$, 进而可以得到扰动流函数:

$$u' = -\frac{\partial \Psi'}{\partial y}; v' = \frac{\partial \Psi'}{\partial x} \tag{1.12}$$

由此可以得到 $\zeta' = \nabla^2 \Psi'$, 涡度守恒方程式(1.11)便改写成:

$$\left(\frac{\partial}{\partial t} + \bar{u}\frac{\partial}{\partial x}\right)\nabla^2 \Psi' + \beta\frac{\partial \Psi'}{\partial x} = 0 \tag{1.13}$$

上式存在谐波解 $\Psi' = \mathrm{Re}[\Psi \exp(\mathrm{i}\phi)]$, 其中 $\phi = kx + ly - vt$。将该谐波解代入式(1.13),可以求解获得频散关系:

$$v = \bar{u}k - \frac{\beta k}{k^2 + l^2} \tag{1.14}$$

利用纬向相速度 $c_x = v/k$ 这一关系,可以将式(1.14)进一步改写成:

$$c_x - \bar{u} = -\frac{\beta}{k^2 + l^2} = -\frac{\beta L_x^2}{4\pi^2} \tag{1.15}$$

在北半球,β 为正值,所以 $c_x - \bar{u} < 0$。行星波相对于背景流向西传播,并且水平波数减小,波自身相对于背景流的速度增加。对于受迫波而言,其为驻波,相速度为 0,此时背景流只能大于 0,这说明北半球的驻波只能在背景西风中存在。对于纬向传播的行星波,$c_x - \bar{u} = -\beta/k^2$, 行星波与基流的相对速度与纬向波数的平方成反比。所以随着行星波尺度的增加(波数减小),以背景流为参考的行星波传播速度会增加,这也说明行星波为频散波。在中纬度地区,天气尺度的扰动现象的纬向尺度和经向尺度接近。以较为典型的 6 000 km 尺度为例,根据式(1.15)可以计算得到行星波的相对速度为-8 m/s[57],中纬度地区一般以较强的西风为主导,西风风速会超过 8 m/s,所以相对于地面,天气尺度的行星波具有缓慢向东移动的特征。

但是对于更长尺度(大于天气尺度)的行星波而言,西向的移动足以平衡纬向平均风的东向平流,此时相对于地面的相速度为 0,波扰动相对于地面便是静

止的,由此可得

$$k^2 = \frac{\beta}{\bar{u}} = k_s^2 \tag{1.16}$$

其中,k_s 为静止纬向波数。当不考虑背景风场的影响时,$\bar{u} = 0$,自由传播的行星波模以波速 c 向西传播,传播速度仅和水平波长 L 相关,即:

$$c = -\frac{\beta L^2}{4\pi^2} \tag{1.17}$$

行星波能量的传播可以用波群速度 c_g 来表示:

$$c_g = \frac{d\omega}{dk} = c + k\frac{dc}{dk} \tag{1.18}$$

水平波长 $L = 2\pi/k$,所以式(1.18)可以进一步改写成 $c_g = c - L_x \cdot dc/dL_x$。再结合式(1.15)可得

$$c_g = \bar{u} + \frac{\beta L_x^2}{4\pi^2} \tag{1.19}$$

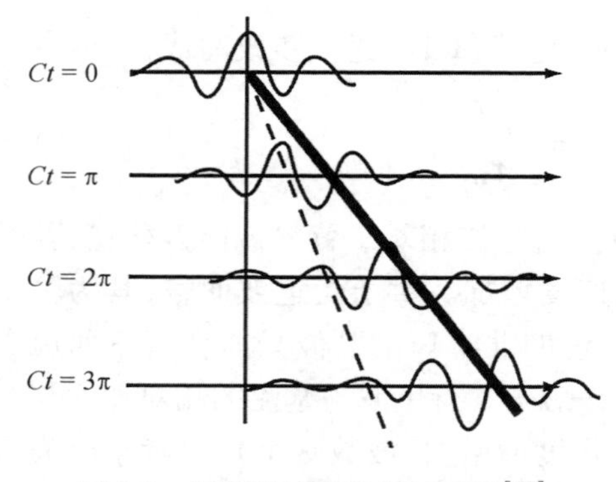

图 1.5 行星波波群传播示意图[57]

粗实线代表群速度,细虚线代表相速度。

比较式(1.15)和式(1.19)可知,行星波的能量(波振幅)传播速度要快于波动自身的移动速度。对于天气尺度波而言,纬向背景流的平流速度一般大于行星波的相速度,所以波动相对于地面向东传播,但波的传播速度小于能量传播速度,如图 1.5 所示,Ct 代表不同时刻的相位。这说明新的扰动会在已有扰动的下游发展,引起下游行星波振幅增强的能量可能是源自上游,这也可以作为预测的重要考虑因素。

1.5 波流相互作用

重力波和行星波的传播与背景大气紧密相关。在特定高度层上,背景流会

形成部分波动的“传播屏障”，抑制该部分波动的上传，只允许另一部分的波动继续向上传播。上传的波也会发生破碎和耗散，沉积动量和能量到背景大气中，进一步改变大气环流结构特征。波-流相互作用所形成的湍流混合也是大气中物质和能量交换的重要途径。由此，便构成了多尺度波动与背景流相互作用的主要过程。这里选取了本书研究所涉及的几个典型的波-流相互作用现象，用以说明多尺度波动与背景大气之间的相互作用。

1.5.1　临界层滤波

重力波在上传过程中，由于始终处于大气的背景风场中，会在传播的过程中不可避免地受到背景风场的影响。而当重力波的水平相速度和背景流/平均流(mean flow)大小接近时，临界层的过滤效应便会尤为显著。重力波在自身传播方向和所在高度的背景风场方向相反时，更容易传播到更高的高度。当波的固有频率 $\hat{\omega}$ 和惯性频率 f 接近时，据式(1.6)可得，$m \rightarrow \infty$，此时垂直波长接近于0，垂直群速度也趋近于0。此时所处的高度称为临界高度 z_c，重力波的能量便无法向上传播。经过临界层后，波振幅呈指数衰减，最终将发生波破碎或者耗散，产生的能量和动量便沉积在所处的背景风场中。对于不受临界层影响，能够继续上传的重力波而言，背景大气密度会随着高度上升而呈指数下降，为了满足波能量的垂直通量 $(\rho\overline{u'w'})$ 守恒，重力波通过振幅的增长来弥补由于密度下降导致的能量通量的减少。当振幅增长到某一阈值后，重力波达到饱和，此时所处的高度称为饱和高度 z_s。饱和高度上如果发生对流不稳定或者动力不稳定，会产生局地扰动，导致重力波破碎。

重力波向上传播的情况如图1.6所示，夏季高空存在强烈的东风(自东向西)急流，东向传播的重力波更容易上传到更高的高度，而西向传播的重力波会在上传过程中遭遇临界层，由于过滤作用被抑制；冬季高空存在强烈的西风(自西向东)急流，西向传播的重力波更容易上传到更高的高度，而东向传播的重力波会在上传过程中遭遇临界层，由于过滤作用被抑制。

在夏季，传播到中间层和低热层的东向重力波由于不稳定性而破碎，此时波振幅增长得足够大，破碎后能对背景大气产生足够强烈的重力波拖曳力，从而对背景风场产生向东的加速。同理，在冬季，高层的西向重力波会对下方的背景风场产生向西的加速度。由此可见，背景风场可以通过临界层滤波影响重力波的传播，以及通过产生大气不稳定来使重力波破碎；而对于重力波而言，它可以通过向背景大气耗散能量和动量，从而调制背景风场。显然，低频波(惯性

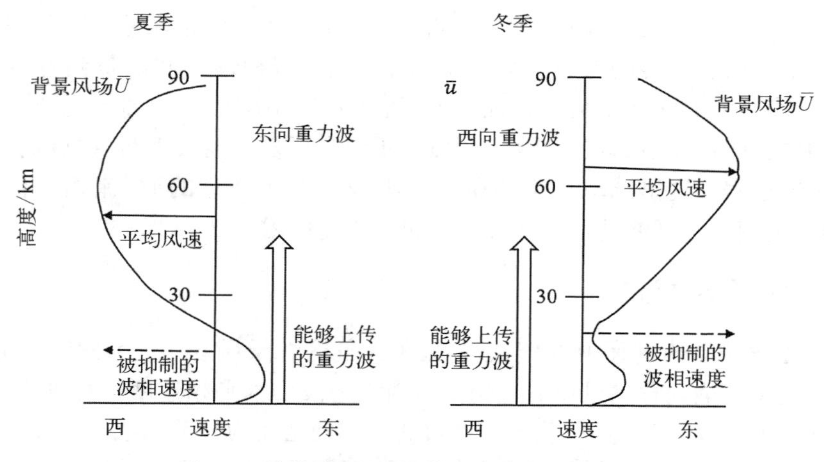

图 1.6　重力波在夏季和冬季的向上传播情况

重力波）在调制背景大气环流中发挥着重要作用。

当然，除了临界层的滤波作用以外，重力波还可以被背景风反射或者穿过背景风继续上传，如图 1.7 所示。$Z=0$ 为波源所在高度，Z 为发生波反射和波折射的高度。当重力波的传播方向与背景流相反时，由于多普勒频移，其固有频率将随着风速的增大而增大。根据式(1.6)，当 $\hat{\omega}\to N$ 时，$m\to 0$，此时垂直波长非常大，某一高度上式(1.8)中的垂直群速度 c_{gz} 可以改变符号，表示重力波在此时发生反射。当传播区域的上方和下发均存在反射层时，入射波和反射波同相，内部重力波会被捕获而形成波导，也被称为导制传播。反射波一般为高频波，伴随着较短的水平波长和周期。当背景风场没有满足临界层或者反射层的条件时，重力波会穿过这一界面继续上传，称为传输波。

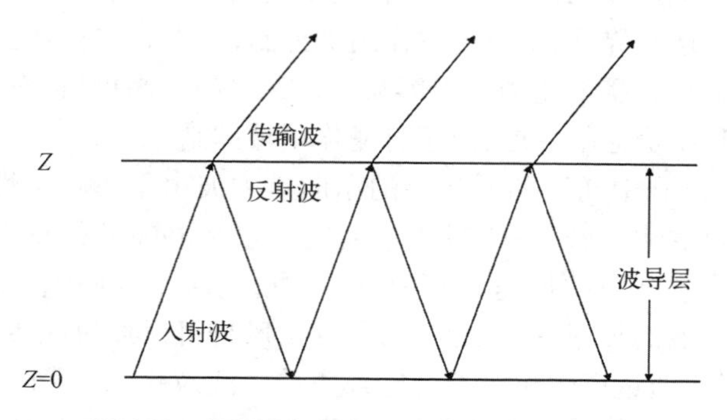

图 1.7　在不同高度上重力波的反射和传输

1.5.2　平流层爆发性增温

平流层爆发性增温(sudden stratospheric warming, SSW)是行星波在季节内时间尺度上的变化,常常发生于北半球的冬季,是平流层极涡减弱的典型例子[59]。SSW是指在极短时间内(几天),平流层大气温度陡增,并且环流结构发生突变的异常现象。在极区附近10 hPa高度内,大气温度能够上升几十度,并且中高纬地区平流层的纬向西风急剧减弱或者逆转为东风。这一极区平流层的异常能够影响全球的大气,引起了学者的广泛关注[60-62]。SSW产生的原因,是由于冬季行星波活动增强,对流层上传的行星波与大气背景流发生了相互作用,使极涡状态改变,进一步改变平流层大气的风场和温度场[63,64]。对流层中的增强行星波(主要是纬向波数为1和2的波)上传至极区平流层,通过耗散将能量和动量沉积到背景流,波强迫所产生的西向加速度使平流层纬向西风减弱,进而引发经圈环流异常,在此过程中与行星波上传能量增加有关的动量和热量幅合,是SSW发生的直接驱动因素。

爆发性增温事件可以分为强增温(major warming)和弱增温(minor warming)两类。在增温的同时出现环流逆转为强增温,不出现环流逆转为弱增温。强增温和弱增温的出现频率比例近似为1∶3,并且弱增温发生的高度略高于强增温[65]。SSW的发生和行星波有关,它又会反过来影响行星波的传播。在平流层以下高度,SSW的发生能够改变极涡位置,使北方的冷空气南移,造成中纬度地区的极端寒冷天气[66];在平流层以上高度,SSW的发生所导致的温度场和风场结构的改变激发了行星波[67]。SSW多发生于北半球,因为更长尺度的行星波(波数1和2)容易受地形和海陆热力差异而强迫产生,这一受迫动力条件在北半球更容易满足。当然,南半球也存在极个别平流层爆发性增温事件。特别是2019年平流层爆发性增温[68,69],伴随着有记录以来最小的南极臭氧洞,打破了之前在1988年和2002年两次平流层爆发性增温的记录[70]

1.5.3　平流层准两年振荡

热带平流层准两年振荡(quasi-biennial oscillation, QBO)是指热带平流层纬向东风和西风交替变化,周期并不固定,平均为28个月,是波流相互作用的结果[71,72]。QBO现象最早通过探测得到,QBO西风相位峰值能到达40 m/s,东风相位峰值达到20 m/s,并且东风相位时间一般长于西风相位。Baldwin等[73]以及Anstey等[74]先后对QBO这一现象进行了全面的论述和总结。

准两年振荡是热带地区平流层大气的最主要模态,并且能够影响整个地球上的平流层大气,所以显得格外重要。热带地区的 QBO 能够影响北极地区极涡的活动特征,也能够改变大气中臭氧气体成分的分布[75,76]。赤道地区的波动上传过程中通过与背景大气相互作用、沉积动量,使 100 hPa 到 2 hPa 之间的东西风交替地向下传播。目前达成的共识是:驱动 QBO 的多尺度波动包括向东传播的开尔文波,向西传播的罗斯贝波、混合罗斯贝-重力波,以及向东和向西均有传播的惯性重力波和小尺度重力波,各种波动驱动 QBO 的机制如图 1.8 所示。源自赤道地区的开尔文波、混合罗斯贝-重力波,以及源自温带的行星波都属于行星尺度波模,所以行星尺度波在驱动 QBO 中发挥着关键作用。

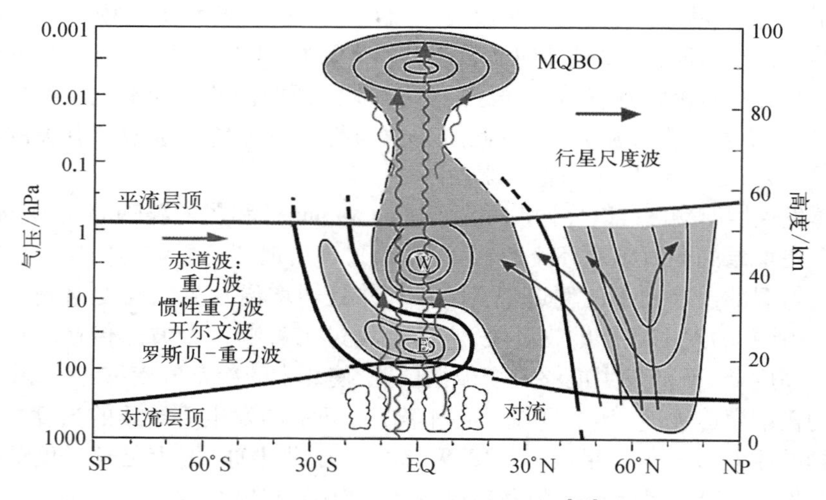

图 1.8 驱动 QBO 的多尺度波动[73]

注:EQ 为赤道;SP 为南极;NP 为北极。

由热带对流层激发的开尔文波和混合罗斯贝-重力波上传到平流层,分别携带着西风动量和东风动量。当开尔文波在平流层的西风背景流中发生波耗散,如果此时东风在下,西风在上,会导致西风区域增强,西风相位向下延伸。当混合罗斯贝-重力波在东风背景流中发生波耗散,如果西风在下,东风在上,会导致东风区域增强,东风相位向下延伸。当然,惯性重力波和小尺度重力波也提供了驱动 QBO 现象所需要的额外的动量通量源。目前普遍认为,这些源自热带地区的多尺度波动,为 QBO 的维持提供了绝大部分能量源。而源自赤道外高纬度地区的行星波,主要是对平流层中高层的 QBO 相位造成影响,而不会影响低层的 QBO 风场[77]。但是,在 2016 年 2 月前后,这种周期性的振荡现象发生自有记录以来的第一次中断(2015/2016QBO 中断),研究表明来自中高纬度地区的行星波在这次环流异常中起到了关键作用[78],来自赤道外的行星波对赤道 QBO 所施加的强烈波强迫作用开始引起人们更多的关注。

1.5.4　大气阻塞

大气阻塞(atmospheric blocking)是处于中高纬度地区对流层中持续时间较长的大尺度扰动现象(地面高压),通常移动缓慢甚至静止。大气阻塞也可以被识别为准静止、长时间的正位势高度异常。这一中高纬天气系统常常持续几天到几周,阻塞形势的建立、发展和崩溃是影响中期天气预报的关键因素之一[79]。阻塞块的一个关键特征是温带气流的快速向极地位移,在中纬度急流的行星波传播路径上形成大规模的高压脊,造成周围的纬向环流减弱,经向环流增强。在脊前槽后会将低纬度地区的暖空气输送到高纬地区,在脊后槽前会将高纬度地区的冷空气输送到低纬地区,由此引发气团的热量和质量交换。而长时间持续的阻塞系统,往往能导致天气和气候异常,比如冬季的极端严寒和夏季的极端高温[80-83],从而引发灾害性天气,影响人们的生产生活[84]。通常,大气阻塞容易发生的区域有大西洋、欧洲、北美西部,以及亚洲的乌拉尔山和鄂霍次克海地区。

形成阻塞的环流配置往往来自行星尺度的动力演变特征[85],包括背景流和行星波的相互作用[86],以及不同尺度行星波之间的相互作用[87]。波-流相互作用的观点认为,在阻塞发生前期,行星波与背景流发生作用,平均流向大尺度行星波提供能量,使行星波振幅增强,促使纬向西风迅速减弱[79,88]。而波-波相互作用的观点认为,天气尺度行星波之间的相互作用能够为超长波(纬向波数 1~3)提供动能,产生的波强迫使得阻塞得以维持并继续发展[87]。如果将阻塞解释为行星波在缓慢背景流上的倒退,那么行星波所导致的环流改变可能从两个方面直接影响阻塞的发生:一是增强(减弱)的平均纬向西风,会减少(增加)局部发生的阻塞频率[89];二是行星尺度涡会在急流核下游发生改变,行星波发生破碎,从而导致不同经度上的阻塞变得准静止[90]。阻塞自身的一个显著特点是,它能够保持位置不变,在同一个区域,即使上下游都有强烈的西风背景流。在最简单的情形下,这可以理解成是西向传播的行星波和背景纬向西风之间的动态平衡,当然现实中的局部阻塞是被限制在有限的纬度带中的大振幅扰动,这便需要更加复杂的解释[91]。

1.5.5 波导遥相关

关于行星波自源区传播的一维线性波导理论是在20世纪80年代至90年代发展起来的[92-95]。部分行星波在自源区经向传播的过程中,由于急流核附近的折射指数达到最大,波向高折射率区域折射,这些波又被折射回去,波能量只能沿着纬向传播,而平均急流在其中的作用就类似于波导管。根据一维线性波导理论可以得出的结论是,对于特定纬向波数的行星波,在足够强烈且比较窄的急流两侧,远离急流核一定的距离会存在转向纬度,急流核南北两侧的两个转向纬度之间便形成了一个波导,被捕获的天气尺度波的能量便沿着波导区域纬向传播。根据式(1.19),当急流增强时,群速度增加,由于波扰动不会通过经向传播而逐渐向两极地区耗散,所以行星波能量能沿着纬圈传播很远的距离,这使得由局部强迫形成的波导遥相关(waveguide teleconnection)模式能够完整覆盖全球[96]。由此便建立了沿着对流层急流所形成的环绕整个纬圈的波导遥相关,往往能造成中高纬度地区的极端天气事件[97,98]。沿着温带急流传播的波导遥相关最为常见[96,99],此外,极锋急流尽管风速较弱,但较强的经向梯度依然能捕获行星波,从而形成极区附近的波导遥相关[100,101]。也可以把基于该理论形成的波导称为急流波导。这种急流波导一般为纬向波数较小的长波(纬向波数3~5),并且更强和更窄的急流更有利于急流波导内行星波振幅的增强,波长随着急流强度的增强而增加[102]。

相比于急流波导的作用是增加低波数行星波扰动(纬向波数不超过5)的地理延伸范围[99],准共振放大(quasi-resonant amplification, QRA)理论[103,104]的观点是,高波数的天气尺度自由波(纬向波数超过5)能和缓慢移动的强迫波发生共振,从而使能量相对较弱的高波数准静止分量显著增强,使中纬度地区不同经度上同时发生阻塞事件,造成极端天气发生。该理论认为大气内部的动力学机制能够引起不同类型波(自由波和强迫波)之间的共振,从而导致波振幅的放大。QRA理论建立在Hoskins和Karoly所提出的大气对热力和地形强迫的线性响应理论[92]基础之上,但是关于波导的处理采用了纬向平均的方法。急流波导理论中对于波导的识别,直接是基于温带(极区)纬向风速的量级;而共振放大理论中对于波导的识别,是基于温带纬向风的纬度形状的特定变化。本书中主要讨论的是基于准共振放大理论的波流相互作用。

1.6 本书内容结构

1.6.1 本书内容

本书利用多源观测和模式资料,对包含小尺度重力波、惯性重力波、天气尺度行星波以及准静止行星波在内的大气多尺度波动与背景流的相互作用机理进行研究,本书内容及章节安排如下:

第一章主要介绍了大气中各种尺度波动的研究背景与研究意义,并从大气重力波和大气行星波两方面进一步阐述相关的理论知识、研究现状以及对应的波流相互作用。

第二章主要对书中所需要用到的数据和方法进行介绍。对所涉及的往返式平飘探空数据、无线电探空数据、再分析数据、Aura/MLS 卫星数据以及 CMIP6 模式数据分别进行了具体介绍,此外还对与小尺度重力波的量化识别、惯性重力波参数的提取、准共振放大理论及对应共振行星波的识别、准静止行星波参数的计算以及与之相关的数据预处理过程和数学方法进行了介绍。

第三章主要研究大气湍流在背景流中的活动特征及其与降水的关系。利用西北地区临近空间高分辨率大气数据,分析不同高度上的湍流活动特征,并探究异常湍流的出现与降水的关系。此外,基于热带西太平洋地区的无线电探空数据,分析该区域湍流的分布特征,并进一步讨论降水的强弱与湍流强度之间的潜在联系。

第四章主要研究平流层小尺度重力波在我国上空的背景流中的传播与耗散过程。利用我国往返式智能探空系统数据,探究平流层小尺度重力波的识别和诊断方法,提出一种基于平飘气球数据量化大气扰动特征的方法,分析平流层小尺度扰动的参数特征,并揭示其与更小尺度的湍流以及更大尺度的惯性重力波之间的潜在联系。

第五章主要研究赤道地区上空的惯性重力波与背景流的相互作用过程。利用美国高分辨率无线电探空仪数据,分析讨论赤道地区上空的惯性重力波活动特征,并进一步探究热带地区平流层纬向风场的准两年振荡中断期间惯性重力波与背景流的相互作用,分析正常 QBO 西风相位以及 QBO 中断期间重力波活动特征的差异,以及对应的背景大气不稳定情况,从而了解 QBO 中断期间的惯性重力波是如何受到背景流影响并对其施加强迫的。

第六章主要研究天气尺度行星波与背景流的相互作用对北半球中纬度地区的极端高温所产生的影响。利用再分析数据识别 1980~2022 年夏季(6~8月)的准共振放大波事件,探究中纬度地区天气尺度行星波(纬向波数 6~8)与背景流相互作用后产生的波导遥相关以及波振幅放大对极端高温产生的影响,同时进一步阐述共振行星波在中纬度极端事件中所扮演的重要角色。此外还讨论了 CMIP6 模式对这一波流相互作用现象的模拟能力和效果。

第七章主要研究准静止行星波在两次 QBO 异常中与背景流的相互作用过程。利用 Aura/MLS 卫星数据获取来自中高纬度的准静止行星波(纬向波数 1~3)赤道向的传播特征和耗散过程。通过对比正常环流条件和环流中断条件下来自赤道外的准静止行星波的活动特征的异同,来探究行星波在进入赤道平流层并逆转纬向西风的过程中是如何通过传播与耗散来对背景流施加强迫的。

第八章总结了本书的主要工作和结论,列举主要创新点,以及作者对研究工作的理解和认识,提出了对未来工作的几点展望。

1.6.2 章节结构

本书的框架结构总结如图 1.9 所示。利用多源数据资料对不同尺度的波动与背景大气的典型相互作用过程进行研究,并分析讨论了这些相互作用过程所伴随的大气动力热力结构的变化以及物质和能量传输的特征。

研究的小湍流的垂直尺度为几十到几百米,位于对流层和平流层低层的高度范围;研究的小尺度重力波的水平尺度为 3~10 km,位于平流层的高度范围;研究的惯性重力波的水平尺度为 50~2 000 km,位于对流层和平流层的高度范围;研究的天气尺度行星波的水平尺度为 3 000~6 000 km,位于对流层的高度范围;研究的准静止行星波的水平尺度超过 8 000 km,位于对流层高层、全部平流层和中间层低层的高度范围。

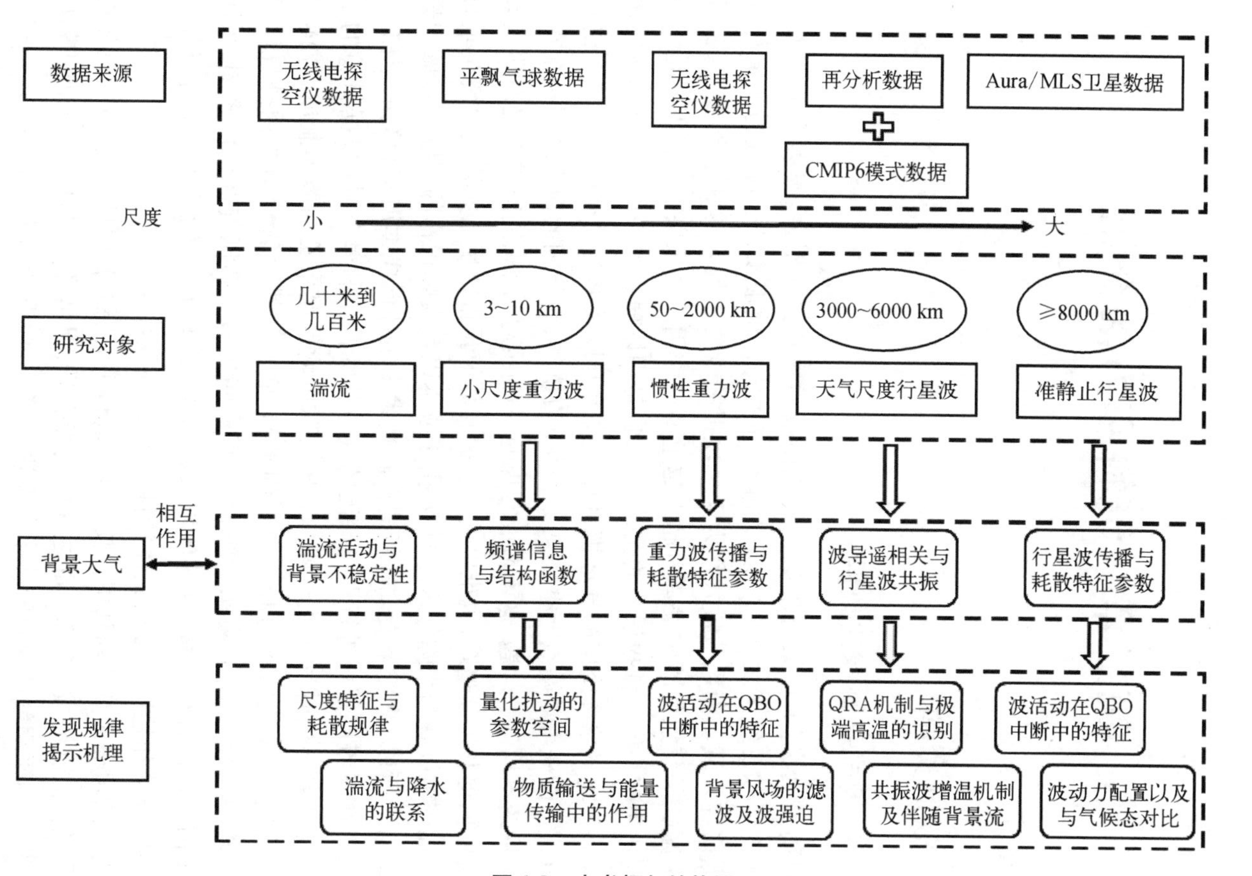
数据来源
无线电探空仪数据
平飘气球数据
无线电探空仪数据
再分析数据
CMIP6模式数据
Aura/MLS卫星数据
尺度
小
大
研究对象
几十米到几百米
3~10 km
50~2000 km
3000~6000 km
≥8000 km
湍流
小尺度重力波
惯性重力波
天气尺度行星波
准静止行星波
相互作用
背景大气
湍流活动与背景不稳定性
频谱信息与结构函数
重力波传播与耗散特征参数
波导遥相关与行星波共振
行星波传播与耗散特征参数
发现规律揭示机理
尺度特征与耗散规律
量化扰动的参数空间
波活动在QBO中断中的特征
QRA机制与极端高温的识别
波活动在QBO中断中的特征
湍流与降水的联系
物质输送与能量传输中的作用
背景风场的滤波及波强迫
共振波增温机制及伴随背景流
波动力配置以及与气候态对比

图 1.9 本书框架结构图

第二章　资料和方法介绍

2.1　数据资料

2.1.1　往返式平飘探空数据

暴雨、台风等典型天气现象是气象预报的重点关注对象，显著影响着人们的生产生活以及经济发展。所以，对重点气象灾害预报预警已经成为气象行业的重点研究领域。而数值模式作为天气预报的重要数据来源和结果参考，在日常防灾减灾与气象保障中发挥着越来越重要的作用。气象探空资料不仅是用于资料同化来减小模式预报误差的关键一环，也是用以捕捉中小尺度天气系统的重要手段。传统气象探空中的气球携带探空仪上升以及降落伞携带探空仪下落的探测方式只能获得单站点上空气象要素的垂直廓线，而我国的探空站网格存在空间分布稀疏不均匀的问题，这就造成常规的一日两次施放观测很难满足对典型天气系统的捕捉和持续追踪，也难以进一步提升数值预报效果。如果通过传统垂直探空的加密施放观测来弥补这一短板，由于成本以及实际操作的问题无法做到长时间维持。所以，迫切需要一种新的探测技术来填补低成本加密观测的空白。

用于在平流层区域进行平飞探测的气球称为高空科学气球，根据材质的不同可以分为超压气球和零压气球。零压气球由耐低温聚乙烯薄膜制成，球体自身并不密闭，在平飞时重力和浮力达到平衡，底部的排气管使球体内外气压差基本为零，平飘高度受昼夜影响较大，飞行时间较短。超压气球球体密闭，采用类似于南瓜形的球体结构，球体体积基本不变，平飘高度更加稳定，飞行时间较长。零压气球和超压气球的具体特性如表 2.1 所示。

美国斯坦福太空计划利用乳胶气球来进行平流层的长时间飞行，通过配压舱和排气的方式在海拔 10~25 km 之间的缓慢上升，但是升速过低。曹晓钟和郭启云等[105,106]对平飘气球探测的技术方案进行了改进，设计出来一种“上升-平飘-下降”的往返式平飘气球探测技术，该探测方式有效满足了国内低成本加密观

表 2.1 零压气球和超压气球的对比

气球名称	平飘时长	平飘效果	材料成本	工艺难度	飞行高度
零压气球	几小时	波动明显	低	简单	20~50 km
超压气球	几周	波动较小	高	复杂	30~40 km

测的需求,首次实现了平流层水平方向上的持续观测。王丹等[107]对平飘气球的数据质量进行了系统讨论,并将三个阶段的数据质量同世界气象组织(World Meteorological Organization, WMO)的测量不确定度要求进行了比对评估。钱媛[108]将FNL(Final Operational Global Analysis,最终版全球业务分析)再分析资料、探空资料和平飘气球资料进行比对评估,获取了不同要素的数据质量效果,并对平飘阶段的温度数据进行误差订正。柳士俊等[109]分析了平飘气球飞行过程中的动力热力过程,提出了平飘探空系统的热动力理论模型,并结合观测验证了其可靠性。王金成等[110]提出了一种针对该探测系统的轨迹模拟和预报方法,将上升、平飘以及下降阶段的动力方程引入数值模式,从而实现平飘探空的轨迹预测。该探测系统不仅能显著提升业务预报效果,还能在研究大气动力学过程中提供高价值的观测数据。Yang 等[111]利用该探测系统进行了平流层内部的重力波活动特征分析,对比了上升和下降阶段波参数的异同。而针对该探测系统的平飘阶段数据,本书作者团队[8,53]利用结构函数法以及频谱分析,对小尺度重力波的扰动特征进行了一系列的探究,提供了水平方向上的重力波观测结果。

本书所使用的平飘数据来自智能往返式探空系统的试验项目。该系统由载荷、载体和地面接收系统组成,可实现“上升(1 h)-平飘(4 h)-下降(1 h)”三段探测过程,系统探测原理如图 2.1 所示。系统主体由内球、外球、熔断装置、降落伞和无线电探空仪组成。熔断装置起分离内球和降落伞的作用。外球、内球和降落伞分别作为上升、平飘和下落阶段的载体,外球提供上升动力实现常规上升,在预定高度外球爆炸,内球实现长时间平飘,以及通过熔断装置实现可控下投,降落伞携带探空仪下落实现加密观测。探空仪由导航模块、PTU(pressure, temperature, humidity,即压强、温度、湿度)传感器模块、发射调制模块、功率放大器、电池以及相应的外围电路等组成。导航模块利用北斗定位系统,获取实时经度、纬度和高度,进而解算风场信息。PTU 传感器模块由温度传感器(NTC型热敏电阻传感器)、气压传感器(硅压阻传感器)和湿度传感器(湿敏电容传感器)三部分组成,探测获取大气温度、气压以及相对湿度。

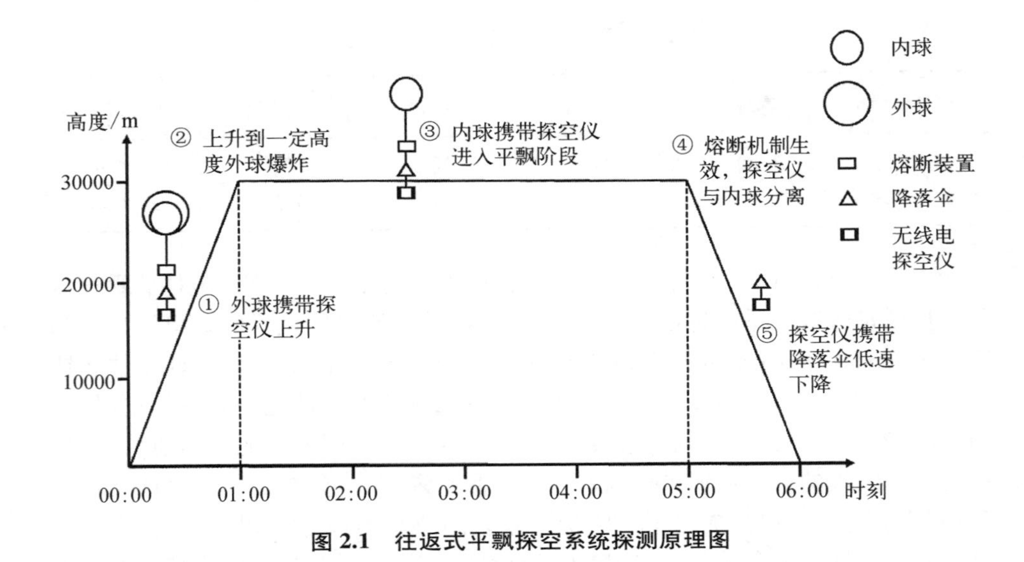

图 2.1 往返式平飘探空系统探测原理图

2.1.2 无线电探空数据

气象气球被用来进行气候和天气的研究已经有一百多年的历史。气球探空的历史可以追溯到 1892 年[112],Hermite 制作了第一个装有仪器的无人操控的蜡纸气球,利用氢气和甲烷充满气球,提供浮力升空,下方携带着水银气压计。这是首次利用气球载荷测量的方式进行大气科学研究。1900 年,柏林的 Assmann 通过引入封闭的橡胶气球,提高了气球探测高度的上限[113]。气球探测促使了对流层顶的发现[114],并成为大气测量和气象天气预报的标准工具。后来考虑到仪器回收在人烟稀少的地方十分困难,不适合业务化施放,人们便尝试将观测到的气象信息转化成电波信号,使观测结果能即时返回地面。1927 年苏联气象学家莫尔恰诺夫教授成功设计出用于气象探测的无线电探空仪,由此气球探测进入了一个新的纪元——无线电探空仪法探空。1932 年,芬兰人维萨拉(Vaisala)发明了著名的芬式无线电探空仪,该探空仪能够克服恶劣天气的影响,绝大部分天气条件下都能施放,得到广泛使用。目前的常规无线电探空仪随探空气球上升,用传感器直接测量大气压力、温度以及相对湿度的廓线信息,并且利用定位系统获取实时位置坐标,从而通过解算获取大气风速和风向。无线电探空仪是高空气象站的主要仪器之一,具有精度和可靠性高、成本低、便携等一系列优点,能满足气象中的业务化探空观测需求。自 20 世纪 80 年代以来,随着信息技术的进步,国际上陆续出现奥米伽、罗兰-C 以及利用全球定位系统(Global Positioning System, GPS)、北斗等的定位测风系统[115-119]。

本书使用的气球探空数据来自美国国家海洋和大气管理局(National Oceanic and Atmospheric Administration, NOAA)所提供的高分辨率无线电探空数据(High Vertical Resolution Radiosonde Data, HVRRD)。数据最初是在平流层对流层及其在气候中的作用(Stratosphere-troposphere Process and their Role in Climate, SPARC)项目的倡议下公开的,以便为重力波的研究提供便利,官方下载地址为: ftp://ftp.ncdc.noaa.gov/pub/data/ua/rrs-data/。自 2005 年后高空观测站的 MicroART 无线电经纬仪跟踪系统被统一替换成利用 GPS 跟踪的无线电探空仪替代系统(Radiosonde Replacement System, RRS),数据的时间分辨率也从原来的 6 s 提高到 1 s。美国高分辨率无线电探空仪采用的是维萨拉 RS90 型探空仪,每秒传输压力、温度、相对湿度和 GPS 位置数据。温度、湿度和压力数据是从原始 PTU 传感器数据导出的,相应的经度、纬度和高度信息由 GPS 定位数据导出。这里使用的传感器可以表示周期性样本上几个值的平均值,从而允许去除随机和系统的仪器噪声。原始数据不进行插值或平滑,并且每 1~2 s 传输一次,传感器各探测要素的精度见表 2.2。

表 2.2　RS90 探空仪探测精度

大气要素	探测范围	精　度
大气压力	0.01~1 070.00 hPa	—
相对湿度	0~100.0%	0.1%
温度	-100.00~50.00℃	0.01EC
高度	-50~+45 000 m	—
纬向/经向风	-200.0~200.0 m/s	0.1 m/s

下载的数据是二进制文件,利用官方提供的数据解码器将其转换为十进制。再将 PTU 和 GPS 两类数据进行质量控制,去除野值和缺测值后重新匹配到 5 m 的等间距格点。

NOAA 总共提供 90 个站点的观测数据,大部分站点都位于美国本土,极少数站点位于低纬和高纬地区。气球一天施放两次,分别在 0:00 UTC 和 12:00 UTC,对应北京时间的早八点和晚八点。

2.1.3 再分析数据

大气再分析资料是利用气象观测数据、数值模式和资料同化技术对过去大气状态的模拟复现,能为数值天气预报以及气候模式提供所需要的初始场,广泛应用于气象、海洋、农业等领域。目前全球的气象观测包含卫星遥感、气球探空、雷达观测等各种手段,并且不同观测手段的地理覆盖范围、大气特征的捕捉方面均存在差异,如果直接引入模式,会造成结果的误差很大,并且预报结果会出现波动振荡。因此,要对各种来源的气象数据进行质量控制和同化处理,由此得到的各种数据的整合统一,便成为再分析资料。与各种观测资料相比,再分析资料便是"集各家之所长",将实际大气状态投影到数值模式结果的最优反映。概况来讲,再分析资料是最全面的、持续覆盖现代气候的数据集,结合了最先进的数值天气预报模式和各种观测资料[120]。

国际上的再分析产品数据集的基本情况如表 2.3 所示。到目前为止,可以将全球现有的主流再分析产品分为四代。第一代产品主要包括 NASA 资料同化局(DAO)的 NASA/DAO 再分析、美国国家环境预报中心(NCEP)和国家大气研究中心(NCAR)的 NCEP/NCAR 再分析,以及欧洲中期数值预报中心(ECMWF)的 ERA-15 再分析。第二代产品主要包括 NCEP/DOE 再分析、ECMWF 的 ERA-40 再分析,以及日本气象厅(JMA)和电力工业中央研究所(CRIEP)共同发布的 JRA-25 再分析。第三代产品主要包括 ECMWF 的 ERA-Interim 再分析、NCEP 的 CFSR 再分析、NASA 的 MERRA 再分析,以及 JMA 的 JRA-55 再分析。第四代再分析主要是由 ECMWF 发布的 ERA5 再分析。再分析产品的迭代更新主要有以下特征:时间覆盖范围越来越长,能涵盖更早的年份;空间分辨率越来越高;同化的探测资料越来越丰富;同化的方法不断改进和完善。

表 2.3 全球再分析数据集一览表

	产品名称	来源机构	覆盖时段	分辨率*
第一代	NASA/DAO	NASA/DAO	1980~1995 年	2×2.5L20
	NCEP/NCAR	NCEP+NCAR	1948~	T62L28
	ERA-15	ECMWF	1979~1993 年	T106L31
第二代	NCEP/DOE	NCEP+DOE	1979~	T62L28
	ERA-40	ECMWF	1957.9~2002.8	TL159L60
	JRA-25	JMA-CRIEP	1979~	T106L40

续　表

	产品名称	来源机构	覆盖时段	分辨率*
第三代	ERA－Interim	ECMWF	1979.1～2019.8	T255L60
	CFSR	NCEP	1979 年～	T382L64
	MERRA	NASA	1979 年～	1/2×2/3L72
	JRA－55	JMA	1957.12～2012	TL319L60
其他	20CR	NOAA－CIRES	1871～2008 年	T62L28
	MERRA－AERO	NASA	2000 年～	50 kmL72
	MACC	ECMWF	2003 年～	TL255L60
第四代	ERA5	ECMWF	1950 年～	TL639L137

＊T 为水平分辨率;L 为垂直分辨率。

这里选出最常用的三种再分析资料进行进一步介绍,分别为 ERA5 再分析、MERRA2 再分析,以及 JRA－55 再分析。

ERA5 再分析资料的前身为 ERA－Interim 再分析,实现从 1950 年至今的历史时段的完全覆盖,并且数据更新速度滞后实时仅三个月左右。数据水平分辨率为 31 km,垂直共有 137 层,覆盖从地表到 0.01 hPa(80 km 左右)的高度。时间分辨率为 3 h,可供下载的变量数量从 ERA－Interim 的 100 种增加到 240 种。作为新一代再分析产品,它的内部物理模型、核心动力学以及数据同化技术都有更新和发展[121],对实际大气状态的模拟效果更好。本书所使用的 ERA5 数据为 300 hPa 纬向风、经向风与大气温度数据,500 hPa 位势高度数据,地表 2 m 温度数据,以及平流层多个气压层中的臭氧和位势涡度数据。原始数据空间分辨率为 0.25°×0.25°。ERA5 数据的官方下载网址为: https://doi.org/10.24381/cds.adbb2d47。

MERRA2 数据是 MERRA 数据的升级版,为第二代高精度数据集。所采用的同化系统为 GEOS－5(Goddard Earth Observing System Model V.5),初衷是作为全球建模和同化办公室(GMAO)所希望打造的综合大气、海洋、陆地和化学的同化地球系统(IESA)的过渡。数据时间分辨率为 6 h,包含 42 个气压层,从 1 000 hPa 到 0.1 hPa。本书所使用的数据为 300 hPa 纬向风、经向风与大气温度数据,以及近地面温度数据。原始数据空间分辨率为 0.5°×0.625°。MERRA2 下载网址为: https://doi.org/10.5067/ADAWH64DCRU0。

JRA－55 数据是 JRA－25 的升级改良版，采用了新的数据同化和预测系统（DA），实施更高的空间分辨率（TL319L60），引入新的辐射机制，发展四维变分数据同化（4D－Var）与卫星辐射的变分偏差校正（VarBC），从而对老版本的许多缺陷进行了有效改进。原始数据空间分辨率为 1.25°×1.25°。JRA－55 的下载网址为：https://doi.org/10.5065/D6HH6H41。

2.1.4 Aura/MLS 卫星数据

Aura 地球观测卫星由 NASA 所属的喷气推进实验室（JPL）研发，于 2004 年 7 月 15 日成功发射。美国官方将其命名为"先兆"（Aura）。Aura 卫星能够提供地球大气污染物、平流层臭氧、大气成分等科学数据，旨在加深对大气污染、大气环境与空气质量及气候变化之间的相互影响的了解。卫星轨道高度 705 km，轨道倾角为 98.2°，运行周期 1.7 h，一天环绕地球可运行约 14 圈，单日内获取的探测剖面可达 3 300~3 600 条。

Aura 卫星如图 2.2 左图所示，其上搭载有四种观测仪器，分别为：高分辨率临边动力探测仪（High Resolution Dynamic Limb Sounder，HIRDLS）、微波临边探测器（Microwave Limb Sounder，MLS）、臭氧监测设备（Ozone Monitoring Instrument，OMI），以及对流层辐射光谱仪（Tropospheric Emission Spectrometer，TES）。由于大气中不同的微量气体具有自身特定的频率，所以设计能够探测指定电磁波谱频段的探测设备可以识别对应的大气成分。Aura 卫星上的这四种仪器工作在不同的电磁波谱段，可探测不同的大气成分[122]。其中 HIRDLS 为红外临边扫描辐射记，用来获取对流层上层与平流层中的大气温度及微量气体；OMI 采用高光谱成像来获取可见光和紫外线的后向散射辐射，主要提供臭氧含量以及与臭氧化学和气候相关的其他大气参数；TES 是一种高分辨率红外成像傅里叶变换光谱仪，能够实现全球任何地方的昼夜覆盖，能够对低层大气中的辐射活性分子进行识别；MLS 则可以利用微波辐射计获取对流层上层的大气成分以及平流层温度，并且探测热带卷云中的卷云冰含量和对流层上层水汽。

本书主要利用 Aura 卫星上的 MLS 所提供的数据，如图 2.2 右图所示。MLS 微波临边探测器主要位于卫星前部，通过临边扫描的方式来获取卫星飞行方向前端从地球大气的对流层上层到平流层的微波辐射热量，从而反演出大气中的温度以及 H_2O、O_3、ClO、BrO、HCl、OH、HO_2、HNO_3、HCN 和 N_2O 的浓度。MLS 仪器由以下三个子模块构成：GHz（吉赫兹）辐射计模块，包括左侧 118 个接收器和右侧带有主镜的偏置型天线；THz（太赫兹）辐射计模块，包括 2 250 个接收

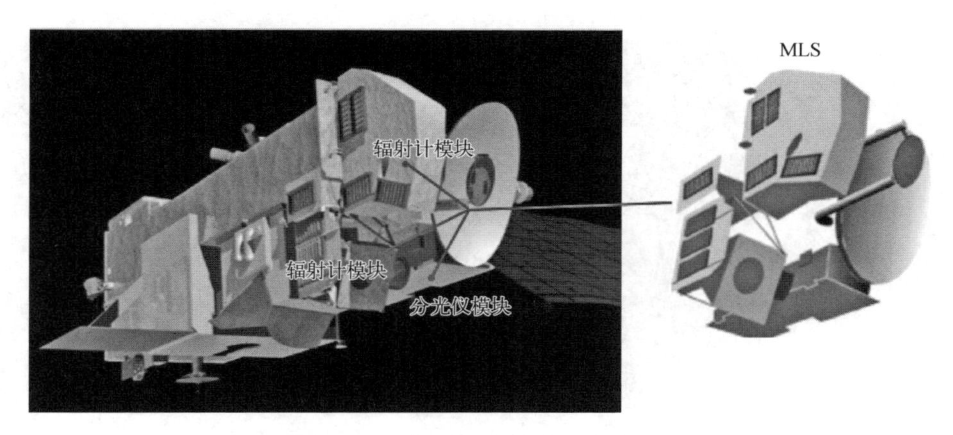

图 2.2　Aura 卫星及其搭载的 MLS

器，一个与吉赫兹天线同步的扫描镜，以及一个太赫兹望远镜；分光仪模块，用来接收、处理和传输来自另外两个模块的信号。

Aura 卫星在环绕地球运行的同时地球也在自转，所以扫描得到的廓线位置随着采样轨迹均匀分布，具体采样情况如图 2.3 所示。上升和下降的轨道由向上箭头和向下的箭头分别表示。由图中可以看出，纬向的采样点分布比较均匀，而在经向上分布并不均匀，高纬度上的采样点明显多于低纬度。

本书选取 2004 年到 2022 年的 MLS4.2 版本（level 2）的温度（temperature）和重力位势高度（GPH）数据。MLS4.2 版本的卫星数据可供公开下载的网址为：https://avdc.gsfc.nasa.gov/pub/data/satellite/Aura/MLS/V04/L2GP/。这些标准化的诊断数据产品存储在二级地球物理产品中（Level 2 Geophysical Product，L2GP），原始数据的格式为 55×3 495，即 55 列，3 495 行。数据有 55 个气压层，从 1 000 hPa 到 0.001 hPa，一天有 3 495 次扫描，每一次扫描都对应一个经纬度格点上的探测廓线。但并不是所有数据都是有效的，需要通过数据中的辅助参数 Precision、Quality、Status 和 Convergence 进行筛选判定。本书将 Precision 为正值、Quality 大于 0.6、Convergence 大于 1.2，并且 Status 为偶数的数据保留为有效数据[123]，其余无效值被舍去，通过重新插值补全。有效高度范围为 9.4 km（261 hPa）到 97 km（0.001 hPa），能够覆盖 82°S 到 82°N 纬度范围。具体的 MLS4.2 版本的数据介绍可以参考 Livesey 等[124]撰写的技术文档。

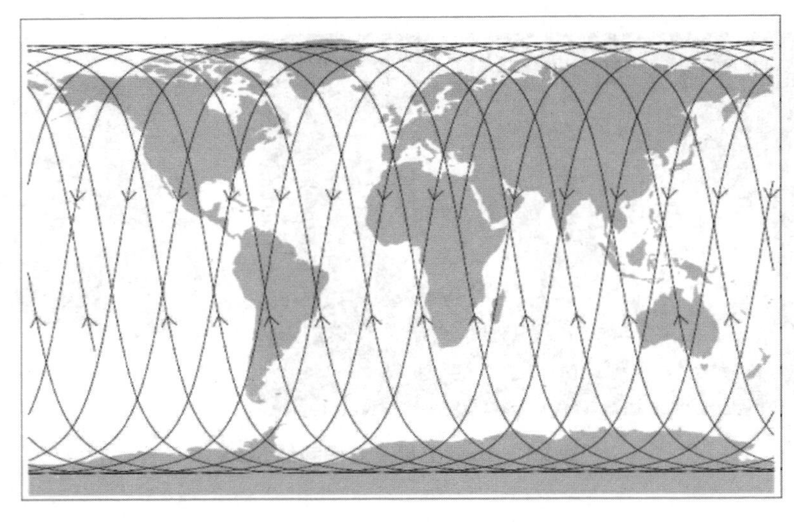

图 2.3 Aura/MLS 采样轨迹示意图[125]

2.1.5 CMIP6 模式数据

由于观测数据只能覆盖目前和历史的时段,无法对未来的气候变化趋势以及未来气候情形进行估计和判断,所以需要利用气候模式系统进行未来发展趋势的研究,以及对不同情景下的历史状况进行复现和模拟。目前不同国家的各个机构研发了数量众多的气候模式,内部的模式架构和物理方程会存在差异。为了将众多的气候模式进行规范和整理,便于比对评估其具体性能和模拟能力的异同,世界气候研究计划(World Climate Research Programme, WCRP)提出了国际耦合模式比较计划(Coupled Model Intercomparison Project, CMIP),由耦合模拟工作组 WGCM(Working Group on Coupled Modelling)进行计划的具体实施。计划的提出是希望通过各国之间的模式共享及科研合作来应对气候科学所遭遇的“进步壁垒”的挑战,为政府更有效地应对气候变化和环境治理提供决策参考。到现在为止,一共经历了 6 次模式比较计划,最近一次为第六次国际耦合模式比较计划(Coupled Model Intercomparison Project Phase 6, CMIP6)。CMIP6 是迄今为止参与比较的模式数量最多、提供数据量最大、涉及的实验设计最为全面的一次计划,能够支撑未来 5~10 年内相关的科学研究[126]。

在模式模拟的实验设计上,重点考虑以下三个关键科学问题[127]:一是探究地球系统对外部强迫的响应机制;二是探究造成气候模式和实际大气整体性偏差的因素；三是在考虑内部气候变率、可预测性和情景不确定性的前提下，评估未来的气候变化。CMIP6 的结构主要由三部分组成，试验设计的基本架构如图 2.4 所示[126]。内部最核心的部分为 DECK（diagnostic, evaluation and characterization of klima。klima 为希腊语“气候”），表示对气候的诊断、评估和描述。完成该环节的模式才能进入 CMIP6，成为众多比较计划成员中的一个。第二部分是对 CMIP6 的历史模拟，分为标准化、协调、架构和文档（common standards, coordination, infrastructure, and documentation）四个功能，作用是促使模式输出的分布和模式集合的表征。第三部分为最外围，围绕前两个试验部分，采用更加联合化的结构，建立更加自主的由 CMIP6 批准的模式比较子计划（Model Intercomparison Projects, MIP）。这些子计划充分体现了科学研究中的民主原则，围绕受到广泛关注的科学问题，由全球科学家自行设计和发起，被批准的子计划一共有 23 个，所涉及的主题及与三个关键科学问题的关系在图 2.4 的最外环。

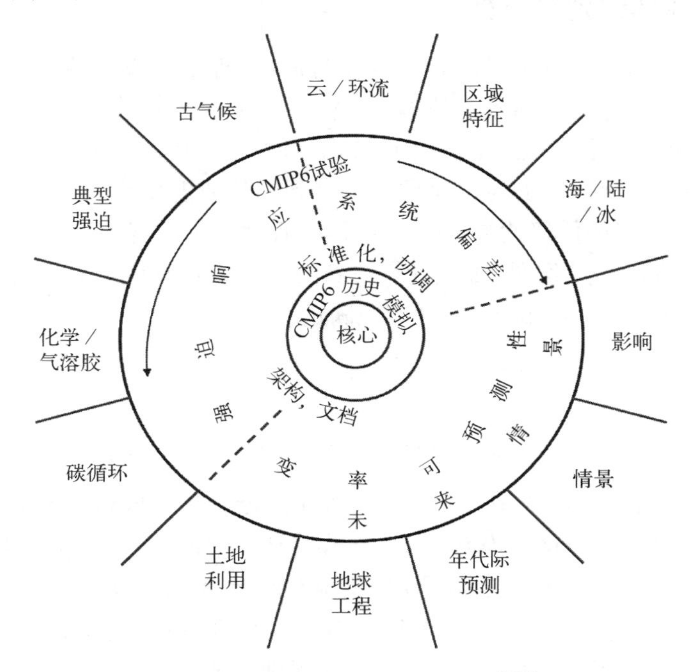

图 2.4 CMIP6 试验设计原理图[126]

本书采用了 CMIP6 数据中的 14 套模式数据（CanESM5, CESM - WACCM, CMCC - CM2 - SR5, ACCESS - CM2, ACCESS - ESM1 - 5, FGOALS - g3, IITM -

ESM, MIROC6, MPI - ESM1 - 2 - HR, MPI - ESM1 - 2 - LR, MRI - ESM2 - 0, NorESM2 - LM, NorESM2 - MM, TaiESM1)中的地表 2 m 温度数据,250 hPa 和 500 hPa 气压层的纬向风、经向风以及温度数据。选取了两种情景试验,分别为历史试验(Historical 试验)和 SSP5 - 8.5(SSP585 试验)。Historical 试验是对历史情形的模拟,数据时间范围从1850年1月到2014年12月。SSP585 是未来气候变化的高排放情景,结合了能源密集型社会经济发展路径(SSP5)和典型浓度排放路径(Representative Concentration Pathway, RCP)中的高排放(RCP8.5),表示到 2100 年辐射强迫预计达到 8.5 W/m^2,数据时间范围为 2015 年 1 月到 2100 年 12 月。

2.2 理论与方法

2.2.1 湍流的识别与计算

由无线电探空仪数据计算得到的位势温度,理论上应该是单调递增的,但由于小尺度湍流等大气活动的影响,位温在某些高度的单调性已经发生了破坏。当高层的位势温度低于低层的位势温度时就会产生翻转,这种翻转被用来计算湍流参数。Thorpe 法的原理是将检测到的位势温度重新排序为单调的曲线,排序前后产生的位移就是 Thorpe 位移。假设一个高度为 Z_m 的位温值在重新排序后移动到高度 Z_n 处,那么计算得到的 Thorpe 位移应为 $D = Z_m - Z_n$。对于一个完整的湍流层,Thorpe 位移 D 应该满足

$$\begin{cases} \sum_{i=n}^{i=z} D(i) = 0, \ i = m \\ \sum_{i=n}^{i=z} D(i) < 0, \ n < i < m \end{cases} \tag{2.1}$$

其中,i 为样本排序; Z_i 为第 i 个样本点所在高度。翻转区域的 Thorpe 尺度 L_T 为该区域的 Thorpe 位移的均方根, $L_T = \mathrm{rms}(D)$。 Thorpe 尺度表示大气湍流层的翻转尺度,对于一个独立的湍流层,位温翻转尺度越大,对应湍流强度越大,整体的 Thorpe 位移偏大,则计算得到的 Thorpe 尺度越长,因此通过计算 Thorpe 尺度可以反映湍流层的强度。湍流层厚度则反映了湍流层的垂直尺度,由 Thorpe 位移上下层边界的高度差计算得到。在大气稳定分层的前提下,它与 Ozmidov 尺度 $\varepsilon = L_0^2 N^3$ 有关,Ozmidov 尺度 L_0 描述了稳定分层流体的湍流特性[128],两者的关系可表示为

$$L_0 = cL_T \tag{2.2}$$

因此,湍流动能耗散率 ε 可以通过 L_T 计算出来,如下式所示:

$$\varepsilon = C_k L_T^2 N^3 \tag{2.3}$$

其中, $C_k = c^2$, C_k 的范围为0.062 5~16[129],本次研究选取 $C_k = 0.3$[130],这是最普适的经验常数,在许多研究中都被应用;N 是背景 Brunt - Vaisala 频率,由排序后的单调位温计算得到,通过排序来消除湍流的分布。湍流扩散系数 K 的计算公式可以通过其和 Ozmidov 尺度的关系式 $K = \gamma L_0^2 N$ 得到:

$$K = \gamma \varepsilon N^{-2} \tag{2.4}$$

式中, $\gamma = 0.25$。使用无线电探空仪数据计算湍流参数的一个重要步骤是去除虚假位温翻转引起的噪声,这也是利用 Thorpe 方法进行湍流反演的基本问题[15,23]。除了真实的湍流外,常规探空数据中的位势温度的反演也可能由仪器噪声引起,且湿空气对于大气不稳定的增强也起着促进作用,水汽饱和程度将严重影响 Thorpe 法的准确性[131],因此位势温度的翻转在湿空气下和干空气下会存在较大的区别。为了消除前者的影响,本书采用 Wilson 等的方法来考虑水汽的作用。通过相对阈值法确定垂直剖面上的水汽饱和区域,将浮力频率分为湿 N_m 和干 N_d 分别进行计算[16,132]。N_d 的计算公式为

$$N_d^2 = \frac{g}{T}\left[\left(\frac{\partial T}{\partial Z}\right) + \Gamma_d\right] \tag{2.5}$$

N_m 的计算公式为

$$N_m^2 = \frac{g}{T}\left[\left(\frac{\partial T}{\partial Z}\right) + \Gamma_m\right]\left(1 + \frac{L_v q_s}{rt}\right) - \frac{g}{1 + q_w}\left(\frac{\mathrm{d}q_w}{\mathrm{d}z}\right) \tag{2.6}$$

其中, Γ_d 为干绝热递减率; Γ_m 为湿绝热递减率; L_v 为水蒸气蒸发潜热; q_s 为饱和混合比; $q_w = q_L + q_s$, q_L 为液态水或冰的混合比。实际的浮力频率剖面是由两者结合得到的。

为了消除噪声引起的位温翻转,书中引入趋势噪声比(trend-to-noise ratio, TNR)和局部趋势噪声比(Bulk TNR)的概念,TNR 被定义为垂直剖面相邻位温差值与位温噪声标准差的比值[132],TNR 用于估计噪声程度,Bulk TNR 用于估计位势温度的局部区域内的噪声水平,其计算方法如下:

$$\bar{\xi} = \frac{\theta_n - \theta_1}{(n - 1)\sigma_\theta} \tag{2.7}$$

其中,n 为所选范围内的样本数;σ_θ 为位温噪声标准差,根据误差传递公式用温度噪声标准差和气压噪声标准差计算:

$$\sigma_\theta = \left(\frac{1\,000}{P}\right)^{\frac{2}{7}} \sigma_T \tag{2.8}$$

温度噪声标准差的计算步骤如下:① 将常规温度探空数据分为若干段,对每段数据进行一阶线性拟合。② 用原始温度数据减去拟合后的温度数据,得到温度残差。③ 计算残差的一阶差分,其方差的 1/2 为所求的温度噪声方差,计算平方根得到温度噪声标准差。分别计算对流层和平流层的 Bulk TNR。当 Bulk TNR 小于 1 时,对该区域的位势温度采取窗口为 2 平滑和采样,通过降低数据分辨率来提高 Bulk TNR 值,从而达到降低位温噪声水平的效果[133]。此外,Wilson 等[132]还提出了一种在所有位温翻转中选择由湍流引起的真实翻转的方法,将检测到的翻转信号 $W_\theta(n)$ 与相同范围内蒙特卡洛模拟的噪声造成的翻转大小 $W_p(n)$ 进行比较,其中 n 是翻转内的样本个数,$W_\theta(n) = \theta_{\max} - \theta_{\min}$,$W_p(n)$ 蒙特卡洛模拟得到噪声范围,设定 95% 的置信度,当反演信号满足 $W_\theta(n) < \sigma_\theta W_{95}(n)$ 时,该翻转被认为是由噪声引起的而被去除。

利用 Wilson 等的方法剔除虚假位温翻转造成的湍流,剩余的湍流则为本次研究中分析的湍流。需要注意的是,该方法消除的并不只有仪器噪声,其中还包括在数据的平滑和欠采样中被剔除的小的湍流扰动。此外,并不是所有的噪声都能得到很好的剔除,当高度过高时,仪器噪声过大,Wilson 等的方法并不适用。

2.2.2 小尺度重力波的识别与量化

利用往返式平飘探空数据的水平方向探测结果进行平流层小尺度重力波的识别与量化方法介绍如下。

三阶结构函数作为有效诊断大气扰动的方法,既可以通过谱斜率反映重力波和湍流的活动特征,也可以通过值的正负来反映能量传输的方向,计算如下[134-136]:

$$S_3(r) = \langle [\delta u_L(r)]^3 \rangle + 2\langle \delta u_L(r)[\delta u_T(r)]^2 \rangle = -\frac{4}{3}\varepsilon r \tag{2.9}$$

式中,$\langle \cdot \rangle$ 为系综平均;r 为分离距离;$S_3(r)$ 为正值代表升尺度能量级联(从小尺度到大尺度)，$S_3(r)$ 为负值代表降尺度能量级联(从大尺度到小尺度)；L 和 T 分别代表平行和垂直于分离距离的方向。平飘气球的轨迹不是一条直线，所以需要将其分解到纬向和经向方向，并将投影更长的方向作为分离距离的方向，同时将数据插值到相等的间隔上[8]。分离距离 $r = l \times 2^n$，$n = 0, 1, \cdots, N$。l 是在分离距离方向上的平均空间步长，N 受到最大数据长度的限制。$\delta u_L(\delta u_T)$ 是一个数据集合，包含了分离距离方向(垂直于分离距离方向)所有格点上距离为 r 的风速之差。这里为了保证近似常数高度这一前提，需要将大量的平飘数据进行筛选，只选择平飘时间足够长(大于3~4小时)、平飘质量足够好(平飘过程高度没有显著改变)的数据集。

类似式(2.9)，多阶结构函数被定义为

$$S_q(r) = \langle | u_L(x + r) - u_L(x) |^q \rangle = \langle | \delta u_L(r) |^q \rangle \tag{2.10}$$

因为平飘的距离长度远大于分离尺度，会有足够多的 x 位置下的 $\delta u_L(r)$ 进行集合平均，所以 $\delta u_L(r)$ 可以看成与位置无关的统计特征，假设这一过程是尺度不变且自相似的，$S_q(r)$ 可以被缩放为如下形式[136]：

$$S_q(r) = C_q r^{\zeta(q)},\ q \geqslant 0 \tag{2.11}$$

其中，C_q 是常数；$\zeta(q)$ 是和阶数 q 有关的函数。由此可以定义一个单调、非递增函数[137]：

$$H(q) = \frac{\zeta(q)}{q} \tag{2.12}$$

这里选择 $H1 = H(1)$ 作为 Hurst 参数，值在0~1之间。$H(1)$ 值越大，序列越光滑，说明大气的波动强度越弱，反之亦然。

被称为奇异测度的统计分析可以用来反映信号序列的间歇性[137]，利用二阶结构函数定义的非负的归一化的 η 尺度梯度场[136]：

$$\varepsilon(\eta; x) = \frac{| \delta u_L(x, \eta) |^2}{\langle | \delta u_L(x, \eta) |^2 \rangle},\ \eta \leqslant x \leqslant L - r \tag{2.13}$$

其中，L 是数据的最大长度；$\eta = 4l$，为四倍奈奎斯特波长。不同分离距离 r 下的测量可以用空间平均后的结果表示：

$$\varepsilon(r; x) = \frac{1}{r}\int_x^{x+r} \varepsilon(\eta; x')\,\mathrm{d}x',\ \eta \leqslant x \leqslant L - r \tag{2.14}$$

波动的自相似性使 q 阶测量表示为

$$\langle \varepsilon(r;\ x)^{q} \rangle = \langle \varepsilon(r)^{q} \rangle \propto r^{-K(q)},\ q \geqslant 0 \tag{2.15}$$

通过线性拟合不同阶数 q 下的 $\varepsilon(r)$ 曲线,可以得到 $K(q)$ 曲线。然后引入广义维:

$$D(q) = 1 - \frac{K(q)}{q - 1} \tag{2.16}$$

波动的间歇性可以被表示为

$$C1 = 1 - D(1) = 1 - \lim_{q \to 1} D(q) = \lim_{q \to 1} \frac{K(q)}{q - 1} = K'(1) \tag{2.17}$$

其中,$C1$ 为间歇性参数,值在 0~1 之间,反映波动的奇异程度。$C1$ 值越大,信号序列的间歇性越强,意味着波动的奇异性越强。由式(2.13)和式(2.15)可知,式(2.17)成立的前提[136]是 $K(1) = 0$。

根据转换定律[138],结构函数的谱斜率可以和一般的功率谱斜率联系起来,即:

$$1 < \beta = \zeta(2) + 1 = 2H(2) + 1 < 3 \tag{2.18}$$

2.2.3 惯性重力波参数的提取

利用无线电探空仪数据进行对流层和平流层中惯性重力波(IGW)的参数提取方法如下所述。

目前,利用无线电探空仪数据提取 IGW 参数主要有三种方法:旋转谱方法[139],直接提供了重力波能量的垂直传播方向;速度图分析[58],应用得最为广泛,利用风速的垂直廓线得到了较为全面的惯性重力波的细节参数,但该方法只对单色波适用;斯托克斯参数法[140],通过波束带内的平均可以更加合理地反映多色波的统计特征。本书利用西太平洋地区六个站点的无线电探空仪数据开展热带地区惯性重力波的研究,考虑到由于不同尺度的波在风场中的叠加会导致速度图法获取的结果变化较大[141],所以这里采用斯托克斯参数法进行重力波参数的提取,同时也将速度图分析的结果进行比对。

2.2.3.1 斯托克斯参数法

由于浮力频率和温度在对流层顶附近会发生明显的改变,这一高度区间的廓线不适合进行重力波参数的提取,同时下垫面的强烈扰动也会使探测廓线受到明显干扰。为了排除以上干扰,在对流层和平流层分别进行惯性重力波参数的提取,分别为 2~14 km 和 18~28 km[142,143]。斯托克斯参数分析最早由 Vincent 等由研究部分极化的电磁波的方式引入研究部分极化的重力波的分析中[140]。一个显著的优点是,包含多尺度扰动的多色波的运动,可以用它对应的斯托克斯参数进行完整的表述。考虑到当一条廓线中包含多个频率的波的运动时,利用傅里叶变换将其转化到波数域内再进行参数的计算更为合理[144]。这里对原始数据 u、v、T 采用四阶多项式拟合来提取背景廓线 $\bar{u}$、$\bar{v}$、$\bar{T}$, 剔除背景廓线后得到扰动数据 u'、v'、T'。对风速扰动廓线在整个选取的高度区间进行傅里叶变换:

$$U(m) = \mathrm{U}_{\mathrm{R}}(m) + \mathrm{i}U_{\mathrm{I}}(m) \tag{2.19}$$

$$V(m) = \mathrm{V}_{\mathrm{R}}(m) + \mathrm{i}V_{\mathrm{I}}(m) \tag{2.20}$$

其中, m 代表垂直波数; $U(m)$ 和 $V(m)$ 分别代表对 u' 和 v' 进行傅里叶变换;下标 R 和 I 分别代表实部和虚部。在频谱域内惯性重力波的斯托克斯参数计算如下:

$$I = A[\overline{U_{\mathrm{R}}^2(m)} + \overline{U_{\mathrm{I}}^2(m)} + \overline{V_{\mathrm{R}}^2(m)} + \overline{V_{\mathrm{I}}^2(m)}] \tag{2.21}$$

$$D = A[\overline{U_{\mathrm{R}}^2(m)} + \overline{U_{\mathrm{I}}^2(m)} - \overline{V_{\mathrm{R}}^2(m)} - \overline{V_{\mathrm{I}}^2(m)}] \tag{2.22}$$

$$P = 2A[\overline{U_{\mathrm{R}}(m)V_{\mathrm{R}}(m)} + \overline{U_{\mathrm{I}}(m)V_{\mathrm{I}}(m)}] \tag{2.23}$$

$$Q = 2A[\overline{U_{\mathrm{R}}(m)V_{\mathrm{I}}(m)} - \overline{U_{\mathrm{I}}(m)V_{\mathrm{R}}(m)}] \tag{2.24}$$

其中, A 是尺度常数,上划线代表在高度区间上指定垂直波数带内积分后的平均,这里选取 $m = 1/4.5\ \mathrm{km}^{-1}$ 和 $m = 1/1.5\ \mathrm{km}^{-1}$ 作为积分垂直波数带的上下限,使所选取的加权平均的波数带既满足了波数带的连续完整,又确保区间内扰动数据的功率谱尽可能满足不低于最大峰值的 50%这一要求[47,142]。由此求出 I、D、P、Q 四个参数。I 为总方差; D 表示各向异性; P 表示同向协方差,与线性偏振有关; Q 表示正交协方差,与圆偏振有关。波动的极化程度 d、长轴方向(即 IGW 传播方向) θ、相位差 δ 以及平均轴向椭圆比 AXR 均可以计算出来:

$$d = \frac{\sqrt{D^2 + P^2 + Q^2}}{I} \tag{2.25}$$

$$\theta = \frac{1}{2}\arctan\left(\frac{P}{D}\right) \tag{2.26}$$

$$\delta = \arctan\left(\frac{Q}{P}\right) \tag{2.27}$$

$$\mathrm{AXR} = \tan\zeta \tag{2.28}$$

其中，$\zeta = \frac{1}{2}\arcsin\left(\frac{Q}{d \cdot I}\right)$，极化程度 d 代表相干波的运动在总速度方差中的占比，取值范围在 0 到 1 之间。$d = 1$ 表示完全极化波，这里将 $d > 0.5$ 的扰动选择为相干波，其余扰动廓线被舍去。相位差 δ 描述了椭圆的偏振程度，$\delta = 90°$ 或 $\delta = 270°$，为圆偏振；$\delta = 0°$ 或 $\delta = 180°$，为线性偏振；当 δ 为其余值时代表椭圆偏振[141]。θ 表示为自正东方向逆时针旋转，为了方便后续的计算，将其转换为自正北方向顺时针旋转。AXR 代表矢端曲线短轴和长轴之比，由此可以得到 IGW 的固有频率和科氏力之间的关系：

$$\mathrm{AXR} = \frac{f}{\hat{\omega}} \tag{2.29}$$

$$\mathrm{AXR} = \tan\zeta \tag{2.30}$$

但是考虑到背景风场的切变效应[145]，固有频率需要被修正为 $\mathrm{AXR_{corr}}$：

$$\mathrm{AXR_{corr}} = \left|\mathrm{AXR} - \frac{1}{N}\frac{\mathrm{d}V_T}{\mathrm{d}z}\right| \tag{2.31}$$

其中，N 是平均浮力频率；V_T 为垂直于波传播方向的背景风场，$V_T = -u\sin\theta + v\cos\theta$。由此可以得到真实的固有频率 $\hat{\omega}$。由于这里讨论的是惯性重力波，固有频率和惯性频率要接近，于是舍去 $\frac{\hat{\omega}}{f} > 10$ 的结果[72,146]。

考虑到斯托克斯参数法反映的是波动的统计特征，垂直波数由波束带内风速扰动谱的加权平均获得[147,148]：

$$m = \frac{\sum_i (|\hat{u}_i|^2 + |\hat{v}_i|^2)\, m_i}{\sum_i (|\hat{u}_i|^2 + |\hat{v}_i|^2)} \tag{2.32}$$

其中，$\hat{u}_i$、$\hat{v}_i$ 分别是第 i 个垂直波数 m_i 对应的经过傅里叶变换后的纬向风和经向风扰动的振幅。由此得到垂直波数 m，根据频散关系[10,123]，进一步求得水平波数 k_h：

$$k_h{}^2 = \frac{(\hat{\omega}^2 - f^2)m^2}{N^2} \tag{2.33}$$

其中,纬向波数 $k = k_h \sin\theta$, 经向波数 $l = k_h \cos\theta$。 考虑到由(2.26)式计算出的 IGW 水平传播方向具有 180°的任意性,利用平行于波传播方向的背景风场扰动 $U'(U' = u'\cos\theta + v'\sin\theta)$ 和温度扰动的 Hilbert 变换 $T'_{+90°}$ 的乘积在高度区间内的平均 $\langle U'T'_{+90°}\rangle$ 来进行消除[149],值为正(负),传播方向为 $\theta(\theta + 180°)$。

根据固有频率和波数,可以分别获取固有水平相速度 $\hat{c}(\hat{c} = \hat{\omega}/k_h)$、固有垂直相速度 $\hat{c}_z(\hat{c}_z = \hat{\omega}/m)$、水平相速度 $c[c = \hat{\omega}/k_h + \bar{u}_h\cos(\theta_w - \theta)$, θ_w 为背景风场方向]、纬向相速度 $c_x(c_x = \hat{\omega}/k + \bar{u} + \bar{v}l/k)$、经向相速度 $c_y(c_y = \hat{\omega}/l + \bar{u}k/l + \bar{v})$、垂直群速度 $\hat{c}_{gz}\left[\hat{c}_{gz} = -\frac{1}{\hat{\omega}m}(\hat{\omega}^2 - f^2)\right]$ 等 IGW 的运动特征参数[150]。

在北半球,纬向风和经向风的扰动矢量随高度顺时针(逆时针)旋转,则能量向上(向下)传播[57]。利用旋转谱分析技术[144,151],对具有复数形式的风速扰动 $u'(z) + \mathrm{i}v'(z)$ 进行傅里叶变换,可以将风场扰动分解为逆时针(AW)和顺时针(CW)分量。能量上传的部分可以用 CW 和(CW+AW)的比值来表示,值大于 0.5,IGW 向上传播,否则 IGW 向下传播。

利用动能 E_k 和位能 E_p 可以反映 IGW 活动的强弱,计算如下:

$$E_k = \frac{1}{2}[(\overline{u'})^2 + (\overline{v'})^2] \tag{2.34}$$

$$E_p = \frac{1}{2}\frac{g^2}{N^2}\left(\frac{T'}{\bar{T}}\right)^2 \tag{2.35}$$

重力波的动量通量可以反映波流相互作用的程度,虽然严格地讲它叫伪动量通量[152]。已知水平风和温度扰动,根据重力波极化关系可以得到向上传播的 IGW 的纬向和经向动量通量[31,153]:

$$\overline{u'w'} = \frac{g\hat{\omega}}{N^2}\overline{u'\left(\frac{T'}{\bar{T}}\right)_{+90°}}\left[1 - \left(\frac{f}{\hat{\omega}}\right)^2\right] \tag{2.36}$$

$$\overline{v'w'} = \frac{g\hat{\omega}}{N^2}\overline{v'\left(\frac{T'}{\bar{T}}\right)_{+90°}}\left[1 - \left(\frac{f}{\hat{\omega}}\right)^2\right] \tag{2.37}$$

其中, $\left(\frac{T'}{\bar{T}}\right)_{+90°}$ 表示对归一化的温度扰动利用希尔伯特变换进行 90°的相位偏移,上横线代表非加权空间平均。这里只考虑向上传播的重力波,携带的动量通量通过重力波的耗散、破碎过程来影响背景大气。

2.2.3.2 速度图分析

速度图分析这一方法主要用来提取准单色惯性重力波。对于温度、纬向风和经向风的扰动廓线,首先利用 Lomb - Scargle 功率谱分析来区分不同尺度的波,将对应峰值振幅的垂直波长作为主导波长,由此分别获得温度、纬向风和经向风扰动的主导垂直波长。当这三个波长的相对偏差不超过20%时,可以将其看作准单色波[154],能够进行后续的计算,否则该段廓线被舍去。当被识别为准单色惯性重力波(quasi-monochromatic IGW)后,三个垂直波长的平均值便作为提取出的垂直波长,进而得到垂直波数。然后,再进行正弦谐波拟合,用以提取波振幅和相位:

$$U = A\sin[(2\pi/\lambda_z)Z + \varphi] \tag{2.38}$$

其中,$U=[u', v', T']$ 是谐波拟合后的扰动分量,$A=[\tilde{u}, \tilde{v}, \tilde{T}]$ 和 $\varphi=[\varphi_u, \varphi_v, \varphi_T]$ 是对应的波振幅和波相位。

根据线性重力波理论,沿着极化椭圆中的长轴(平行于波的水平传播方向)和短轴(垂直与波的水平传播方向)水平风扰动分别为 $\hat{u}$ 和 $\hat{v}$,二者满足以下极化关系[9]:

$$\frac{\hat{u}}{\hat{v}} = \mathrm{i}\frac{\hat{\omega}}{f} \tag{2.39}$$

长轴对应的方位角为 θ(从正北方向沿着顺时针旋转),满足如下关系:

$$2\hat{u}^2 = \tilde{u}^2 + \tilde{v}^2 + [(\tilde{u}^2 - \tilde{v}^2)^2 + 4F_{uv}^2]^{1/2} \tag{2.40}$$

$$2\hat{v}^2 = \tilde{u}^2 + \tilde{v}^2 - [(\tilde{u}^2 - \tilde{v}^2)^2 + 4F_{uv}^2]^{1/2} \tag{2.41}$$

$$\theta = \frac{1}{2}\left(\pi n + \arctan\frac{2F_{uv}}{\tilde{v}^2 - \tilde{u}^2}\right) \tag{2.42}$$

其中,$F_{uv} = \tilde{u}\tilde{v}\cos(\varphi_u - \varphi_v)$,$n$ 的取值为0($\tilde{v} > \tilde{u}$ 且 $F_{uv} > 0$)、1($\tilde{v} < \tilde{u}$),或2($\tilde{v} > \tilde{u}$ 且 $F_{uv} < 0$)。由此计算得到 θ 后,还需要通过判断水平风扰动与温度扰动随高度的旋转方向来消除180°的不确定性,水平风扰动 $u'_h = u'\sin\theta + v'\cos\theta$。当 (u'_h, T') 随高度顺(逆)时针旋转,重力波的水平传播方向为 θ(θ + 180°)。重力波的垂直传播方向可由 (u', v') 来判断,随高度顺时针旋转代表能量上传,随高度逆时针旋转代表能量下传。

其余惯性重力波的参数计算和前文斯托克斯参数法中介绍的是一致的，这里不再重复介绍。

2.2.4　准共振放大理论及计算

大气中的罗斯贝（Rossby）波可以分为快速传播的天气尺度罗斯贝波（自由波）和准静止行星尺度的罗斯贝波（强迫波）。前者的纬向波数较大，一般超过6，相速度为6~12 m/s；后者的纬向波数一般小于6，相速度接近0[155]。绝大部分中纬度地区纬向波数为6~8的天气尺度波都不受外力强迫而自由传播，能量最终耗散在极区和赤道，而其对应的准静止分量很弱[92,94]。当中纬度地区对流层中的纬向背景流发生特定改变，会形成能够捕获这些准静止自由波的波导，波导的北向和南向边界上会出现反射（转向）点，阻止这些波的能量耗散和经向传播[156]，将其限制在波导内。当这些被捕获的自由 k 波和受外力强迫（热力强迫和地形强迫）产生的整数 m 波接近时，会发生行星波共振，产生显著的振幅。上述现象的发生便被称为准共振放大[103,157]（QRA），准共振放大的发生需要具备以下两个条件：

1. 波数 $k \approx m$ 的波导存在

在等效正压层（EBL，约300~500 hPa）上，波导的形成只取决于经向波数的平方 l^2，这又和纬向平均纬向风 U、纬度 φ 以及纬向波数 k 有关。通过求解球面上的准线性正压涡度方程获得 l^2 的表达式如下[92,158]：

$$l^2 = \frac{2\Omega\cos^2\varphi}{aU} - \frac{\cos^2\varphi}{a^2U}\frac{d^2U}{d\varphi^2} + \frac{\sin\varphi\cos\varphi}{a^2U}\frac{dU}{d\varphi} + \frac{1}{a^2} - \left(\frac{k}{a}\right)^2 \tag{2.43}$$

其中，a 是地球半径。这里使用15天的滑动平均值来去除300 hPa纬向风场（37.5°N到57.5°N纬度区间上的区域平均）的瞬态噪声。从而进一步得到无量纲准静止波波数的平方[103]：

$$K_s^2a^2 = (la)^2 + k^2 = \frac{2\Omega\cos^2\varphi}{U} - \frac{\cos^2\varphi}{U}\frac{d^2U}{d\varphi^2} + \frac{\sin\varphi\cos\varphi}{U}\frac{dU}{d\varphi} + \frac{1}{a^2} + 1 \tag{2.44}$$

l^2 在两个转折点（turning points，TP）两侧均会发生符号的改变，两个TP之间的距离便是波导宽度。波导的形成需要同时满足两个条件[104]：一是在TP之间（之外）$l^2 > 0$（$l^2 < 0$），并且在波导内部及其边界附近 $U > 0$；二是捕获的

自由k波要和受强迫驱动的m波数值接近(这里取$|k-m|<0.2$)。更加细节的条件补充如下:TP 位于 30°N 到 70°N 之间,最小距离超过 2°,同时假设进入波导内强迫波的经向波数l_m由l^2的最大值替代,其范围为$[10^{-13}\ m^2, 10^{-12}\ m^2]$[159],对于特定波数$m$,存在的相邻波导最小距离超过 5°,且不同波数对应的波导重叠的情况需要被完全舍去。

2. 对于纬向波数为m的强迫波,有效强迫振幅A_{eff}需要超过特定阈值q_k

300 hPa 上的有效波强迫项F_{eff}结合了热力强迫和地形强迫[103]:

$$F_{eff}=\frac{2\Omega\sin\varphi\cos\varphi^2}{aT_c}\frac{\partial\hat{T}}{\partial\lambda}-\frac{2\Omega\sin\varphi\cos\varphi^2}{aH}\kappa\frac{\partial h_{or}}{\partial\lambda}\tag{2.45}$$

其中,λ是经度;$T_c=200$ K,是 EBL 上的常数参考温度;$\hat{T}$是减去纬向平均温度后的非纬向温度偏差,经过了 15 天滑动平均;$H=12\,000$ m 是对流层高度的特征尺度;$\kappa=0.4$,代表 300 hPa 高度和平均地形高度上纬向平均纬向风之比的特征值;h_{or}是粗分辨率地形。在计算地形强迫时,考虑到对流层中产生的地形强迫要远比地形本身平滑得多,需要将原始地形数据粗化到 10°×15°的网格[160,161]。地形数据来自全球陆地 1 km 基础高程(The Global Land One-kilometer Base Elevation, GLOBE)数据集[162],它是第一个公开可用的全球数字高程模型(DEM)。可供公开下载的网址为:https://www.ngdc.noaa.gov/mgg/topo/globe.html。

在自由天气尺度k波在波导内被捕获后,自由波振幅A_m和强迫波振幅A_{eff}存在如下关系:

$$A_m=\frac{A_{eff}}{\sqrt{[(k/a)^2-(m/a)^2]^2+(L/a^2+R^2/L)^2(m/a)^2}}\tag{2.46}$$

其中,$R=\kappa R_0$,$L=\kappa L_0$,$R_0=0.135$为罗斯贝数,$L_0=6\times10^5$ m 为罗斯贝半径。A_{eff}是对区域加权经向平均后的F_{eff}进行纬向快速傅里叶变换(FFT)得到的。由式(2.46)可知,只有当陷获的自由波波数k和由强迫驱动的m波接近时,才能产生强烈的陷获波振幅A_m,行星波的准共振放大由此发生。对于特定波数m,有效强迫的波振幅需要有足够的强度,才能促使共振放大的发生。这里设定获陷m波的强迫需要在纬向波数 1~15 中的所有波强迫的前 60%。

为了量化陆地表面极端天气发生的范围大小,这里定义了一个中纬度极值指数 MEX[157]:

$$\mathrm{MEX}(x,\ t) = \left[\frac{1}{N}\sum_{i}^{N}\left(\frac{\Delta x_i(t)}{\sigma(x_i)}\right)^2 - u_{\mathrm{MEX}}\right] \Big/ \sigma_{\mathrm{MEX}} \tag{2.47}$$

其中，x 代表每个区域格点上的温度，在中纬度范围（37.5°N~57.5°N）每个时间步长上共有 N 个独立的格点；$\Delta x_i(t)$ 是第 i 个格点，时间步长 t 上的温度距平，通过减去多年平均得到，同时为了避免长期趋势的影响又对每个格点上的时间序列进行了线性去倾，这样保留了和行星波变化相关的局部信号；$\sigma(x_i)$ 是第 i 个格点中所有温度距平的标准差（SD）。MEX 指数通过减去时间平均的平均值 u_{MEX}，再除以它的标准差 σ_{MEX} 进行了归一化。正极值指数越大，代表中纬度上有更多的地区同时发生了极端天气事件。

这里关于行星波振幅的计算，是基于 15 天滑动平均的 300 hPa 经向风数据，先将其在经向进行区域平均（37.5°N~57.5°N），再利用快速傅里叶变换求得纬向波数 1~8 上的波振幅和波相位。

2.2.5　行星波参数计算

1. 利用 MLS 卫星数据进行行星波参数计算

原始数据在 10°经度×5°纬度的网格空间进行累积五天的平均，并且在经向方向采取 1－2－1 的加权平均。利用位势高度数据，基于梯度风平衡[163,164]在表征经度、纬度和对数压力高度的球坐标系（λ，φ，z）下可以获取纬向平均纬向风 $\bar{u}$，纬向平均风计算如下：

$$\frac{\bar{u}^2\tan\varphi}{a} + f\bar{u} = -\frac{1}{a}\frac{\partial\bar{\phi}}{\partial\varphi} \tag{2.48}$$

其中，a、f、ϕ 分别是地球半径、科氏力参数以及位势。根据式（2.48）可以求出 $\bar{u}$ 的解为

$$\bar{u} = -M \pm\sqrt{M^2 + 2M\bar{u}_g} \tag{2.49}$$

这里 $\bar{u}_g$ 代表地转纬向风的平均值，M 是地球自转的切向速度，计算公式为

$$\bar{u}_g = -\frac{1}{fa}\frac{\partial\bar{\phi}}{\partial\varphi} \tag{2.50}$$

$$M = a\Omega\cos\varphi \tag{2.51}$$

采用这种方式计算的风场和模式输出风场的一致性也验证了该方法在赤

道以外的地区结果的可靠性[165]。利用谐波分析,在各个纬度和气压层上对位势高度场沿着经度方向进行傅里叶级数展开,将纬向波数 1~3 之和作为准静止行星波扰动[166]。

以位势高度 $z(z=\phi/g)$ 为例,展开介绍谐波拟合的方法。在特定气压层,特定纬度范围内的位势高度 $z(\lambda)$ 的谱函数可以写作:

$$|H(k)| = \frac{1}{2\pi}\int_0^{2\pi} z(\lambda)\mathrm{e}^{ik\lambda}\mathrm{d}\lambda = H_1(k) + H_2(k) \tag{2.52}$$

其中,k 为纬向波数,与水平波长 L 的关系为

$$k = \frac{2\pi a\cos\varphi}{L} \tag{2.53}$$

行星波沿着纬圈方向的波扰动可以写作:

$$\begin{aligned} Z^*(\lambda) &= 2\sum_k^{\infty} |H(k)|\cos[\lambda - \varepsilon_z(k)] \\ &= 2\sum_k^{\infty} [H_1(k)\cos(k\lambda) + H_2(k)\sin(k\lambda)] \end{aligned} \tag{2.54}$$

其中,振幅 $|H(k)| = [H_1^2(k) + H_2^2(k)]^{1/2}$,波相位为

$$\varepsilon_z(k) = \frac{1}{k}\tan^{-1}\left(\frac{H_2(k)}{H_1(k)}\right) \tag{2.55}$$

扰动分量,可以看作与纬向平均的偏差,于是风速扰动可以进一步表示为纬向风扰动 u' 和经向风扰动 v',基于地转近似求得

$$u' = -\frac{1}{fa}\frac{\partial\phi'}{\partial\varphi} \tag{2.56}$$

$$v' = \frac{1}{fa\cos\varphi}\frac{\partial\phi'}{\partial\lambda} \tag{2.57}$$

Eliassen - Palm(EP)通量 F 和波驱动的通量散度 DF 作为波活动的诊断工具,可以用来反映行星波的传播以及波对纬向平均流的强迫作用[167],计算公式如下:

$$F = (0,\ F^{(\varphi)},\ F^{(z)}) = \rho_0 a\cos\varphi\left(0,\ \overline{-v'u'},\ \frac{f\overline{v'\theta'}}{\frac{\partial\bar{\theta}}{\partial z}}\right) \tag{2.58}$$

$$\mathrm{DF}=\frac{1}{\rho_0 a\cos\varphi}\left(\frac{1}{a\cos\varphi}\frac{\partial(F^{(\varphi)}\cos\varphi)}{\partial\varphi}+\frac{\partial F^{(z)}}{\partial z}\right) \tag{2.59}$$

其中，θ、ρ_0 分别是位温和大气密度。为了确保公式(2.48)计算风场的有效性，这里关于风速、EP 通量及其散度的计算局限在 15°N~80°N 以及 15°S~80°S 纬度区间范围内[163]，并且以 5°的纬度带宽度进行区域平均来表征某一纬度上的参数。

2. 利用再分析数据进行大气阻塞指数及涡流热通量计算

大气阻塞作为中纬度地区常见的准静止、长时间持续的高气压系统，它的形成和行星波的非线性相互作用以及波流相互作用密切相关，并且经常伴随着极端天气事件的发生[168]。这里用大气阻塞指数来识别阻塞事件的发生，被 Tibaldi 和 Molteni 定义为[169]

$$\mathrm{GHGS}=\left[\frac{Z(\varphi_0)-Z(\varphi_s)}{\Phi_0-\Phi_s}\right] \tag{2.60}$$

$$\mathrm{GHGN}=\left[\frac{Z(\varphi_n)-Z(\varphi_0)}{\varphi_n-\varphi_0}\right] \tag{2.61}$$

其中，$\varphi_n=80°N+\delta$；$\varphi_0=60°N+\delta$；$\varphi_s=40°N+\delta$；$\delta=-5°,\ 0°,\ 5°$；Z 是 500 hPa 上的位势高度。当同时满足 GHGS>0 且 GHGN<−10 m/lat，则认为大气阻塞形成，阻塞指数为 GHGS。

纬向平均涡流热通量可以用来表示行星波向上传播的波能量，被定义为[170]

$$[V^*T^*]=[V_c^*T_c^*]+[V_c^*T_a^*+V_a^*T_c^*]+[V_a^*T_a^*] \tag{2.62}$$

其中，V 和 T 分别代表经向风速和温度；方括号和星号代表纬向平均及其偏差；下标 c 和 a 代表月平均及其偏差。涡流热通量越大，代表更多的行星波进入平流层。式(2.62)右侧第一项和第四项分别代表仅由气候态行星波引起的热通量和仅由行星波扰动异常引起的热通量；右侧第二项和第三项的组合可以反映气候态的行星波活动和与这些波相关的异常之间的相互作用[170]。

第三章　湍流活动特征及其与降水的关系

3.1　引言

Thorpe 给出了一种识别海洋垂直剖面湍流的方法，为计算大气湍流参数提供了一个很好的思路[171]：在绝热、无摩擦条件下的静态稳定大气中，位势温度和位势密度都随高度单调变化。当湍流发生时，位势温度（位势密度）的单调性被破坏，在垂直方向上产生翻转，这种小尺度的翻转在高垂直分辨率数据中尤其显著。Thorpe 法便是通过寻找位势温度（位势密度）剖面的翻转来计算 Thorpe 尺度、湍流层厚度等参数，由此来反映大气湍流的强度。Clayson 和 Kantha 通过大量的探空仪数据来探测局地湍流并估计湍流动能耗散率和湍流扩散系数，证明了 Thorpe 法在大气领域的可行性[172]。当测深资料垂直分辨率较低时，Thorpe 法是一种有效的探测湍流的方法，可用于米级垂直分辨率的探空数据。Kantha 和 Hocking 将利用平流层-对流层（ST）雷达计算的湍流动能耗散率与探空仪计算的湍流动能耗散率进行比较，证实了上述两种探空数据得到的湍流结果具有良好的一致性[173]。Wilson 等指出了仪器噪声和空气湿度对 Thorpe 法结果的影响，并对其进行了相应的改进[131,132]。目前，Thorpe 法已被用于各种探测数据的湍流分析，并取得了良好的效果[174]。

本章首先基于中国西北地区一组临近空间高分辨率探空数据，利用 Thorpe 法进行了湍流的反演，计算了 Thorpe 尺度、湍流层厚度、湍流动能耗散率和湍流扩散系数，并对其中出现的平流层中层大尺度湍流层进行了个例分析。作为该地区的第一次湍流探测和分析，此次研究有助于了解该区域的湍流分布特征，发现湍流分布与当地降水的关系。

然后，利用 NOAA 高垂直分辨率无线电探空仪数据分析西太平洋热带地区湍流的分布特征，确定湍流与降水的相关性。热带地区拥有世界上最复杂的环流系统,其内部的相互作用机制异常复杂与活跃,强烈的对流活动导致了该区域的大范围湍流的出现。然而,由于缺乏长时间连续的观测数据,对西太平洋热带地区的湍流的分析研究异常匮乏。此次研究有利于更好地了解西太平洋热带地区湍流的时空分布特征,是分析湍流纬度差异的至关重要的一环,对该地区海洋气候的研究也具有一定的参考价值。

3.2　探测数据介绍

在研究中国西北地区的湍流特征时,使用的数据为中国西北地区的 9 组探空气球数据,探空气球的释放地点为东经 100°、北纬 41°附近。时间跨度为 2018 年 1 月 10 日到 15 日,最大探测高度 45 km,最小探测高度为 34 km,平均探测高度为 40 km,均可以探测到 30 km 以上的区域。9 组气球的平均上升速度为 6 m/s,由于仪器噪声以及外界因素的干扰,探测得到的数据会有轻微的偏差,本次研究采取三次样条插值拟合数据曲线来消除个别异常偏差值,将数据插值到 6 m 间隔的垂直剖面上,以便于后续的观察计算。表 3.1 列出了 9 次探空仪的施放时间和飞行高度。其中酒泉地区海拔较高,初始的释放高度达到 1.025 km。在分析湍流发生当天的天气要素时,本次研究主要使用了 ERA5 在分析数据中 2018 年 1 月 13~15 日的总降水、地面两米大气温度、海平面气压三组数据。

表 3.1　2018 年部署的 9 个探空仪的基本信息

序号	时间(月.日)	时刻	终止高度/km	持续时间/s
1	1.10	19:00	42.239	7 002
2	1.11	20:00	41.678	6 796
3	1.12	16:00	40.778	7 412
4	1.12	19:00	41.910	6 360
5	1.13	14:00	45.207	7 054
6	1.13	19:00	35.219	6 285
7	1.14	19:00	40.454	6 389
8	1.15	13:00	43.765	6 410
9	1.15	20:00	34.590	5 104

在探究西太平洋热带地区湍流的分布特征时，选取西太平洋地区雅浦岛（Yap）站点（9.50°N，138.08°E）每日 12:00 UTC（协调世界时）发布的无线电探空仪数据，时间段为 2013 年 2 月至 2018 年 12 月。由于热带地区白天对流活动异常剧烈，本次研究只选取夜间数据进行分析。数据集包括原始 PTU（压力、温度和相对湿度）数据，以及来自原始 GPS 无线电探空仪的经向风、纬向风和高度数据。将垂直分布不均匀的数据通过三次样条插值重新分配到垂直分辨率均匀的空间网格中，便于湍流参数的分析计算，根据探空仪上升速度（约 6 m/s）将垂直分辨率定为 6 m。数据筛选时，探空仪上升终止高度低于 30 km 的剖面数据被省略，对于高度高于 30 km 的探空数据，只有连续之间没有压力、温度、相对湿度、经向和纬向风数据损失的剖面数据被选中。

对于 ERA5 再分析数据，选取 Yap 探空站周围 2013～2018 年的总降水量数据作为研究要素。目标范围为 9°N～10°N，137°E～139°E，计算该区域的平均降水量用来观察与其大气湍流的关系。此外，云中含水量的大小不仅可以间接反映降雨量的多少，还可以准确地反映云层的高度，因此也被用作研究湍流特征。

3.3 西北地区湍流参数结果

3.3.1 背景场分布特征

本章利用甘肃 2018 年 1 月发布的 9 组探空数据，对湍流特征进行了研究。对大气要素的实测数据进行质量控制，去除错误数据。用差值后的数据计算了位势温度。

图 3.1 为 9 组数据的温度、气压和位势温度垂直分布图。从图 3.1（a）可以看出，对流层和平流层之间的分层比较明显，9 组数据具有较好的一致性。从图 3.1（c）可以看出，计算得到的位温并不随海拔单调增加，在某些高度出现了部分扰动。为了识别出真实湍流产生的扰动而不是噪声引起的虚假扰动，将 9 组位温数据按高度等间隔分别分成 5 段，每段分别计算 Bulk TNR，如表 3.2 所示。

表 3.2 显示了 9 组数据的 Bulk TNR 分布。第一行的 T1～T9 表示 9 组测深数据，第一列的 Seg 1～Seg 5 表示 Bulk TNR 在垂直方向上的分层。带 * 的为白天数据，其余为夜间数据。从表 3.2 可以看出，海拔较低时（Seg 1～Seg 3）的 Bulk TNR 比较大，对应的高度为对流层和平流层下部。该区域没有平流层中上

层大的风切变,探测高度低,仪器产生的噪声小,TNR 较高。此外,在白天,太阳辐射强烈,热对流更明显,导致空气扰动增强,仪器对噪声的灵敏度增强。因此,白天发布的三组检测数据的 Bulk TNR 偏高。对 Bulk TNR 小于 1 的分段进行平滑和欠采样,再利用蒙特卡洛模拟进一步对真实的翻转进行筛选,去除位温噪声。

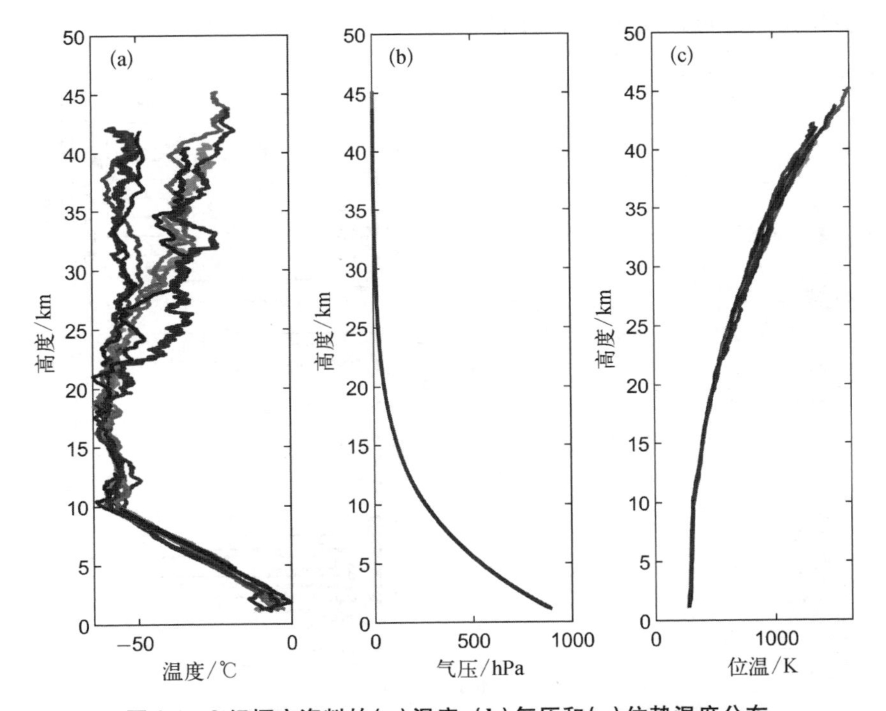

图 3.1　9 组探空资料的(a)温度、(b)气压和(c)位势温度分布

表 3.2　9 组数据的 Bulk TNR 分布

	T1	T2	T3*	T4	T5*	T6	T7	T8*	T9
Seg 1	2.05	2.07	1.01	1.93	0.60	1.61	2.12	0.63	1.53
Seg 2	3.77	3.15	1.16	3.18	1.32	2.43	3.24	1.31	3.04
Seg 3	1.98	3.32	1.09	1.88	0.92	2.74	3.07	0.62	3.68
Seg 4	0.56	2.36	1.18	1.29	1.21	2.59	1.57	0.45	1.90
Seg 5	0.24	1.05	0.75	1.85	0.88	1.65	0.96	0.73	1.29

3.3.2 湍流参数的计算和分析

利用 Thorpe 法计算得到 9 组测深资料的 Thorpe 尺度 L_T 和湍流厚度的垂直剖面，显示在图 3.2 中。此外由于白天近地层热对流较强，噪声产生的影响剧烈，本次研究舍弃 1 月 12 日 16:00、1 月 13 日 14:00 以及 1 月 15 日 13:00 三次探空数据得到的近地层 3 km 以下的湍流。

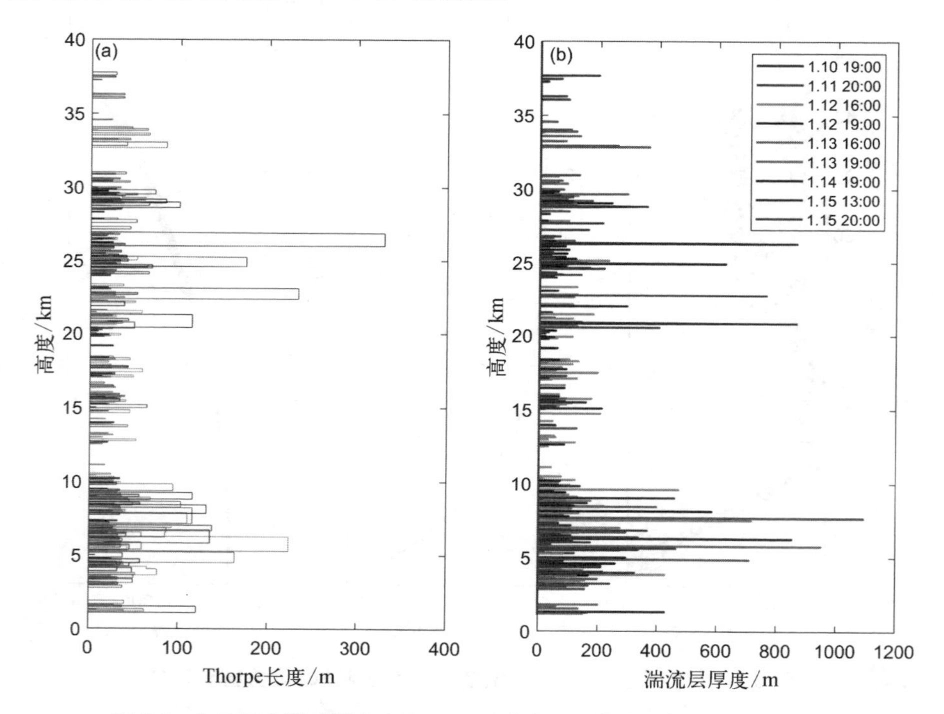

图 3.2 9 组探空资料的(a)Thorpe 尺度和(b)湍流层厚度的垂直剖面

图 3.2 为 9 组数据利用 Thorpe 法得到的 Thorpe 尺度和湍流层厚度。从图 3.2(a)可以看出，Thorpe 尺度主要集中在对流层中上层，平流层分布较少，且尺度较小，这是因为对流层热对流强，大气不稳定程度高，大气变化剧烈。图 3.2(b)显示了 1 月 10~15 日 9 组探空数据计算得到的湍流层厚度的垂直分布，湍流层厚度决定了湍流层的垂直尺度。从图 3.2(b)可以看出，对流层湍流层厚度普遍较大，最大值达到 1 000 m，而平流层产生的湍流厚度较小。对流层湍流强度普遍高于平流层，这与 Wilson 等 2011 年的结论一致[133]。但从图 3.2 可以

看出,1 月 15 日 13:00 和 20:00 两组数据探测到的 Thorpe 尺度和湍流层厚度在平流层出现较大的尺度,主要位于平流层低层 25 km 左右,最大 Thorpe 尺度在 300 m 以上,湍流层厚度达到了 500 m,湍流强度远大于平流层湍流平均值(平流层正常 Thorpe 尺度约 50~100 m[15,22]),具体的针对异常湍流层的研究将在下面的章节展开,首先对 1 月 10~14 日的湍流数据进行统计分析,观察其分布特征,记录在图 3.3 和图 3.4 中。

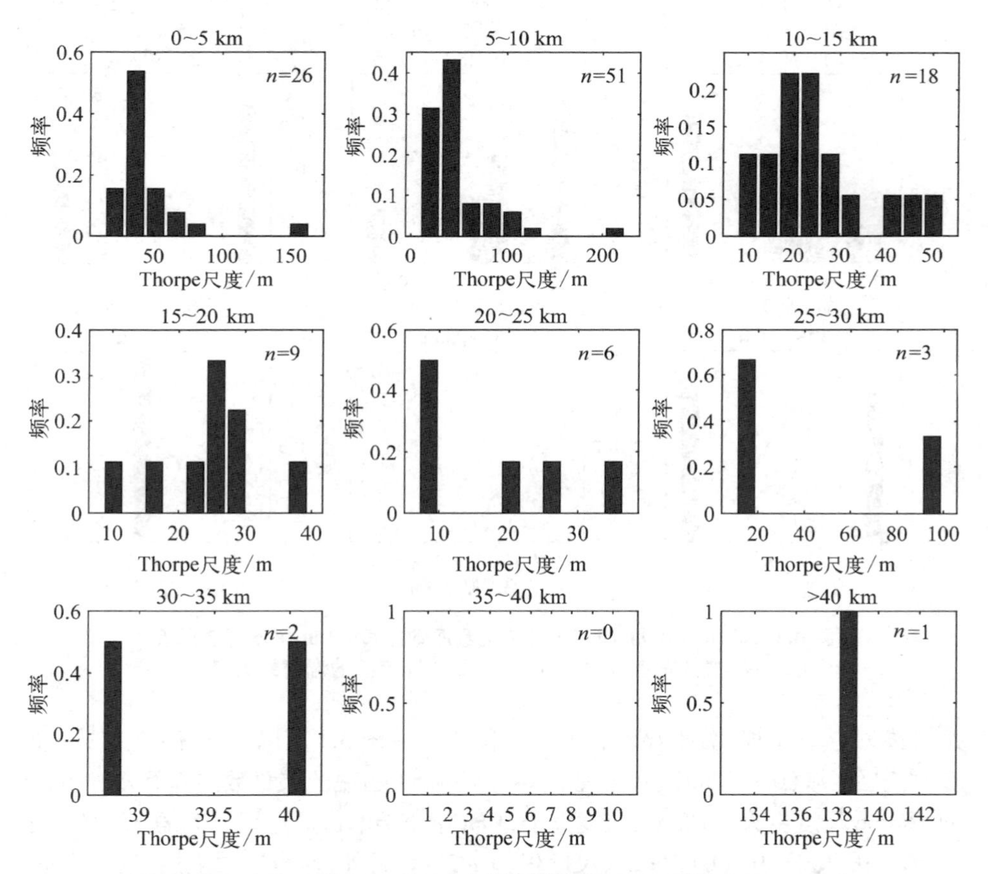

图 3.3　2018 年 1 月 10~14 日 7 组测深数据每 5 km 高度 Thorpe 尺度频数分布直方图,其中 n 为每个高度段的湍流的数量

图 3.3 为从 1 月 10~14 日的 7 组探空仪数据计算得到的 Thorpe 尺度频数分布直方图。为了直观地观察和分析不同海拔的局部分布特征,将 Thorpe 尺度

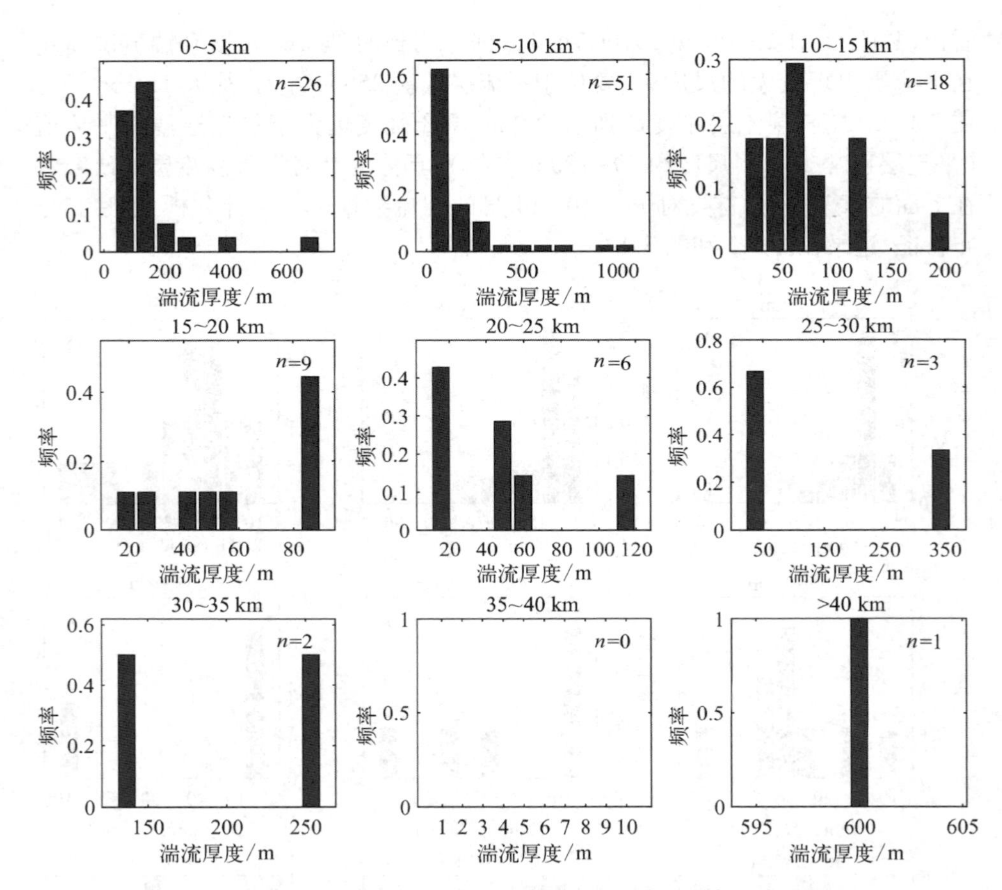

图 3.4 2018 年 1 月 10~14 日 7 组测深数据每 5 km 高度湍流厚度频数分布直方图,其中 n 为每个高度段的湍流的数量

按海拔划分为 9 段,分别显示在九个子图中。从图 3.3 可以看出,湍流主要分布在对流层区域(0~10 km),共出现了 74 个湍流层,占湍流层总数的 65.5%,对流层的 Thorpe 尺度更大。Thorpe 尺度大于 50 m 湍流层的占对流层总数的 27.0%。在平流层中,大于 50 m 的 Thorpe 尺度仅为 7.7%。另外,对流层中上层(5~10 km)Thorpe 尺度普遍较大,这是对流层中上层强对流不稳定性和较强的风切变导致的。平流层中的湍流尺度很小并且集中在平流层的低层,主要原因是自由大气的稳定性在平流层迅速增加,大部分浮力频率大于 0。虽然平流层中的风切变普遍偏高,但大部分由切变力做功产生的湍流被平流层中稳定的大气环流平衡掉了。因此,平流层中湍流数量较少且尺度偏小。

Thorpe 尺度反映了湍流引起的位势温度反转的强度,而湍流层厚度反映了湍流层的垂直尺度。它们都代表湍流的强度。因此,分析湍流层厚度在不同高度的分布如图 3.4 所示

图 3.4 给出了 7 组测深数据得到的每个高度段湍流层厚度的频数分布直方图。从图中可以看出,湍流层厚度分布与 Thorpe 尺度分布大致相同。对流层湍流厚度较大,最大厚度达 1 092 m,平均厚度为 178 m。大于 100 m 的湍流层厚度比例达到 55%,而大于 100 m 的平流层湍流厚度仅占平流层湍流总数的 23%,与 He 等在哈密地区测得的湍流层厚度分布相似[175]。此外,平流层最大湍流层厚度达到了 600 m,平均湍流层厚度仅为 90 m。湍流层厚度和 Thorpe 尺度都是衡量湍流强度的因素。对流层浮力频率多为负,梯度理查森数一般较小。内部空气粒子的不稳定性更强,更容易引起位温的大范围翻转,导致更大范围的湍流,这体现在 Thorpe 尺度和湍流厚度的增强,以及平流层稳定的大气条件不容易产生大规模的潜在温度翻转,因此只有在特殊情况下才会产生大范围的湍流。

利用常规无线电探空仪数据分析计算自由大气湍流动能耗散率可以更好地了解全球自由大气湍流混合的强度[173]。湍流扩散系数则是模拟中层大气中各种稀有气体成分传输的重要参数,这两个参数在湍流的时空变化中都起着重要的作用。计算 2018 年 1 月 10~14 日 7 组常规探测数据的湍流动能耗散率和湍流扩散系数,其垂直分布如图 3.5 所示。

图 3.5 为 7 组探测数据的湍流动能耗散率和湍流扩散系数的垂直分布。为了更直观地观察分布规律,计算 7 组数据 ε 和 K 在垂直方向上的平均值。从图中可以看出,湍流动能耗散率在对流层低层偏小,主要原因是对流层对流不稳定性较高,浮力频率较小且多为负值,但受到大尺度强湍流层的影响,当出现 Thorpe 尺度较大的湍流层时,会出现 ε 的极大值。从图 3.5(a)可以看出,湍流动能耗散率的最大值出现在对流层顶附近,这是由冬季对流层顶附近的急流引起的,释放点探空仪位于中国西北山区高原地区。对流层顶区域的地形重力波断裂也会导致 ε 的增强[15]。在平流层中上层,对流不稳定性降低,浮力频率增加,ε 随高度增加。湍流扩散系数 K 与 ε 的分布大致相同。虽然对流层的浮力频率相对较小,但大尺度的湍流层使得空气粒子扩散和传输更强,且由于对流层顶急流的存在和地形重力波的破碎,对流层顶附近的 K 值也存在一个局部极大值。在平流层中上层,随着高度的增加,浮力频率逐渐增加,扩散系数增加。

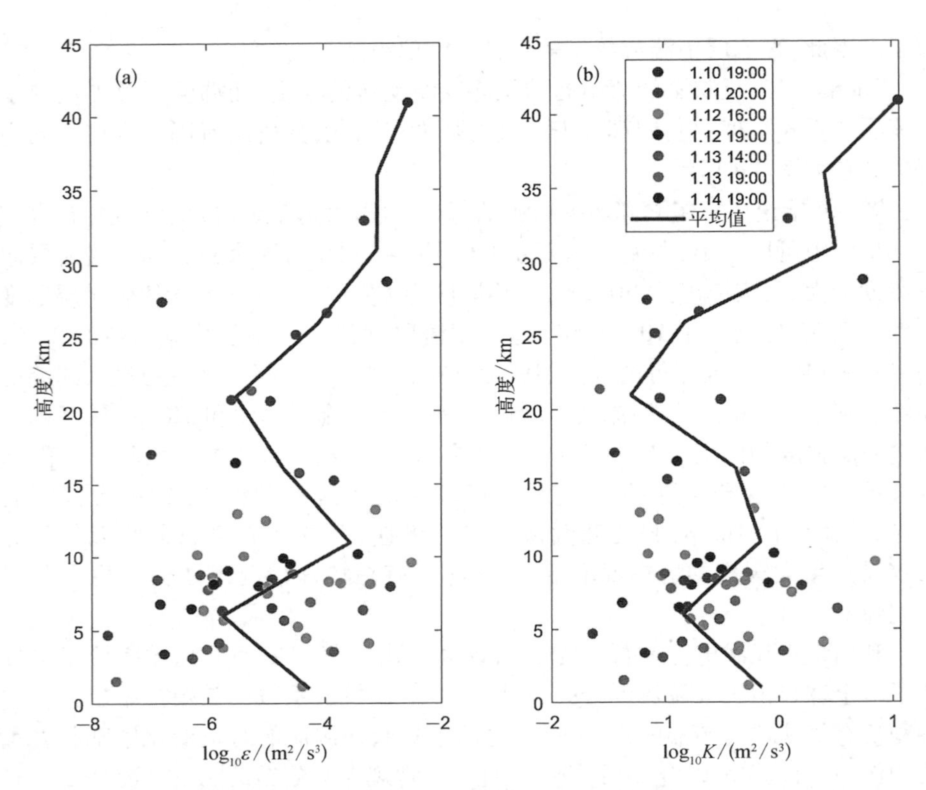

图 3.5 2018 年 1 月 10~14 日湍流动能耗散率 ε 和湍流扩散系数 K 垂直分布图,其中折线表示 ε 和 K 在垂直方向上的平均值

3.4 平流层异常湍流分析

从图 3.2 可以看出,2018 年 1 月 15 日两组 Thorpe 尺度和湍流层厚度的极大值位于平流层低层 25 km 左右,其尺度远远超过了以往研究中平流层低层 Thorpe 尺度以及湍流层厚度的平均值[16,23,175]。因此,有必要分别对大气背景稳定性和气象要素进行分析,合理解释 1 月 15 日平流层中低层出现 Thorpe 尺度异常值的原因。

3.4.1 背景大气稳定性分析

大气中的湍流主要分为对流湍流和机械湍流,对流湍流在大气静态不稳定性较强时产生，其能量来源是浮力做功。机械湍流由风切变引起，能量来源是剪切力做功。浮力频率利用公式(2.5)和(2.6)计算得到，风切变则通过纬向风 u 和径向风 v 计算得到：

$$\text{Shear} = \sqrt{\left(\frac{\overline{u_{i+1}} - \overline{u_{i-1}}}{2\Delta z}\right)^2 + \left(\frac{\overline{v_{i+1}} - \overline{v_{i-1}}}{2\Delta z}\right)^2} \tag{3.1}$$

其中，$\Delta z = 6$ m。理查森数 Ri 是用来衡量大气不稳定性的一个重要参数，Ri 的临界值是 0 和 0.25，两者分别表示动态不稳定和静态不稳定性的临界值，Ri 的计算公式为

$$Ri = \frac{\overline{N^2}}{\left(\frac{\partial \bar{u}}{\partial z}\right)^2 + \left(\frac{\partial \bar{v}}{\partial z}\right)^2} \tag{3.2}$$

分析风切变、浮力频率和理查森数在 13:00 和 20:00 的垂直分布，观察三者与湍流的相关关系，记录在图 3.6 中。

图 3.6 显示了 2018 年 1 月 15 日 13:00 和 20:00 时 Thorpe 尺度、垂直风切变、浮力频率和理查森数的垂直分布。为了便于观察，仅选择对流层顶以上的高度。从图中可以看出，大尺度湍流层出现在 13:00 的 24.6 km 和 26.0 km 处，在 20:00 时出现在 22.3 km 处。在梯度理查森数和风切变的计算过程中，考虑到噪声的影响，对风速进行了 30 m 的平滑和欠采样处理。此外，图 3.6 显示的平滑后的数据剖面仅供观察，并不参与任何实际计算。

从图 3.6(a)和(d)可以看出，平流层风切变普遍较高，均大于 0.01 s^{-1}，且存在一定的振荡，局部风切变有极大值。13:00 大尺度湍流所在高度介于 22.2 km 处最大风切变和 28.6 km 处最小风切变之间，但两个湍流处风切变都有小幅上升。在 20:00，风切变最大值出现在 22.3 km 附近。图 3.6(b)与(e)为 1 月 15 日 13:00 和 20:00 的浮力频率剖面图。黑色实线为浮力频率的临界值(取 0)。可以看出，平流层中的浮力频率普遍较高，大气静态稳定性强。但是从图中可以看出，在 Thorpe 尺度的大值区域，如图 3.6(b)中的 25 km 附近和图 3.6(e)的 23 km 附近，出现了密集的浮力频率负值区。证明了在该区附近出现的大气静态不稳定区域有利于大尺度湍流的出现。图 3.6(c)与(f)为梯度理查德森数的垂直剖面图。红色实线为理查森数的临界值(取 0)。理查森数小于 0 表示大气静态不稳定性增加，有利于湍流的产生。从图中可以看出，大尺度 L_T 区域的梯度理查德森数普遍小于 0，这也证明了大气静态不稳定的增强。结合图 3.6(b)与(e)以及(c)与(f)可以发

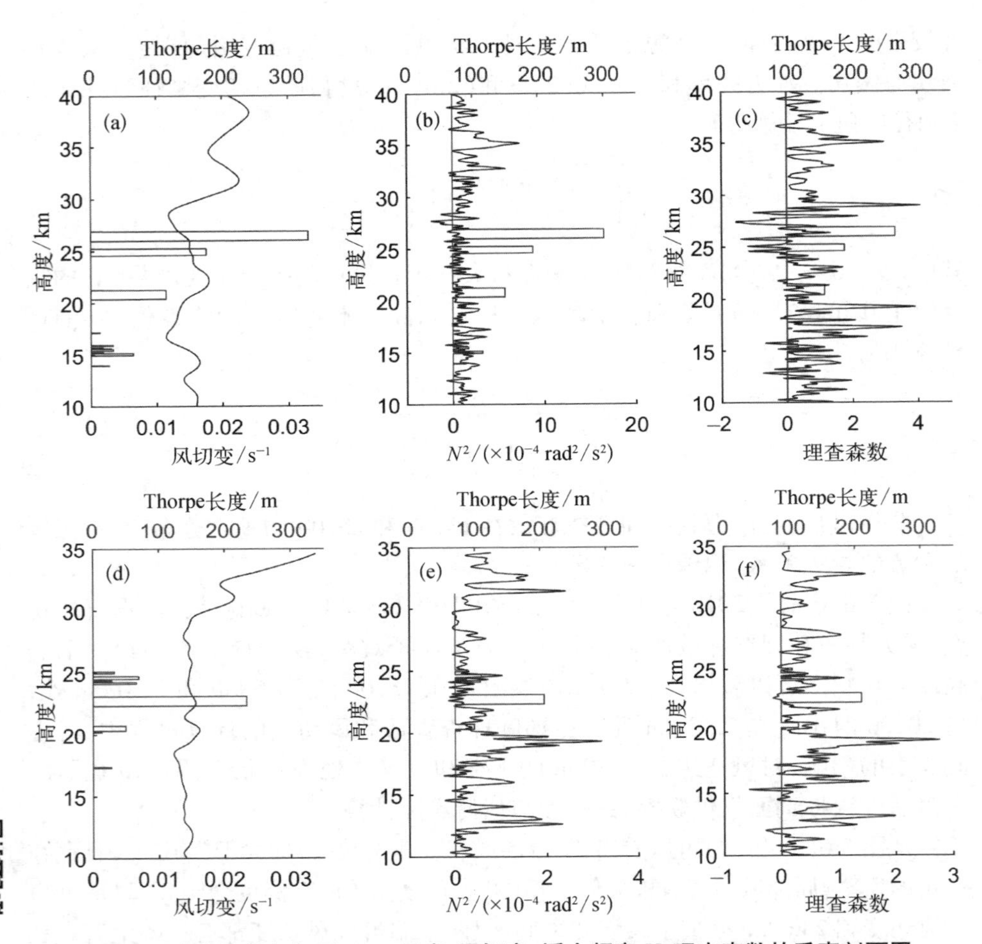

图 3.6 对流层顶上方 Thorpe 尺度、风切变、浮力频率 N、理查森数的垂直剖面图

注：图(a)~(c)根据 13:00 的测深数据计算；(d)~(f)根据 20:00 的测深数据计算；红实线是 Thorpe 尺度；蓝实线从左到右分别是风切变、浮力频率和理查森数。

现,1 月 15 日在高层区域仍然存在浮力频率和梯度理查森数的小值区。作者认为平流层中部的探测高度过高。探空仪本身引起的噪声增大,这也体现在表 3.2 的 Bulk TNR 中。在 Thorpe 尺度的计算中,对这种噪声引起的翻转进行了处理。

3.4.2 湍流影响要素分析

从上面的介绍中可以看出,影响湍流发生的气象要素主要包括热对流和潜热释放。已知地表受热不均匀导致气体分子上升，周围气体向内汇聚形成热对流。且表面温度的变化会刺激额外的热对流。地面气压是表征辐散和辐合的重要因素。降水是潜热释放的主要来源，在以往的研究中，降水发生时，有利于重力波能量上传到平流层[21]，对湍流的产生有重要影响。因此本章选取海平面气压、地面气温和降水作为天气要素来探讨湍流的发展。

考虑到探空气球不会垂直上升，上升过程中会随风在水平方向飘移。根据三组探空气球的水平轨迹，选取40°N~42°N和100°E~103.25°E的ERA5再分析数据进行分析，得到图3.7。

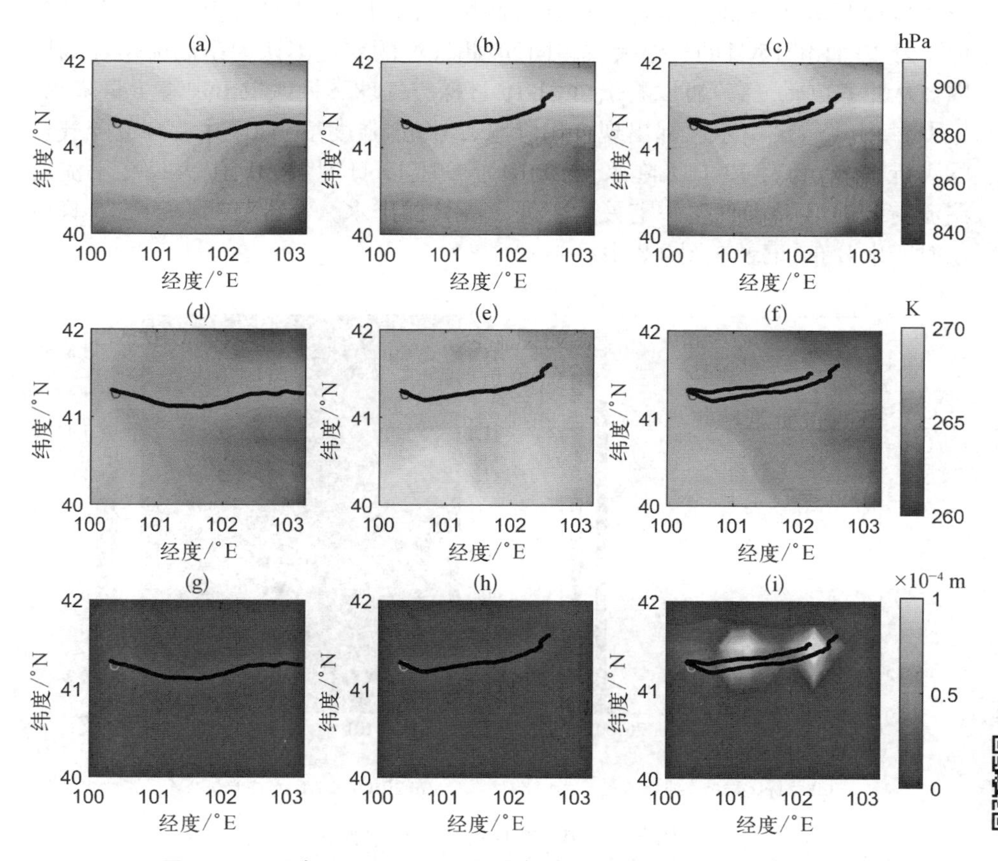

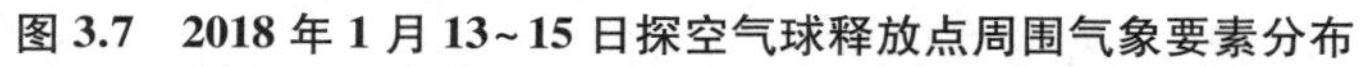

图3.7　2018年1月13~15日探空气球释放点周围气象要素分布

注：(a)~(c)为海平面气压，(d)~(f)为距地面2 m处的大气温度，(g)~(i)为总降水量。红圈代表气球的释放位置，黑点代表气球的水平轨迹。

图 3.7 为 2018 年 1 月 13~15 日 100°E~103.25°E、40°N~42°N 范围内的海平面气压、距离地面 2 m 温度和总降水量的分布。温度数据日变化很大,考虑到 1 月 15 日探空气球的释放时间为 13:00 和 20:00,因此温度数据仅计算为当天 08:00 和 20:00 之间的 12 组数据的平均值。图中探空气球的释放位置用红色圆圈表示,黑色实心点为探空气球当天的水平飞行轨迹。从图 3.6(a)~(c)可以看出,1 月 13~15 日海平面压力变化不大。三幅图的海平面气压均呈东南低、西北高的变化趋势,气球水平飞行轨迹大致相同,均随高度的增高向东飘移并略微向北移动。飘移路径上并没有出现压力扰动。图 3.6(d)~(f)所示气温分布呈现西南高、东北低的趋势。在观测区域内,1 月 14 日气温上升了约 2K。但 1 月 13 日和 15 日的气温大致相同,因此气温的变化不认为是湍流增加的原因。从图 3.6(g)~(i)可以看出,1 月 15 日探空气球飞行区域出现有少量降水,1 月 14 日飞行区域东北部出现少量降水,但降水强度很小,且并没有覆盖气球的飞行轨迹。1 月 13 日无降水,因此认为 1 月 15 日测量的两组大尺度平流层湍流与该地区降水存在一定关系。进一步分析降水分布,观测到 1 月 15 日每小时降水分布,记录在图 3.8 中。

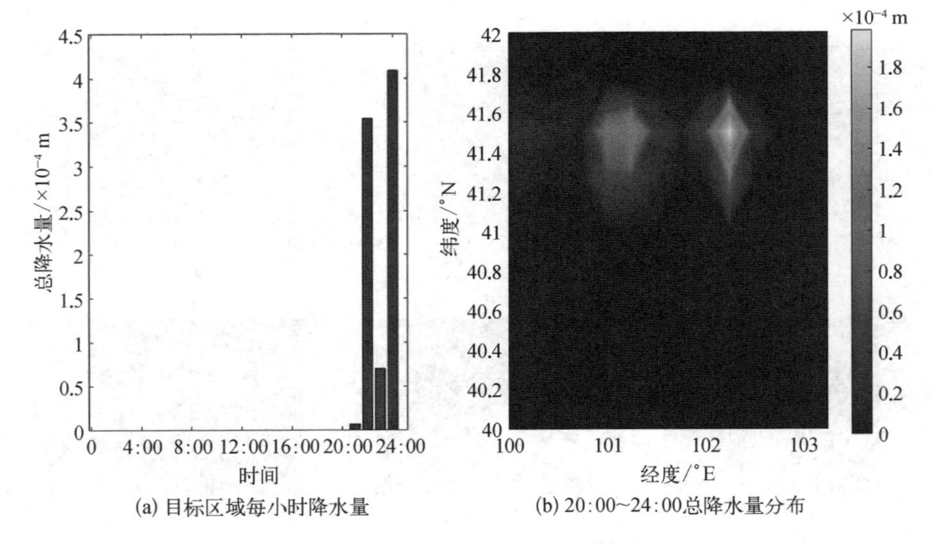

(a) 目标区域每小时降水量　(b) 20:00~24:00总降水量分布

图 3.8　2018 年 1 月 15 日降水数据

图 3.8 为 1 月 15 日的每小时降水数据。从图 3.8 可以看出,降水主要集中在 20:00 至 24:00,在降水之前和降水期间均存在平流层大尺度湍流。

3.5 湍流统计特征分析

3.5.1 背景场分布特征

图 3.9(a)显示了 2013 年 2 月至 2018 年 12 月 2029 组探空仪的最终高度。实线为 30 km 的临界高度,将最终高度小于 30 km 的探空仪数据剔除以方便提高后续三次样条插值数据的精度。去除漏测和误测数据后,剩余剖面数为 1 620 条,剩余探空数据得到的温度剖面如图 3.9(b)所示,从中可以看出,大气温度剖面具有较好的一致性,尤其是在对流层。此外,根据冷点对流层顶的定义,所有剖面的冷点对流层顶都在 17.5 km 附近,与其他研究中观测到的热带对流层顶高度相近。

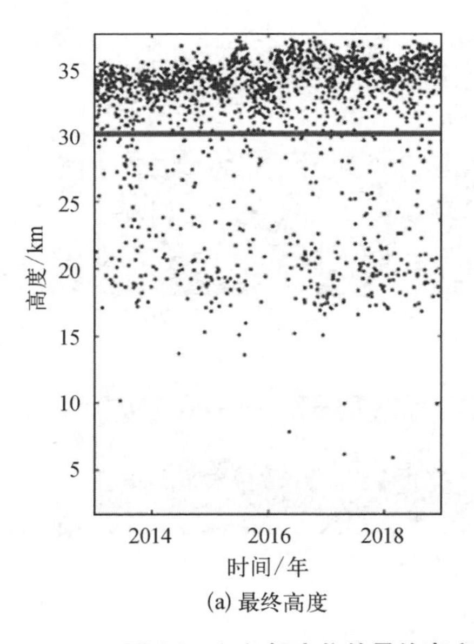

(a) 最终高度

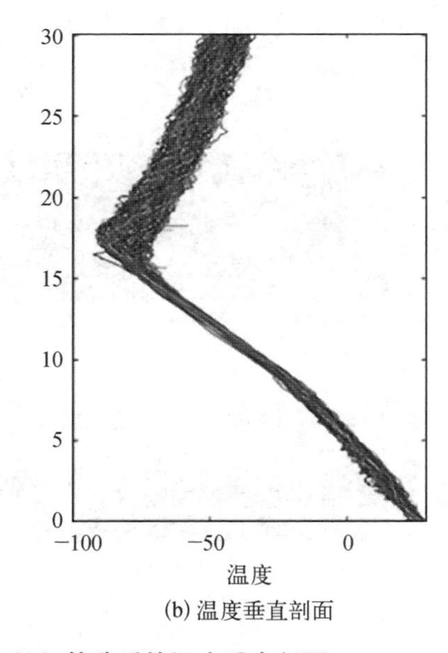

(b) 温度垂直剖面

图 3.9 (a) 探空仪的最终高度和(b) 筛选后的温度垂直剖面

图 3.10 为月平均纬向风(u)、经向风(v)、风切变(Shear)的时间-高度剖面图,垂直方向采用 240 m 滑动平均便于观测分析。图 3.10(a)显示的纬向风速的变化范围为−40~30 m/s;图 3.10(b)中经向风速的变化范围为−10~15 m/s。从图中可以看出,热带经向风的大小普遍小于纬向风,在对流层两者均存在明

显的年际变化。此外，在 20 km 以上的纬向风分布中可以看到典型的准两年振荡结构，这是赤道地区平流层低层风场的主要特征。大的风切变是切变不稳定性的重要来源，对 Kelvin - Helmholtz 不稳定性的增强至关重要。此外，靠近地面的大风切变和对流层顶急流也是造成大尺度湍流的重要因素。图 3.10(c)显示了 Yap 附近的风切变分布，在垂直方向进行 240 m 滑动平均。从图 3.10(c)可以看出，近地层风切变普遍较高，且随着高度的增加逐渐减小，在 10~15 km 附近产生了风切变的极小值区域。由于对流层顶急流的存在，在 17 km 附近出现了风切变大值区。此外，平流层低层风切变普遍较高，在 25 km 附近也有明显的准两年振荡。

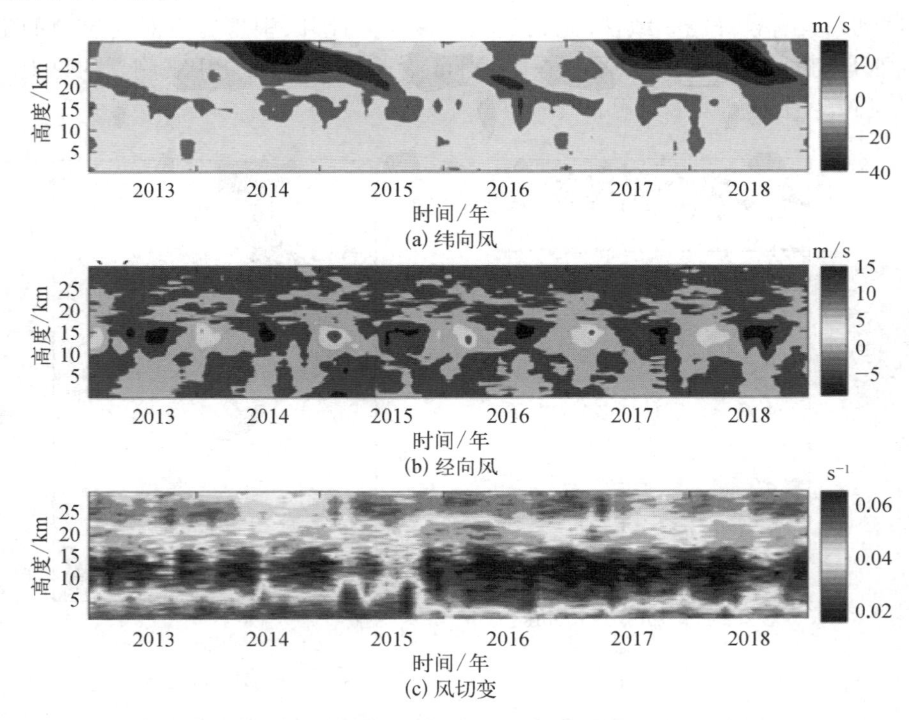

图 3.10 2013 年 2 月至 2018 年 12 月 Yap(a) 纬向风、(b) 经向风和 (c) 风切变的时间-高度剖面图

风切变主要代表背景大气中的切变不稳定性。风切变增加时，有利于切变力做功。浮力频率则代表了大气流体的热对流不稳定性。理查森数(Ri)定义为浮力频率和风切变的比值。当 Ri 小于 0 时，大气静态不稳定提高，热对流增强。而当 $0<Ri<0.25$ 时，认为大气是动态不稳定的，有利于机械湍流的出现[9]。图 3.11 为 2013 年 2 月至 2018 年 12 月月均值 N^2 和 Ri 的时间-高度剖面图，在垂直方向进行 240 m 的滑动平均，以便于观察其分布趋势。从图 4.3(a)可以看出，N^2 的最小值区域出现在高度 10~15 km 附近，约为 0.5×10^{-4} rad²/s²，随着高度上升，N^2 逐渐增大。平流层大气稳定性迅速增加，N^2 迅速增强，最大值约为 7×10^{-4} rad²/s²。此外，由于近地层对流不稳定性较高，在高度 0~5 km 附近也会出现 N^2 的小值区。Ri 的月平均分布如图 3.11(b)所示。从图中可以看出，由于近地层存在强风切变，该范围内大气的动态不稳定性增强，Ri 相对较小；在高度 5~10 km 处，由于风切变减弱，N^2 偏高，该区域大气稳定性提高，Ri 较大。在高度 10~15 km 处，由于 N^2 较低，该区域的 Ri 达到最小值，有利于湍流的产生。平流层空气稀薄，尽管风切变很大，但由于该区域大气稳定性的迅速增加，Ri 增加。

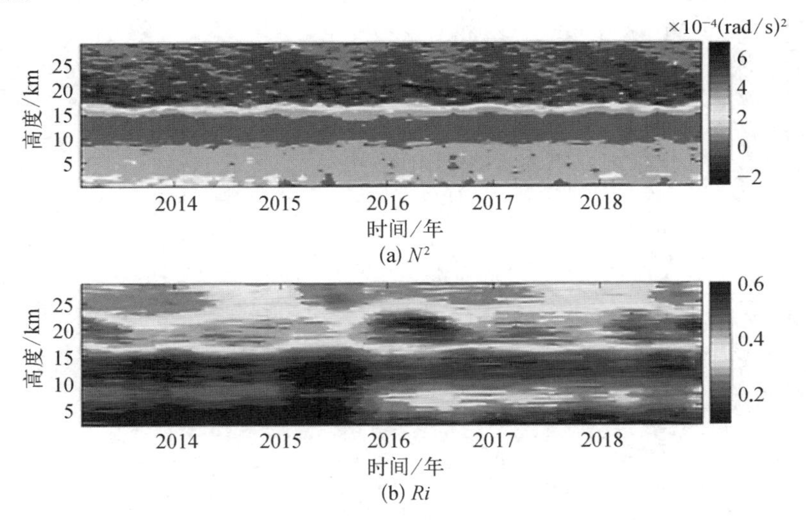

(a) N^2

(b) Ri

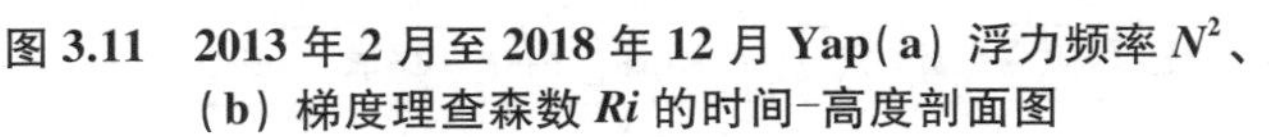

图 3.11 2013 年 2 月至 2018 年 12 月 Yap(a) 浮力频率 N^2、(b) 梯度理查森数 Ri 的时间-高度剖面图

为了分析不同高度探空仪产生的噪声水平，计算温度、气压、位势温度的噪声标准差，分析其垂直分布特征。图 3.12 为温度、压力和位势温度的噪声标准偏差的垂直剖面图。从 2013 年至 2018 年的每年探空数据中随机抽取一天的数据计算观察噪声分布情况。需要说明的是，Wilson 法计算的噪声不仅包括仪器噪声，还包括小的大气扰动，即小尺度湍流。这些尺度较小的湍流层将被忽略且不分析。从图 3.12(a)可以看出,对流层温度的噪声标准差较高,一般在 0.025 K 以上,最大值出现在对流层顶附近。平流层中的温度噪声标准差较小。气压噪声标准差在对流层中随着高度的增加而逐渐减小,其值普遍偏小,近地层的最大值也仅为 0.05 hPa 左右。图 3.12(c)显示了位温噪声标准差的分布。从图中可以看出,位温噪声标准差在 25 km 以上开始迅速增大。虽然在这个高度温度噪声标准差和气压噪声标准差较小,但由于平流层压力的迅速下降,导致了位温噪声标准差的迅速增加,这也间接解释了 Thorpe 法在高层大气中的局限性。

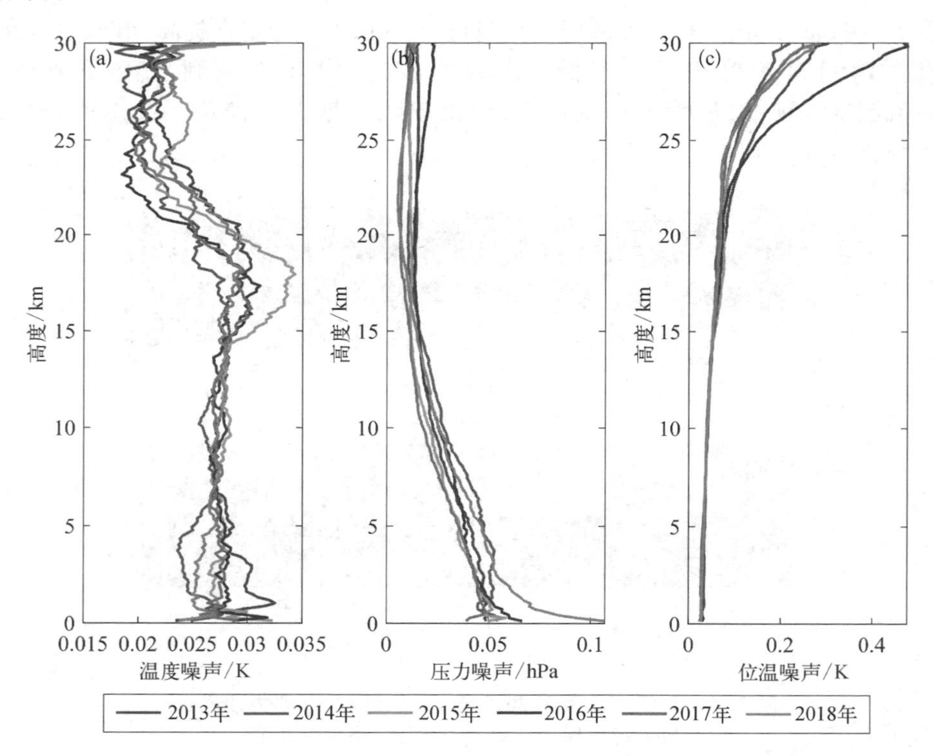

图 3.12 (a) 温度、(b) 压力和(c) 位势温度的噪声标准偏差的垂直剖面图

3.5.2 湍流参数的计算和分析

计算 2013 年 2 月至 2018 年 12 月所有剖面的 Thorpe 尺度和湍流层厚度,观察垂直方向的湍流分布,显示在图 3.13 中。图 3.13(a)给出了 2013 年 2 月至

2018 年 12 月雅浦岛上空 Thorpe 尺度的垂直分布，从图中可以看出，湍流在对流层比平流层更频繁地发生，与上节中介绍的我国西北地区的湍流分布相似。在 30 km 左右有一些较大的湍流层。但由于该区域位温噪声标准差的显著增强，Wilson 的去噪方法无法完全消除仪器噪声引起的位温扰动。因此，本章不对 25 km 以上的湍流层进行分析。对流层 Thorpe 尺度主要分布在对流层上层，该区域浮力频率较低，大气对流不稳定增强。此外，近地层风切变大，浮力频率小，对流活动和剪切力共同作用，促进了大尺度湍流的生成。从图 3.13(a)可以看出，Thorpe 尺度大于 600 m 的湍流都发生在近地层。图 3.13(b)显示了湍流层厚度的垂直分布，与 Thorpe 尺度的分布相似，垂直尺度较大的湍流层也出现在近地层和对流层上层，湍流层厚度最大可达 2.5 km。在平流层，湍流的规模一般较小，即使存在大范围的湍流，也会被强烈的大气静态稳定性所抵消。

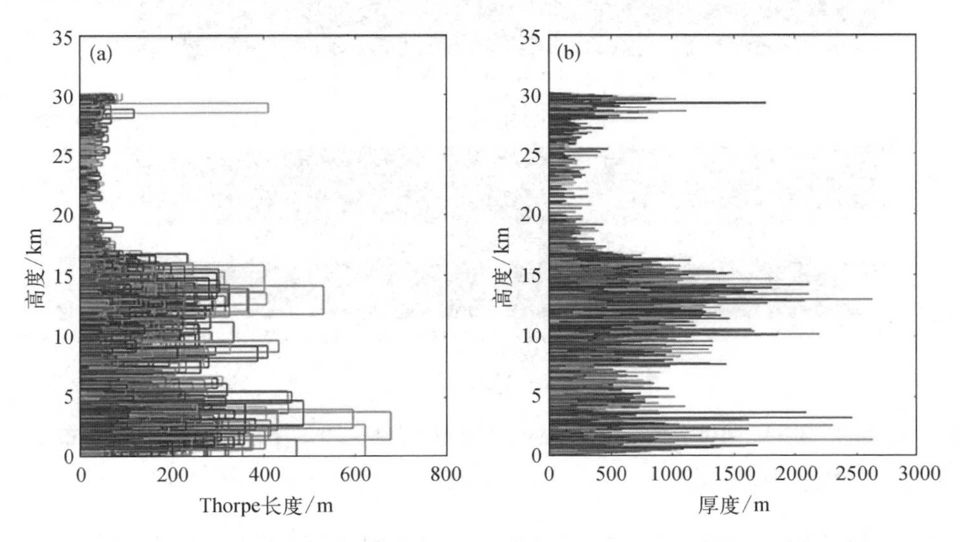

图 3.13 2013~2018 年雅浦岛(a) Thorpe 尺度与(b) 湍流层厚度的垂直分布

3.6 湍流与降水的关系

3.6.1 湍流与降水的分布趋势分析

为了观察湍流的时空分布特征，找出湍流强度与降水的关系，计算 Thorpe

尺度的季节平均分布和湍流发生率,将其显示在图 3.14 中。两幅图像中的红色实线是 2013~2018 年的季节平均降水量,根据 ERA5 再分析资料中的总降水数据计算得到。由于热带地区没有明显的季节性分布,本次研究将 2 月、3 月和 4 月定义为春季(S),5 月、6 月和 7 月定义为季风前(Pr),8 月、9 月和 10 月定义为季风后(Po),11 月、12 月和次年 1 月定义为冬季(W)。图 3.14(a)为 Thorpe 尺度季节平均值的时间-高度剖面图,图 3.14(b)中的湍流发生率定义为一个季节内 Thorpe 尺度不为零的天数与该季节总天数的比值。

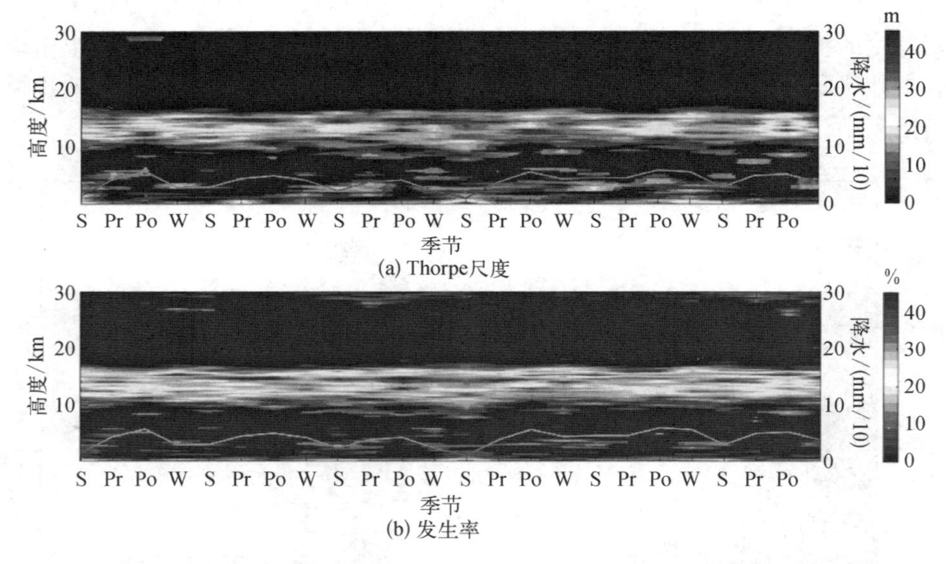

图 3.14 2013~2018 年的季节平均(a) Thorpe 尺度和(b) 湍流发生率的时空分布

注:红色实线为 2013~2018 年季节平均降水量,由 ERA5 再分析数据计算得出。

从图 3.14(a)可以看出,湍流在垂直方向上的分布与图 3.13 的分析结果一致,主要分布在对流层上层 10~16 km 处。在这个范围内,Thorpe 尺度的最大值多出现在降水较多的季节。例如,2013 年季风后,12~14 km 的平均 Thorpe 尺度达到 33.8 m,高于季风前的 27.3 m 和冬季的 22.6 m。2013 年季风后的平均降水量为 57 mm,也高于前后两个季节的 44 mm 和 29 mm。季风前的降水量比冬季偏多,相同的,其 Thorpe 尺度平均值也高于冬季的 Thorpe 尺度平均值。此外,2017 年和 2018 年的季风后降水量较其他季节偏大,在该时期的对流层上层也出现了大尺度湍流。图 3.14(b)显示了湍流季节发生率的时间-高度剖面图和降水的季节平均分布图,其在对流层上层的变化趋势与 Thorpe 尺度的分布趋势相似。需要注意的是,由于地表附近热对流和剪切力的共同作用容易产生大尺度湍流,但不会对其湍流发生率产生更加明显的促进作用,因此出现 0~5 km 处季节平均 Thorpe 尺度较高、但湍流发生率却没有出现局部极大值的现象。2013 年季风前和季风后,12~14 km 的湍流季节发生率普遍较大。在 2016 年、2017 年和 2018 年的季风前和季风后,湍流季节发生率也有很高的数值。2016 年冬季和 2017 年春季,由于降水量大,在 15~16 km 处也有较大的湍流发生率。从图中还可以看出,在 2013 年冬季海拔 15.5 km 左右,湍流发生率处于较高水平,但是季节平均降水量偏低。季节平均值在时间尺度上分辨率太低,并不能观察湍流与降水之间更细致的联系。因此,计算 Thorpe 尺度和湍流发生率的月平均值用来更加详细地显示湍流与降水之间的关系,如图 3.15 所示。

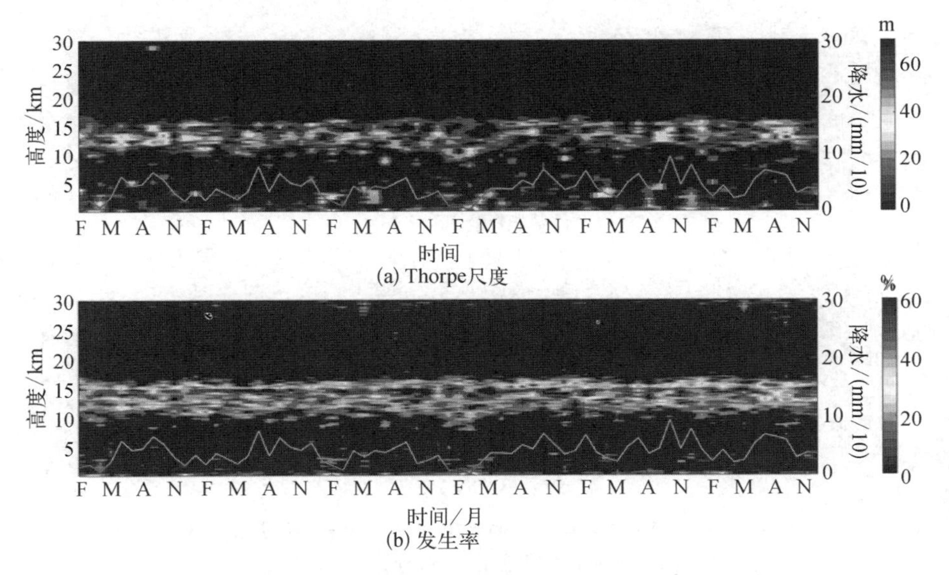

图 3.15　2013~2018 年的月平均(a) Thorpe 尺度和(b) 湍流发生率的时空分布

注:红色实线为 2013~2018 年月平均降水量,由 ERA5 再分析数据计算得出;F、M、A、N 分别代表每一年的 2 月、5 月、8 月、11 月。

图 3.15 显示了 Thorpe 尺度和湍流发生率的月平均分布,湍流月平均发生率的计算方法与上文季节平均率的计算方法相同。图 3.15(a)为 Thorpe 尺度的月平均值的时间-高度剖面图,从图中可以看出,对流层上部 Thorpe 尺度月平均

值大于 40 m 的区域(红色区域)多位于降水曲线的极大值(2013 年的 6 月和 9 月,2018 年的 9 月)。图 3.15(b)显示了月平均降水量和湍流发生率的分布,湍流月平均发生率的分布与 Thorpe 尺度的分布相似,在大多数时期随着降水的增加而增加。在 2013 年 6 月和 9 月、2017 年 10 月、2018 年 8 月和 9 月,某些高度的湍流发生率达到 50%以上。

湍流的影响现在几乎涉及大气环流、动力学、能量学的所有理论和数值模型[4]。湍流动能耗散率(ε)和湍流扩散系数(K)是重要的湍流参数[173],ε 是理解湍流混合时空变化的参数之一,K 是表征空气颗粒传输能力的重要参数[176],两者都体现了小尺度湍流混合的效率。计算湍流动能耗散率和湍流扩散系数月平均值,观察其分布特征,记录在图 3.16 中。

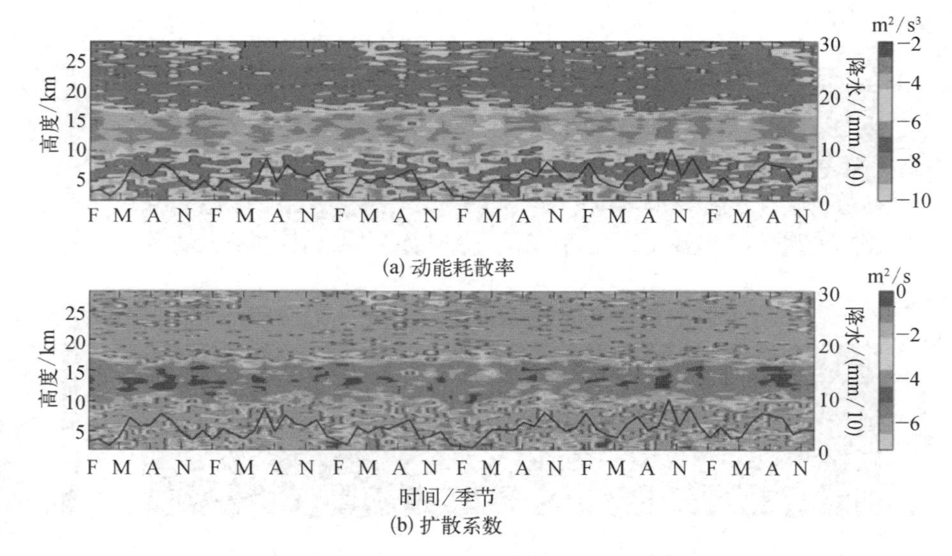

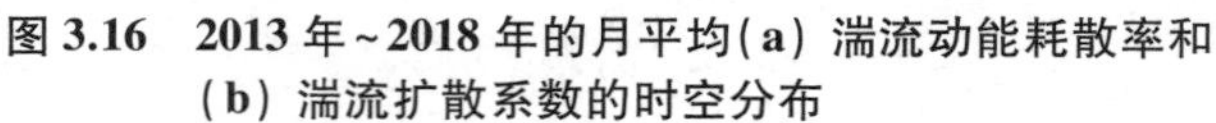

图 3.16 2013 年~2018 年的月平均(a)湍流动能耗散率和(b)湍流扩散系数的时空分布

注:红色实线为 2013~2018 年月平均降水量,由 ERA5 再分析数据计算得出;F、M、A、N 分别代表每一年的 2 月、5 月、8 月、11 月。

图 3.16 显示了 ε 和 K 的时空分布特征,红线为降水量的平均值,ε 和 K 均在时间上进行月平均,在空间上平滑 240 m。由于 ε 和 K 的时空差异特别大,最大值和最小值可以相差几个数量级,因此计算两者的对数平均值来观察它们的分布特征。从图 3.16(a)可以看出,ε 的大值区域主要分布在 0~5 km 和 10~16 km,

$\log_{10}\varepsilon$ 的范围为-8～-2 m^2/s^3。在海拔 12～15 km,降水增强时,ε 普遍偏大,例如2013 年6～10 月,2014 年6～12 月,2015 年5 月、6 月、7 月、9 月和10 月,2017 年和 2018 年 6～9 月。由于 ε 主要受 L_T 和 N^2 的影响,近地层因为存在 L_T 极大值也存在较大的 ε。图 3.16(b)显示了湍流扩散系数 K 的时空分布。从图中可以看出,$\log_{10}K$ 的分布范围主要在-6～0 m/s,而 K 的大值分布与 ε 相同,也主要分布在每年的 6～9 月以及 2014 年 12 月、2015 年 12 月等降水量偏大的月份。

3.6.2　对流层中上层湍流与降水的相关系数分析

从图 3.15 可以看出,在某些降水量较少的时期也存在一些大尺度湍流。例如,2014 年 2 月,湍流发生率在 11 km 左右达到了 50%以上,此时 Thorpe 尺度平均值也达到了 50 m,结合图 3.16,ε 和 K 的局部最大值也出现在相同位置,说明不同高度的湍流对降水的响应不同。本次研究计算了不同高度 Thorpe 尺度和湍流发生率与降水的相关系数,相关系数剖面如图 3.17 和图 3.18 所示。由于

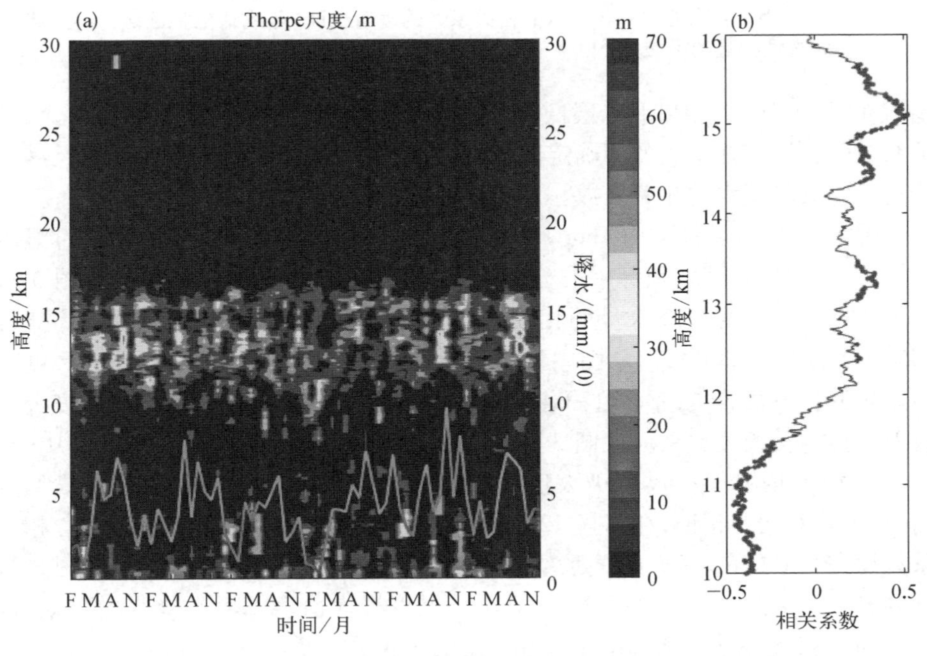

图 3.17　2013 年～2018 年的(a) 月平均 Thorpe 尺度的时间-高度剖面图,红线为月平均降水量。(b) Thorpe 尺度与降水量相关系数垂直剖面(蓝线),红色区域为通过 95%显著性检验的区域

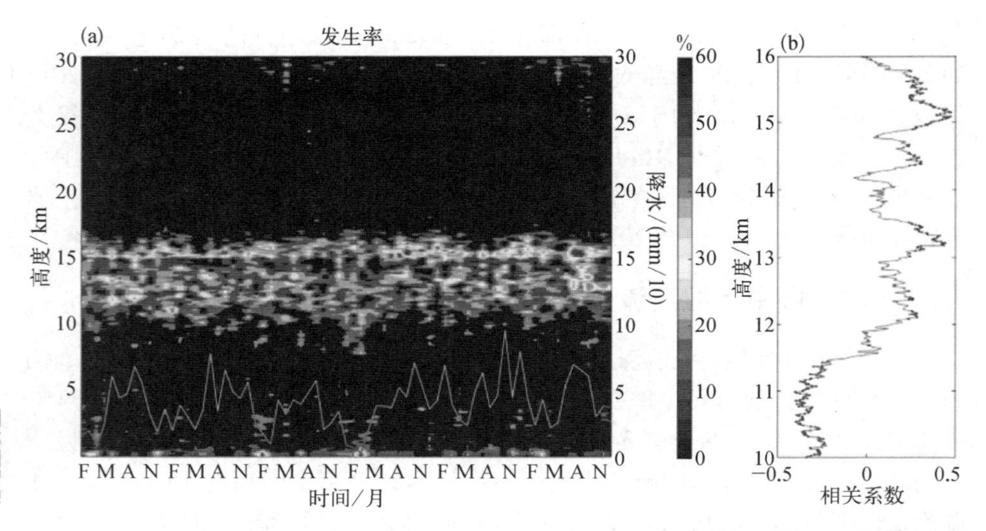

图 3.18 2013~2018 年的(a) 月平均湍流发生率的时间-高度剖面图,红线为月平均降水量。(b) 湍流发生率与降水的相关系数的垂直剖面(蓝线),红色区域为通过 95%显著性检验的区域

湍流在对流层中下层和平流层低层分布较少,噪声水平在平流层中层太大,相关系数的计算存在很大的不确定性,因此只计算 10~16 km 内的 Thorpe 尺度和湍流发生率与降水的相关系数。

图 3.17 显示了月平均 Thorpe 尺度与降水量之间的关系。图 3.17(a)显示了月平均 Thorpe 尺度和降水的分布,用于验证不同高度的相关系数。图 3.17(b)为 Thorpe 尺度与降水量的相关系数的垂直剖面图,其中红色区域为通过95%显著性检验的区域。从图中可以看出,在海拔 10~11.1 km,Thorpe 尺度与降水量的相系数为负,整体在-0.4 左右,说明该区域降水量与 Thorpe 尺度大小有着明显的负相关关系。从图 3.17(a)中也可以看到,2014 年 2 月和 2016 年1~3 月等时期,Thorpe 尺度极大值区域均处于降水偏少时期。随着海拔的升高,相关系数变为正值,在海拔 12.5 km、13~13.5 km、14.4~15.7 km 附近,相关系数均在 0.4 左右,最大相关系数达到 0.5,且通过 95%显著性检验,与图 3.17(a)得到的结论一致,这些区域的 Thorpe 尺度极大值多发生在降水增强期,说明 Thoroe 尺度在该高度与降水存在一定的正相关关系。

图 3.18(a)为湍流月发生率与降水分布的时间-高度剖面图,两者相关系数的垂直剖面如图 3.18(b)所示。从图中可以看出,在海拔 10~11.2 km 附

近，湍流发生率与降水存在明显的负相关系数区域，相关系数在−0.4 左右。结合图 3.18（a），在 2013 年 2~3 月、2018 年 10~12 月等时间段中，当降水减弱时，海拔 11 km 左右的湍流发生率增加。此外，在 12.1~12.5 km，13~13.5 km，14.4~15.7 km，两者的相关系数均在 0.3 左右，且通过 95%显著性检验，证明降水的增强有利于这些区域湍流的产生。

从图 3.17（b）和图 3.18（b）可以看出，Thorpe 尺度和湍流发生率与降水强度的相关性在不同高度展现出了不同的分布。在正相关区域，降水的增强往往伴随着 Thorpe 尺度的增强和较高的湍流发生率；而在负相关区域，随着降水的加强，湍流的强度和发生率往往处于较弱的水平。需要注意的是，由于湍流的高度随机性和间歇性，不能保证其强度与降水之间存在数值上的连续的相关性，因此本研究仅对湍流和降水的关系做一个初步的分析。除了 11.1~12 km 附近相关系数由负向正的过渡区外，其余 10~11.1 km 和 12~16 km 均被视为连续相关区域。

在分析降水对湍流的影响时，除了降水总量外，云层也是一个需要关注的因素，它决定了降水的高度。本研究选取月平均云中液态水含量（cc）来分析云层位置，该数据来自 ERA5 再分析数据集。有云时 cc 值为正，无云时 cc 值为 0。图 3.19 为 2013 年 2 月至 2018 年 12 月的月平均 cc 值的分布，垂直方向为 1 000 hPa 至 1 hPa，共 37 个高度层。由于 ERA5 再分析数据给出的是压力数据，因此使用无线电探空仪测量的气压和高度关系将其转换为高度剖面，红色实线为总降水量。从图 3.19（a）可以看出，降水强度主要取决于 600 hPa 至 400 hPa 的云，对应的高度约为 4.44~7.64 km。由于不同高度云的液态水含量值差异较大，计算对流层上层 300~250 hPa 内部 cc 的对数值，所得结果如图 3.19（b）所示。从图中可以看出，云层可以延伸到 250 hPa 左右，对应的高度为 11 km 左右。云所在的区域与图 3.17 和图 3.19 中的负相关区域基本重合。分析云层内部降水与湍流存在负相关关系的原因，众所周知，在不稳定的大气条件下产生的潜热（LE）较大，这表明不稳定的分层有利于湍流中水汽和热量的交换。然而，LE 和大气不稳定性并不是完全正相关的关系。Yusup 等指出，在不稳定条件下，LE 从极不稳定大气到近中性大气的变化过程中呈现先增加后减小的趋势，表明当降水发生时，云中的潜热增加，大气不稳定和湍流增强。但当降水增强到一定程度时，过多的潜热释放将对大气不稳定起到负反馈作用，从而对湍流的增强起到抑制作用[177]。热带西太平洋上空高度 10.0~11.1 km 的区域几乎常年被云层覆盖。与中纬度地区相比，大气不稳定性普遍较高。因此,降水增强引起的 LE 增加与云内湍流的增强在一定程度上呈负相关。在云层上空,随着云中潜热的增加,暖空气上升,云层上方的对流和相关混合似乎创造了一个容易产生大湍流的环境。此外,由于降水增加导致的云层上方更不稳定的环境也有利于湍流的产生和发展。

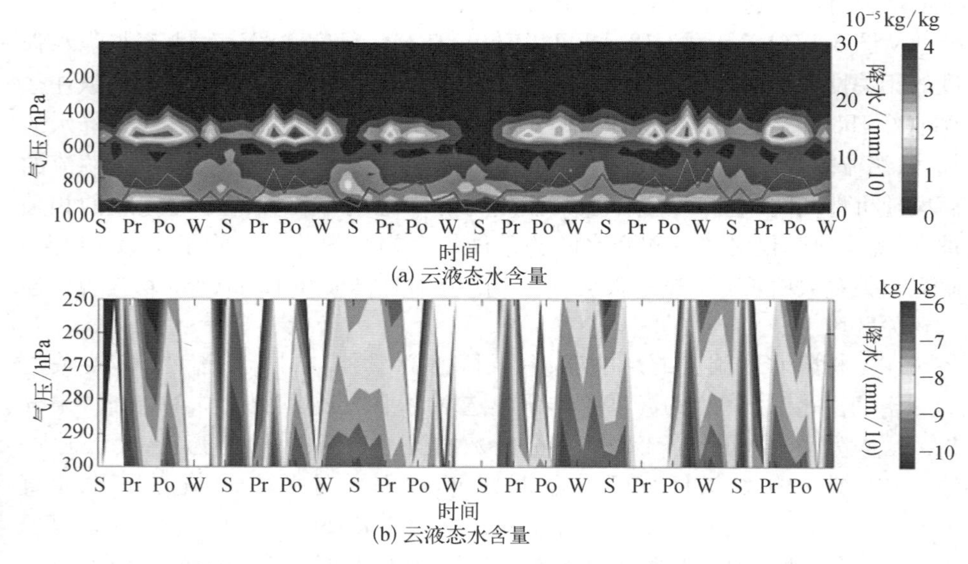

图 3.19 2013~2018 年的(a) 1 000 hPa 到 1 hPa、(b) 300 hPa 到 250 hPa 的云液态水含量(每千克云中液态水的含量)分布

计算湍流与降水的相关系数只能用来反映湍流强度与降水关系的总体趋势,但个别极端天气的存在会被忽略。因此,计算 2013 年 2 月到 2018 年 12 月的降水平均值,降水量大于平均降水的天数定义为“多雨天”,小于平均降水以及不降水的天数定义为“少雨天”,随机选择相同数量(本次研究选取 500 组探空数据)的“多雨天”和“少雨天”进行比较,计算两组数据中所有湍流的平均值(Mean)、最大值(Max)和最小值(Min)进行比较。按照高度和降雨量将 Thorpe 尺度和湍流层厚度分为“多雨天云内湍流”“多雨天云上湍流”“少雨天云内湍流”和“少雨天云上湍流”四类,分别计算 Thorpe 尺度和湍流层厚度的频数分布直方图,列于图 3.20 和 3.21 中。

图 3.20 为 10.0~11.1 km 内多雨天和少雨天的 Thorpe 尺度和湍流层厚度的频数分布直方图。图 3.20(a)和(b)显示了 Thorpe 尺度的频数分布。从图中可以

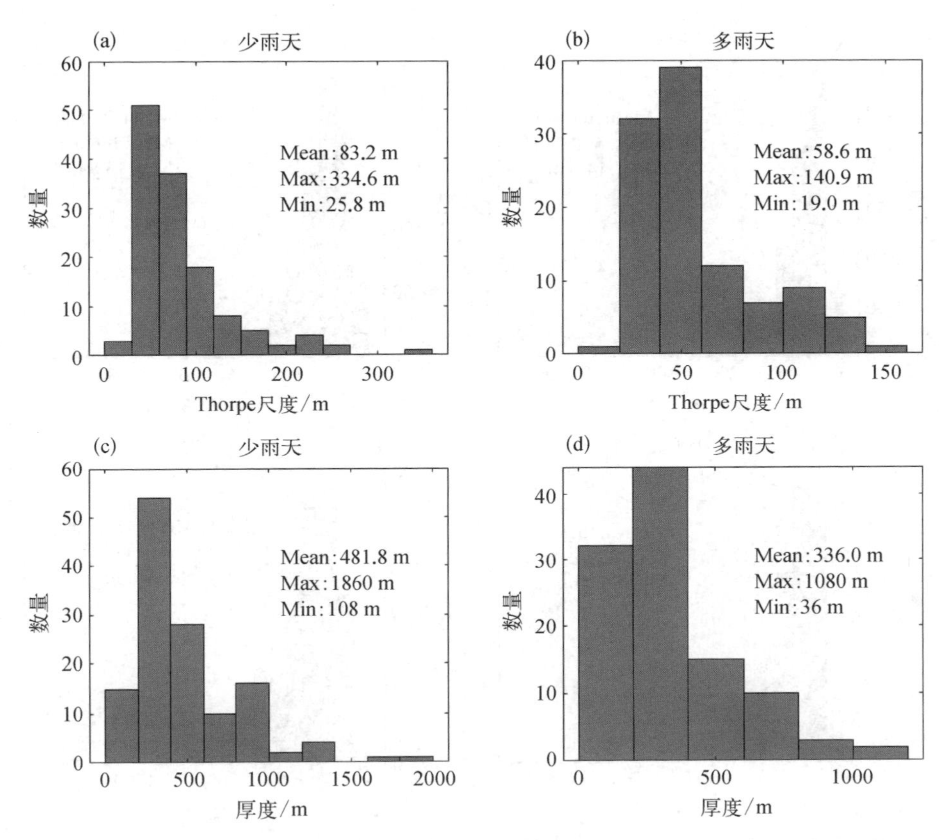

图 3.20 2013~2018 年 10.0~11.1 km 内(a) 少雨天和(b) 多雨天的 Thorpe 尺度频数分布直方图;(c) 少雨天和(d) 多雨天的湍流层厚度频数分布直方图

看出,在云层内部 10.0~11.1 km 的高度,少雨天 Thorpe 尺度的平均值为 83.2 m,多雨天 Thorpe 尺度的平均值为 58.6 m,前者远大于后者。此外,在少雨天,最大 Thorpe 尺度为 334.6 m,最小 Thorpe 尺度为 25.8 m,在多雨天最大和最小的 Thorpe 尺度仅为 140.9 m 和 19.0 m。这也说明了降水的增强对云层内部的 Thorpe 尺度的增强起到了抑制作用。图 3.20(c)和(d)显示了湍流层厚度的分布,降水量较小时,湍流层平均厚度为 481.8 m,远高于降水较多时候的 336 m。此外,在少雨天,最大和最小的湍流层厚度分别为 1 860 m 和 108 m。当降水增加时,湍流层厚度的最大值和最小值只有 1 080 m 和 36 m。说明降水与湍流层厚度也存在负相关关系。因此,从图 3.20 可以看出,降水的增强对云层内部的

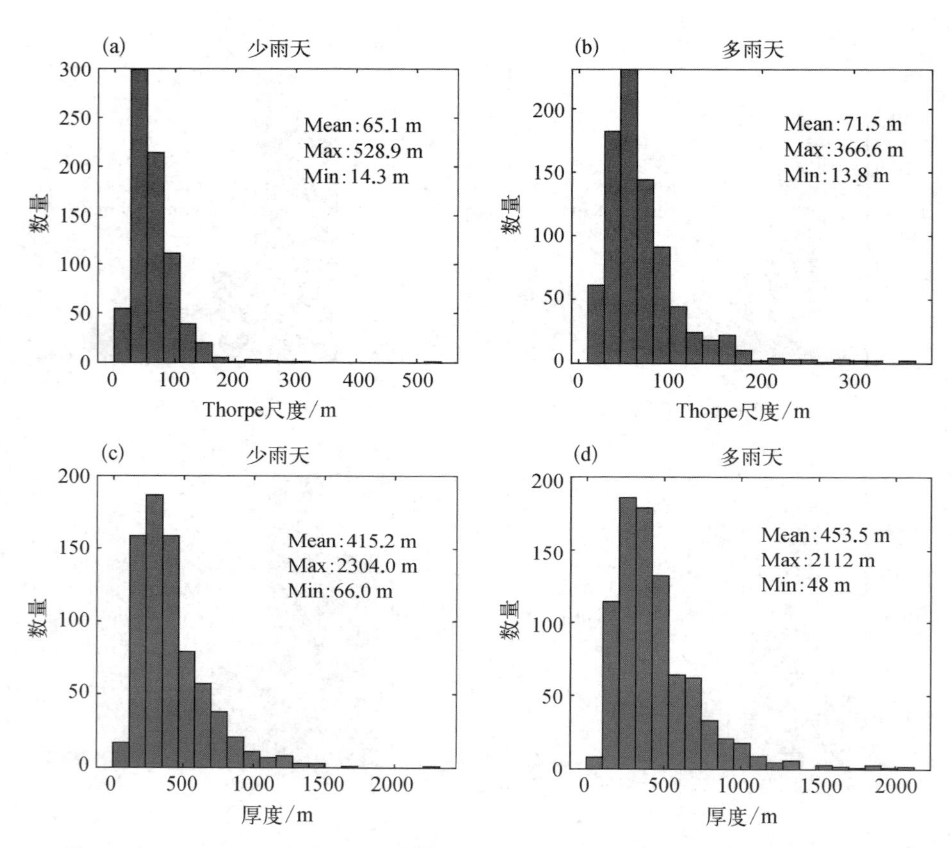

图 3.21 2013~2018 年 12~16 km 内(a) 少雨天和(b) 多雨天的 Thorpe 尺度频数分布直方图;(c) 少雨天和(d) 多雨天的湍流层厚度频数分布直方图

湍流有很强的抑制作用,不利于大尺度湍流的产生。在降水量大的时期,大尺度湍流明显减少。

图 3.21 为多雨天和少雨天在云层上空 12~16 km 内 Thorpe 尺度和湍流层厚度的频数分布直方图。从图 3.21(a)和(b)可以看出,在降水较少的时期,Thorpe 尺度的平均值为 65.1 m,在降水较多时,该值达到了 71.5 m,后者要略大于前者。在湍流层厚度的分布方面,降水较少时湍流层厚度平均值为 415.2 m,降水较多时湍流层厚度平均值为 453.5 m。在少雨天,最大 Thorpe 尺度为 528.9 m,Thorpe 尺度大于 150 m 的湍流层仅占湍流层总数的 2.6%。最大湍流层厚度为 2 304 m,湍流层厚度大于 900 m 的湍流层占总数的 5.1%。降水较多时,最大 Thorpe 尺

度为366.6 m，大于150 m的Thorpe尺度占总量的6.7%。最大湍流层厚度为2 112 m，大于900 m的湍流层厚度占7.6%。因此，在12~16 km的高度，降水的增强对湍流的增加影响较小，但对大尺度湍流的产生有一定的促进作用。

3.7 本章小结

在本章中，首先利用2018年1月在西北地区得到的一组临近空间探空气球数据从两个方面对湍流的垂直分布进行分析：① Thorpe尺度分布和湍流厚度；② 湍动能耗散率和湍流扩散系数。对流层比平流层更容易发生湍流。在已探测到的湍流层中，对流层湍流占湍流总数的66.4%，其容易产生湍流的主要原因是热对流不稳定。此外，由于风切变引起的重力波破碎，平流层中也会出现一定的湍流层，但数量稀少，强度较小。平流层的Thorpe尺度平均值为28.8 m，小于对流层的47.2 m。湍流层厚度的分布与Thorpe尺度的分布大致相同，对流层平均湍流层厚度达到177 m，平流层湍流层平均厚度仅为90 m。就具体高度而言，湍流层发生频率最高的区域位于对流层上层5~10 km处，占湍流层总数的44.0%，最大的Thorpe尺度和湍流层厚度也位于该高度。主要原因是释放点位于我国西北地区。频繁的地形重力波的出现导致对流层顶附近的湍流显著增加，这与Zhang等发现的地形影响湍流的结论是一致的[15]。1月份对流层顶急流的出现也加剧了这一现象。湍流动能耗散率和扩散系数也显示了相同的分布趋势。由于对流层顶急流和Kelvin-Helmholtz切变不稳定性的存在，ε和K的最大值出现在高度10 km左右的对流层顶附近。通过对9组数据的Thorpe尺度和湍流层厚度的分析，发现1月15日13:00和20:00的两组探测数据在平流层中层23 km高度附近产生了大尺度的湍流层。分析气球飞行路径上的气象要素，发现1月15日晚有一定量的降水，降水区域与气球飞行的水平轨迹基本一致。说明此次降水与中层平流层的大尺度湍流有一定关系。

然后，对2013年至2018年在热带西太平洋Yap站点获取的探空仪数据进行处理。Thorpe法用于计算湍流参数，虽然Thorpe方法在不稳定和混合较强的区域效果不佳，但利用其得到湍流的整体平均趋势是可行的，这在以前的研究中已经得到了证明[22]。Thorpe法的另一个缺点是不能有效地区分仪器噪声引起的位势温度反转和真实湍流引起的位势温度反转。通过噪声垂直剖面可以发现，由于压力降低，在25 km左右位温噪声迅速增大，因此HVRRD在25 km

以上存在较大误差。在本章中,仅考虑 25 km 以下的湍流层。热带地区湍流发生最频繁的高度为 10~16 km,该高度的湍流最大月平均发生率可达 50%。主要原因是大气静态不稳定性的增强。在近地层,热对流和大值风切变共同作用更容易产生大尺度湍流,最大的 Thorpe 尺度可以达到 600 m 以上。在平流层,由于大气具有极高的静态稳定性,在该区域湍流发生率迅速减小,且湍流的尺度通常很小。月平均湍流动能耗散率 ε 的范围为 $10^{-8} \sim 10^{-2}$ m^2/s^3,月平均湍流耗散系数 K 的范围为 $10^{-6} \sim 10^{0}$ m^2/s。ε 和 K 的分布与 Thorpe 尺度大致相同,最大值主要分布在 10~16 km 处。但受 N^2 和近地层大尺度湍流的影响,近地层也存在较大的 ε 和 K 值。结果与 Zhang 等分析的结果一致[15]。

根据湍流发生率、Thorpe 尺度与降水的相关系数分析湍流与降水的关系。结果表明,湍流和降水之间的相关性受到云层高度的影响。在云层内部海拔 10.0~11.1 km 左右,降水的增强对湍流的增强有严重的抑制作用。该区域降水与湍流的相关系数在-0.4 左右,降水较多的时期 Thorpe 尺度平均值为 58.6 m,湍流层厚度平均值为 336.0 m,远小于降水较少时期的 83.2 m 和 481.8 m。相反,降水增强与云层上方 12~16 km 的湍流呈正相关关系,尤其是对大尺度湍流的生成起到了一定的促进作用。在降水增强的情况下,大于 150 m 的 Thorpe 尺度占其总数的 6.7%,在降水较少的时期这一比例仅为 2.6%。此外,ε 和 K 的最大值大多分布在 12 km 以上高度降水增强的月份,这也表明降水增强对该区域大尺度湍流的产生具有一定的促进作用。

第四章　平流层小尺度重力波的识别与诊断分析

4.1　引言

平流层是距离地表十几千米(对流层顶)到五十千米左右的大气层,是连接低层大气和高层大气的中间区域,绝大部分航空航天活动都会经过这一区域。相比于对流层大气,平流层由于其缓慢的演变特征,可为对流层中的极端天气和气候异常的预报与预测提供重要信息。所以,加深对平流层大气的理解认识无论是在民生领域,还是航天领域都具有重要意义。大气中的扰动可以看作是各种尺度波动的叠加,从湍流尺度到行星波尺度。重力波活动作为大气扰动的重要组成,已经得到了广泛的研究。重力波在平流层和对流层之间的物质输送和能量传输中起着重要作用,导致不同尺度之间的相互作用和能量级联过程。目前,对重力波的探测手段比较丰富。来自卫星平台的遥感测量可以覆盖全球范围的重力波活动[31,41,178,179],但空间分辨率有限,识别的重力波结构较为粗糙;无线电探空仪对温度和风场的观测具有广泛的数据积累和较高的分辨率,也可用于分析重力波[39]和更小尺度的湍流[180,181];虽然火箭探测可以达到更高的高度范围(高达 60 千米),但释放成本远高于无线电探空仪,不适合长期观测[182];雷达和激光雷达可以在广泛的高度范围内实现连续观测[183,184],然而,全球范围内的地基站点有限;飞机探测可用于研究重力波在水平方向上的特性,通常只在专门设计的试验项目中进行[185]。

在对流层上层和平流层下层,重力波及晴空湍流对经济型飞机(客机)的影响至关重要,这一事实直接促使了在这一高度范围内的许多相关研究[7,185]。Wroblewski 等[185]研究了对流层上层中稳定层结切变流中的湍流和 Kelvin-Helmholtz 波。Lu 和 Koch[136]利用频谱分析和结构函数分析了飞机探测数据的水平速度场,发现湍流与小尺度重力波存在明显的尺度间相互作用。当然,对流层上层和平流层下层的区域包含了从几千千米到几毫米的多个尺度的动力过程,涵盖了从行星波到小尺度湍流。因此,对该高度范围内的各种尺度上的动力结构的研究显得尤为重要[186-189]。

地基和天基技术通常无法测量波的固有频率(在拉格朗日参考系中),而固有频率可以反映波的重要特性。使用超压气球(SPB)可不受这一限制,并由此形成了一种针对平流层波扰动的新的研究方法[190,191]。然而,老版本的SPB有采样频率的限制[192],只有近几年的SPB才实现以更高的频率进行采样[193]。但是考虑大气环流条件,SPB只能在赤道和极区范围内进行飞行试验。

本章使用的往返式智能探空系统(RTISS)采用了零压气球,成本更低,采样频率更高,首次实现了上升、平飘、下降三阶段探测。在已有研究的基础上[53],本章对重力波和湍流的演化进行了深入的研究和讨论,提出了一种诊断大气扰动状态的新方法。在以往的研究中,由于在特定距离处的结构函数可以反映出相应风速的直接测量值,因此使用结构函数将波动尺度与实际测量结果直接联系起来。考虑到科尔莫戈罗夫(Kolmogorov)的理论预测湍流惯性区将遵循-5/3斜率规律[194],便可以合理地预期重力波的风速扰动方差在-1和-3之间[135]。与谱分析相比,三阶结构函数最明显的优点是可以只使用一维数据序列计算能量通量[134]。为了进一步量化湍流和小尺度重力波的扰动特性,采用多阶结构函数获得Hurst参数,采用奇异测度获得间歇参数[137]。

目前,我国上空平流层中的水平方向上的大气扰动信息相对匮乏,而在数值模式中,平飘扰动信息的引入有助提升模式的预报效果,加深对平流层动力过程的理解认识[195,196]。本章展示了较为完整的中国区域平流层水平方向上大气扰动信息的观测分析,可为评估平流层中的物理过程提供创新性的研究结果。

4.2 探测试验介绍

本章选取的探测数据来自宜昌、武汉、安庆、长沙、南昌和赣州六个站点上空释放的往返式智能探空系统(RTISS)。该数据来自往返式智能探空系统的试验项目,能够实现“上升-平飘-下降”三段式观测[197],这成为分析中国地区平流层水平方向上大气扰动信息的重要来源[8,53]。释放的时间跨度分别为2018年的6月1日到7月10日(夏季),以及10月13日到11月18日(秋季)。RTISS

旨在保持相对较低的成本，同时在垂直方向上实现相隔数小时的加密观测（上升和下降），以及在平流层特定高度（平飘）连续数小时的高频观测（1 s），以捕获包括风场、温度、气压和相对湿度在内的从对流层到平流层的大气精细结构信息。

探测仪器携带着北斗定位系统和温、压、湿传感器，北斗定位系统提供可以用来计算风向和风速的位置信息（经度、纬度和高度），风速的不确定度在上升阶段是 2 m/s，平飘阶段是 4 m/s。传感器可以用来获取温度、相对湿度和大气压力，主要包含三个部分：① 温度传感器，上升阶段不确定度为 0.8 K，平飘阶段的不确定度为 2.8 K；② 压力传感器，上升阶段不确定度为 1 hPa，平飘阶段的不确定度为 1 hPa；③ 湿度传感器，上升阶段不确定度为 10%，平飘阶段由于仪器获取要素质量不理想而忽略。在下降阶段由降落伞携带高速降落，由于强烈的摆动会影响数据质量，所以这里并没有讨论下降段的数据。

探测系统在不同阶段（上升–平飘–下降）具有不同的工作原理，具体的动力过程和工作原理可以参考之前的研究[197]。需要注意的是为了满足低成本的业务化观测需求，RTISS 采用的是零压气球，这和超压气球的材质不同[191]。对于零压气球，底部开口保证内外压力差为零，平飘时间相对较短（数小时）。而对于超压气球，球体密闭，球体体积基本是不变的，能够飞行更长的时间（数周）。

RTISS 释放情形如图 4.1 所示。图（a）为 RTISS 平飘高度的数量分布直方图，（b）为 RTISS 释放站点及附近区域地形图，（c）~（h）为 RTISS 在安庆（AQ）、赣州（GZ）、南昌（NC）、武汉（WH）、宜昌（YC）和长沙（CS）释放后的轨迹图，其中黑色圆点代表释放位置，虚线代表上升段和下降段的轨迹，实线代表平飘段的轨迹。为了更好地对比不同站点的释放情况，图（c）~（h）的横纵坐标统一为相同的地理宽度（10°×4°）。

所有平飘段的高度覆盖 18 ~ 32 km 的范围，主要集中在 26 ~ 30 km［图 4.1（a）］。六个站点上空 RTISS 释放后的飘移轨迹分别如图 4.1（c）~（h）所示，气球轨迹可以直接反映对应的风场情况。在夏季，平流层主要是东风占主导，且环流较为稳定（平飘轨迹更加一致）；而在秋季，平流层以弱西风为主，环流转换更加频繁（平飘轨迹更加发散）。

RTISS 上升–平飘–下降整个过程的高度随时间变化情况如图 4.2 所示。左侧图代表夏季，右侧图代表秋季。为了保证高度近似恒定的前提，还需要对所有平飘数据进行筛选，只选择平飘时间足够长（长于 3 ~ 4 小时）、平飘质量相对

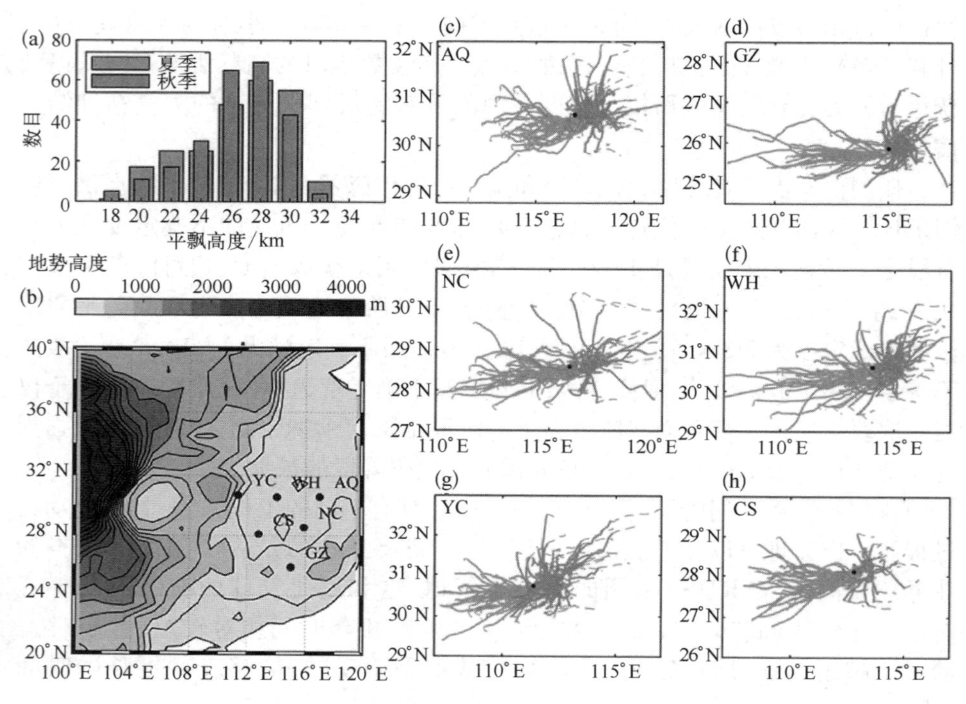

图 4.1 RTISS 数据释放情形图

较好(选择平飘段的高度最大差值在几百米内)的数据。沿着分离距离方向,平飘距离通常为几十千米到上百千米,垂直方向上的波动通常在几十米到几百米的。而在这些筛选出来的数据中,仅有极少部分波动较大,达到几百米,更多的数据在垂直方向的上下浮动只有数十米。所以相比较之下,可以将这些筛选出来的平飘段数据近似为准水平运动。此外,在上升最后阶段外球爆炸后,载荷在调整到受力平衡的高度处往往在平飘初始点高度下方数百米(图 4.2),所以外球爆炸后刚开始的一段数据被舍去。

然后,对筛选出来的原始数据进行水平一致性检验,在去除野值和缺失值后,重新插值到等间距的均匀间隔。气球有效载荷存在钟摆运动[198],需要选择适当的平滑拟合间隔来消除其影响。这里采用摆动振幅周期的整数倍作为平滑拟合区间,利用摆幅的对称性补偿摆幅偏差。利用平滑后的位置坐标,通过线性拟合的一阶导数得到速度,通过四次拟合的二阶导数得到加速度,便可进一步得到风速和风向。

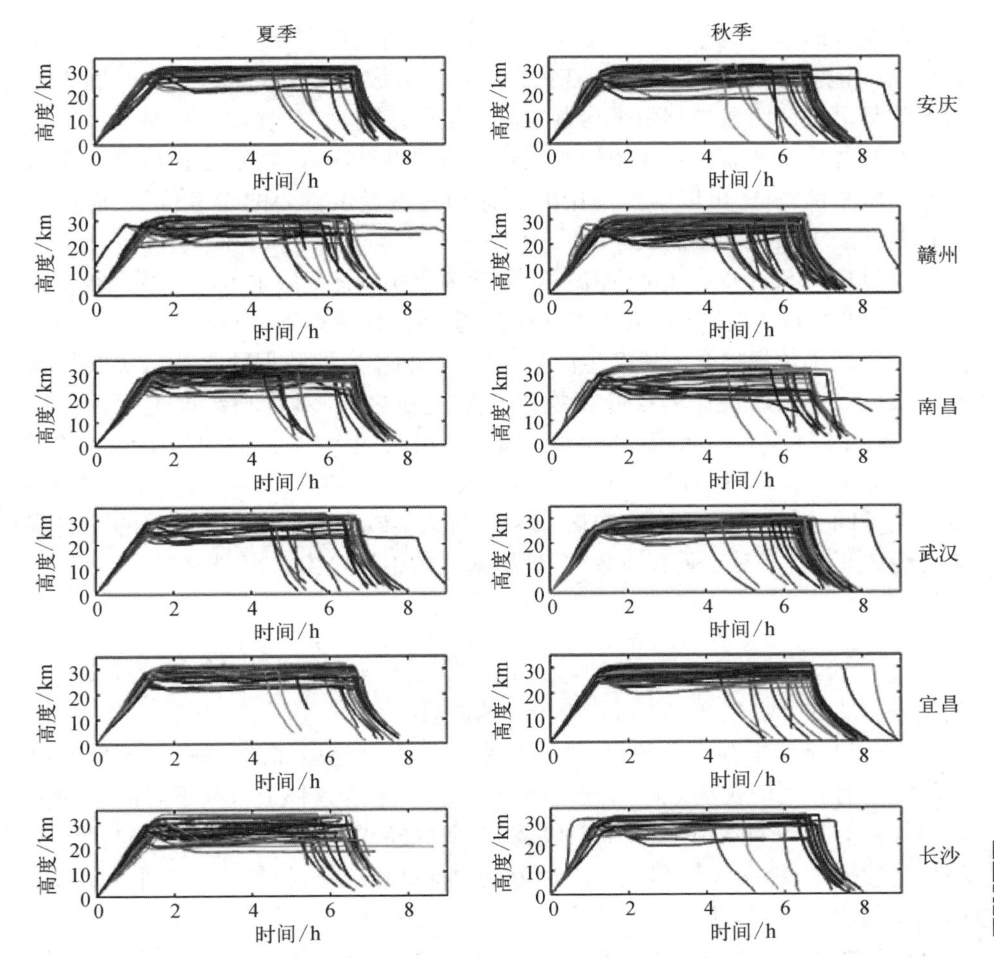

图 4.2 RTISS 升空后的时间高度图

4.3 小尺度重力波的波数谱分析

4.3.1 谱分析方法

大气风场、温度场、密度场等气象示踪剂的廓线中包含着各种尺度的波动信息,基于探测资料的扰动廓线可以提取重力波谱特征,一系列的重力波谱理论由此发展而来。包括线性不稳定[199,200]、非线性波-波相互作用[201]、多普勒扩展[202]、饱和级联相似理论[203]在内的各种重力波饱和模型也被提出。因为重力波的频谱特征明显受到由平均背景流产生的多普勒效应的影响,对于水平波数谱及其背后的波流相互作用的研究依然值得继续深入,特别是直接通过探测得到的水平谱特征,可以为谱理论的验证和完善提供重要的参考价值,而这也是目前受限于探测手段而缺乏的。

这里选用 Savitzky - Gola 滤波器,滑动多项式拟合提取重力波背景廓线。滤波系数由非加权线性最小二乘回归和三次多项式计算得到,选取窗宽为 10 km,这样可以减小常规拟合方法产生的误差[204]。利用原始数据减去背景廓线得到扰动残差。在利用快速傅里叶变换进行谱变换之前,对扰动数据进行预白处理,减少频谱泄露。用汉宁(Hanning)窗来平滑功率谱,平滑后的功率谱还需要从预白处理中恢复,以补偿差分和余弦锥度窗口的影响[205]。在海拔超过 20 km 的高度区间,温度频谱的高波数区域衰减过大,传感器滞后对温度谱的影响需要进行校正[206]。对于垂直波数谱,这里采用的饱和重力波模型为[207]

$$F_{T'/T_0} = \frac{1}{4\pi^2} \frac{N^4}{10\, g^2\, k_n{}^3} \tag{4.1}$$

其中, k_n 是以周期/米(cycle/m)为单位的波数。

由于对流层中存在急流区,浮力频率有一个迅速增加的区域,在该区间温度廓线具有较大的扰动,不适合进行谱分析。于是这里将上升和下降阶段的垂直廓线分为 1~9 km、16~24 km 两段,对于平飘段,需要按照经向和纬向对数据进行均匀插值,纬向步长和经向步长分别对应 X、Y 方向相邻两点的平均距离,由此得到两组不同方向的水平数据。需要注意的是,由于不同释放时次的数据平飘段的水平步长均不一样,这里选取 1 024 个数据点为一段,将每一组平飘数据分为若干段,再分别对每一段数据计算经向波数谱和纬向波数谱。通过谱斜率和谱振幅来表征波数谱的特征。考虑到重力波谱到湍流谱的过渡会降低拟合的斜率,所以选取的拟合区间的右边界为 $m = 1.0\times10^{-2}$ cycle/m,用以排除湍流的影响。在计算上升和下降段的垂直波数谱时,在 $9.97\times10^{-4} \sim 1.0\times10^{-2}$ cycle/m 波数范围内根据对数-对数功率谱进行一阶线性拟合求出斜率,在此波数范围内,可以忽略混叠效应。在计算平飘段的水平波数谱时,拟合区间选择为 $9.97\times10^{-4} \sim 1.0\times10^{-2}$ cycle/m。考虑到实际谱斜率的变化会引起振幅摆动,所以采用"质心"波数 k_{nc} 对应的功率谱密度作为谱振幅[206]:

$$\overline{\log_{10}k_{nc}} = \frac{1}{N_2}\sum_{i=j}^{i=k}\log_{10}k_i \tag{4.2}$$

其中，k_j 和 k_k 分别对应拟合区间的左边界和有边界；N_2 代表总的数据点数。“质心”波数 k_{nc} 便可写作：

$$k_{nc} = 10^{\overline{\log_{10}k_{nc}}} \tag{4.3}$$

4.3.2　谱分析结果

以武汉 2018 年 10 月 23 日的探测结果为例，探究分段长度对谱结果的影响。首先将平飘阶段的数据单独选出，解算出探空仪在不同时刻对应的站心坐标，X、Y、Z 坐标以及水平方向的二维轨迹分别如图 4.3(a)~(d)所示。X 方向为正北方向，Y 方向为正东方向，坐标原点 (X_0, Y_0, Z_0) 为放球位置。在平飘阶段，X 坐标从−14 km 移动到 31 km，移动了 45 km；Y 坐标从 120 km 移动到 206 km，移动了 86 km；Z 坐标稳定在 25.5~27.2 km 高度区间内。纬向运动距离大于经向运

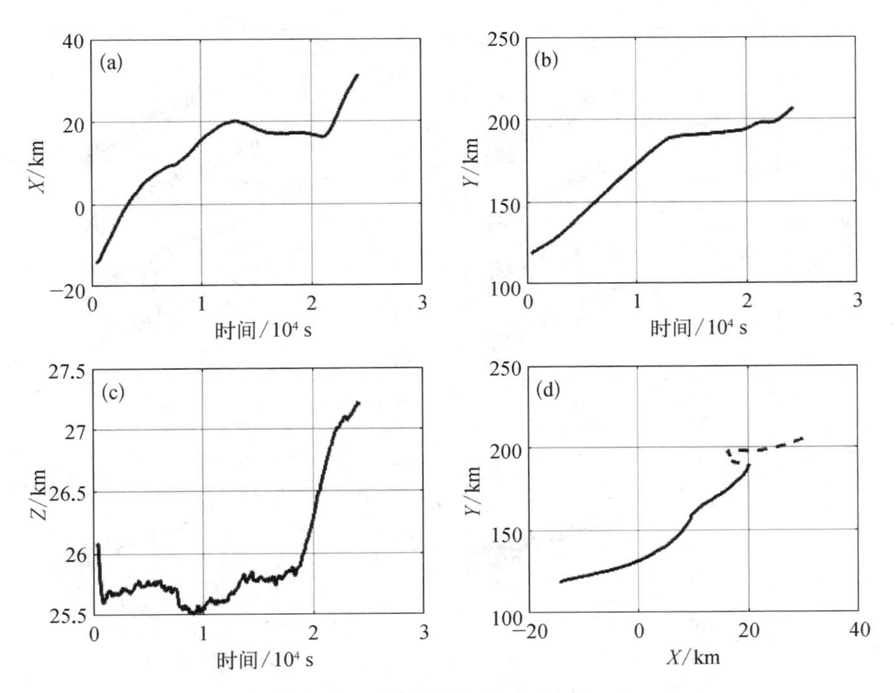

图 4.3　平飘阶段位置坐标随时间的变化

动距离,说明即使是平流层的该高度区间内,纬向风也大于经向风。合成后的水平运动轨迹如图 4.3(d)所示,如果要对平飘数据提取重力波谱特征,需要首先选出合适的数据段。这里的选择原则是:进行水平波数谱分析的数据段必须满足 X 坐标和 Y 坐标均是单调的,并且 Z 在整个数据段的高度波动区间在几百米以内。比如图 4.3(d)中的实线部分就是该次探空数据选择出的用于谱分析的水平段的数据。然后按照 X、Y 方向,计算经向波数谱和纬向波数谱。其他数据集也按照同样处理过程。

这里平飘段的数据按照 1 024 个点为一段,将连续的平飘段分为四个子集,分别计算出纬向波数谱和经向波数谱。同时对于整段选择出的平飘数据进行谱变换。平飘段水平波数谱结果如图 4.4 所示,图 4.4(a)代表沿 Y 方向分成的四段数据得到的纬向波数谱,拟合的谱斜率分别为-2.17、-2.08、-1.89 和-2.23,对应谱振幅为 4.40、1.67、1.44 和 1.47($\times 10^{-4}$ m/cycle)。图 4.4(b)代表沿 X 方向分成的四段数据得到的经向波数谱,拟合谱斜率为-2.10、-2.06、

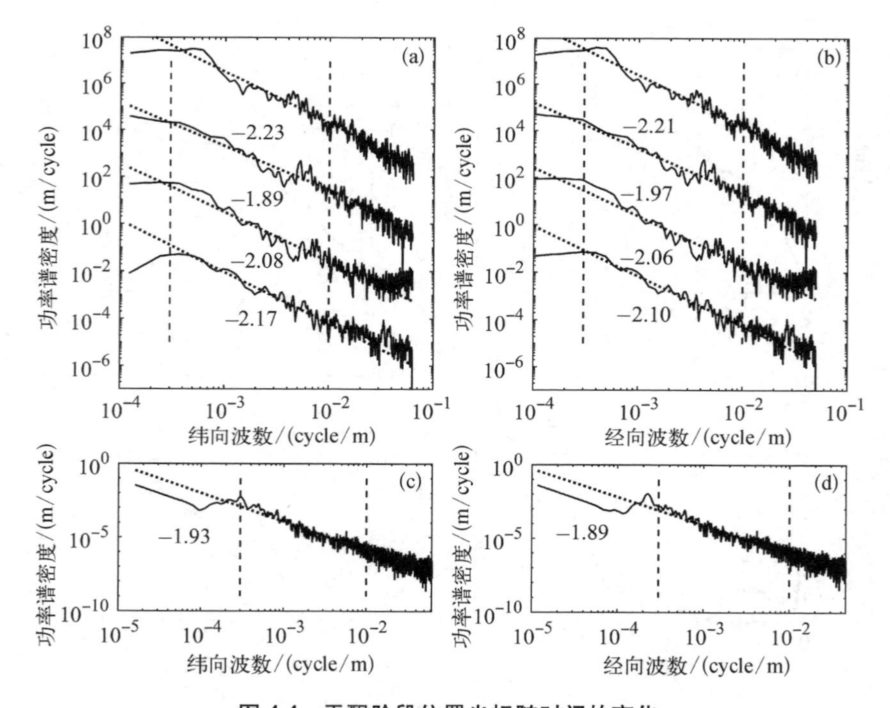

图 4.4　平飘阶段位置坐标随时间的变化

-1.97 和-2.21，对应谱振幅为 5.19、1.81、1.52 和 1.63（$\times10^{-4}$ m/cycle）。在图中反映出来的相邻波数谱之间隔三个量级。图 4.4（c）与（d）为整个选择的平飘段的纬向与经向波数谱。可以看到各个分段的谱斜率和谱振幅相差不大，基本在-2 左右。并且每一分段的经向谱和纬向谱的斜率和振幅都基本一致。这说明按照 1 024 个点进行分段，尽管不同探测时次的数据对应长度不同，但是对结果并不影响，并且经向谱和纬向谱具有高度的一致性，显示出水平方向温度扰动的各项同性。需要注意的是，在高波数处的谱振幅的增强，是由于噪声和频谱的混叠效应所造成的；而在最低波数处谱振幅明显降低，这是由于去除线性背景所产生的滤波作用。

往返式智能探空系统在上升-平飘-下降三个阶段探测数据的连续性能够持续地追踪在整个探测时段谱特征的变化特点，与传统的原位探测手段相比具有显著优势。武汉数据中的三个阶段的波数谱结果如图 4.5 所示。

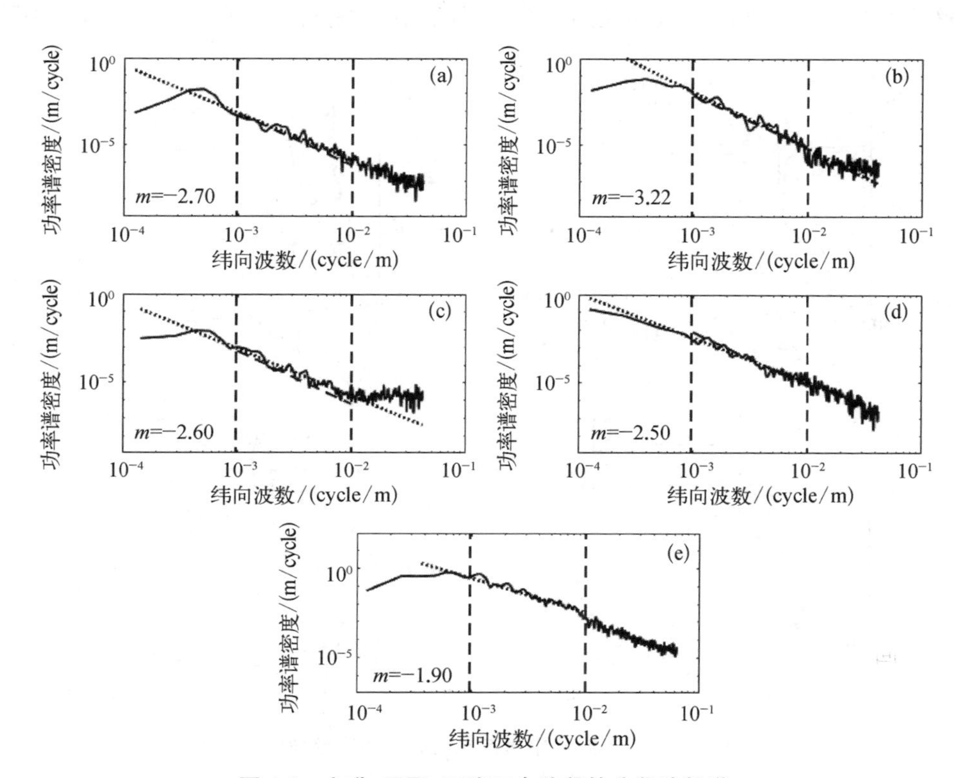

图 4.5　上升-平飘-下降三个阶段的分段波数谱

图 4.5 中,(a) 为上升段对流层垂直波数谱,(b) 为上升段平流层垂直波数谱,(c) 为下落段对流层垂直波数谱,(d) 下落段平流层垂直波数谱,(e) 为平飘段的水平波数谱,这里用四段纬向波数谱的平均谱来代表。其中虚线表示由式(4.1)预测的饱和振幅谱,点虚线表示最佳线性拟合的振幅谱。上升段对流层和平流层的谱斜率分别为-2.75、-3.07,对应谱振幅为 1.62×10^{-5} m/cycle、8.62×10^{-5} m/cycle;下落段对流层和平流层的谱斜率为-2.72、-3.05,对应谱振幅为 2.72×10^{-5} m/cycle、5.98×10^{-5} m/cycle;平飘段的谱斜率为-1.90,对应谱振幅为 1.19×10^{-4} m/cycle。平流层的谱斜率和谱振幅均高于对流层,并且上升和下降段的功率谱差别不大。在图 4.5(c)与(e)中高波数区域存在几乎相同的功率水平,这和图 4.4(a)与(b)中的第二段功率谱的情况相同,本研究认为这可能是由于噪声的影响而导致。

在进行统计分析时,从武汉、安庆、宜昌和赣州四个站点中筛选了 16 组完整的上升-平飘-下降三段的探测数据,具体数据情况如图 4.6 所示。气球上升

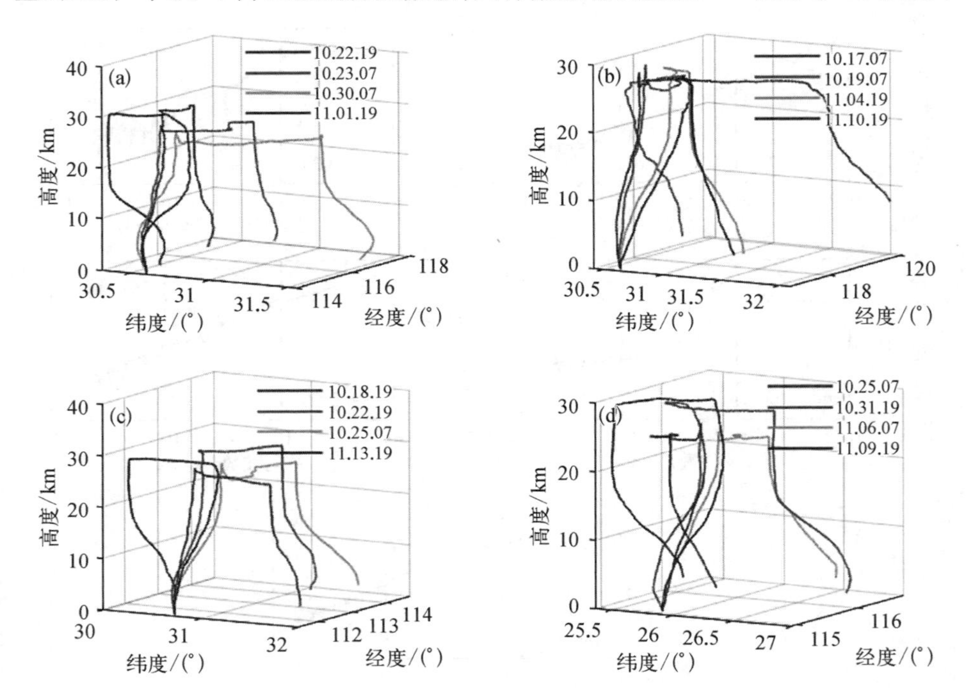

图 4.6 四个站点中所选探测时次的完整轨迹图

注:图例的数字代表月.日.时。

时间从 1.2～1.9 h 不等，平飘时间都超过 4 h，最长平飘时段为安庆 2018 年 10 月 17 日释放的探测系统，为 8.2 h。下降阶段用时基本在 1～2 h 之间，只有安庆 10 月 17 日和 10 月 19 日下降速度较慢，下降时长超过 3 h。除了安庆 10 月 22 日数据在平飘阶段上下浮动的高度间隔均在 3 km 以内，最小间隔仅为 400 m。

将每一组探空数据的上升-平飘-下降三段得到的温度扰动谱整合在一起，结果如图 4.7 所示。其中，图 4.7(a)反映所有探空数据得到的不同阶段的谱斜率，(b)为对应的谱振幅。这里每一组探空的水平波数谱的谱斜率通过平均纬向谱求得，16 组数据的平均谱斜率为-1.98。对于上升和下降阶段的所有相应高度区间的数据段，在进行谱分析之前，我们使用一些条件来判断对应区间段的数据是否适合用来提取垂直波数谱：① Brunt - Vaisala 频率近似恒定，没有明显的变化；② 由于上升速度为 6 m/s 左右并且水平风速不超过气球上升率的约 10 倍，因此温度频谱的气球测量中的失真可以忽略；③ 采用风切变准则（风切变>0.035 s^{-1}）来拒绝明显与空间序列中相邻点不一致的速度估计。对流层和平流层的谱斜率在-3 附近小幅度变化，关于谱斜率的变化可以由风偏移理论解释[22,32]，这里不做过多赘述。

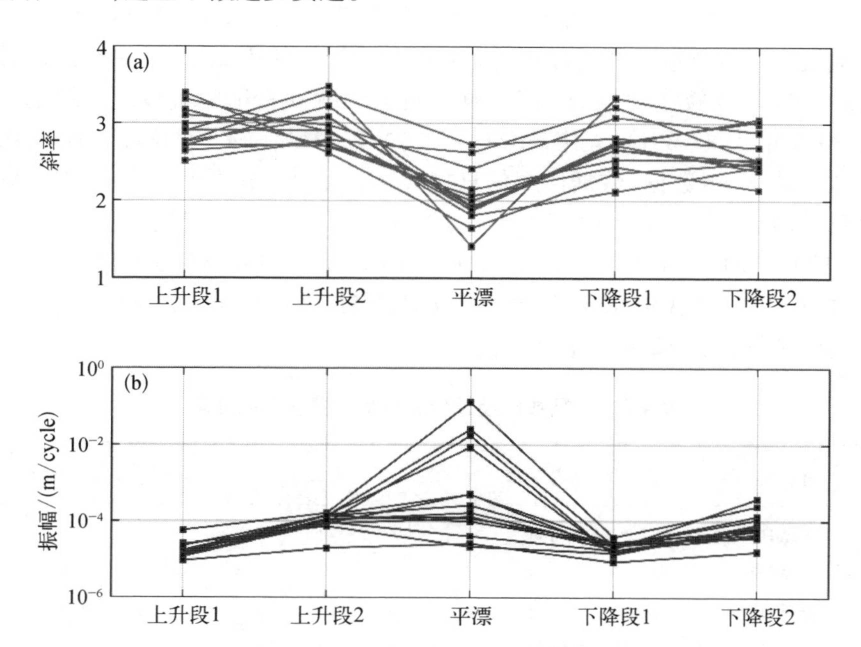

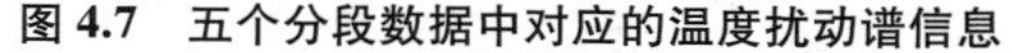
图 4.7　五个分段数据中对应的温度扰动谱信息

需要注意的是，下落段在平流层的谱斜率均低于上升阶段的谱斜率，这里认为可能是由于下落阶段前期落速较快，获取的温度数据质量受到影响而导致的。不管是上升阶段还是下落阶段，平流层中的谱振幅均高于对流层。如果只考虑地面向上传播的重力波，经过高空急流时，它们更容易被对流层顶附近的急流区导致的“临界层”所吸收，所以平流层中温度扰动的谱振幅会减小。但是实际上所有 16 组数据均表明平流层的谱振幅大于对流层，说明平流层中（24 km 以上）还存在小尺度重力波波源，活跃的重力波以及重力波破碎产生的湍流会增加温度扰动方差。对于平飘阶段的水平波数谱而言，谱振幅的量级覆盖范围较大，最大谱振幅为 0.278 0 m/cycle，最小谱振幅为 2.12×10^{-5} m/cycle，这也说明水平波数谱的功率谱受温度方差的影响明显大于垂直波数谱。

4.4 小尺度重力波的扰动特征分析

4.4.1 三阶结构函数分析

在 4.2 节中介绍了基于平飘数据的数据处理方法，本小结将选取若干个例，对平流层小尺度扰动特征的诊断与识别进行介绍。使用 2.2.2 节中介绍的计算方法，对平飘探空数据中的 12 组数据进行大气扰动特征的提取。选取的数据来自 2018 年武汉（WH）、安庆（AQ）、宜昌（YC）、赣州（GZ）和长沙（CS）五个站点施放的共 12 组数据，数据详细信息如表 4.1 所示。分别标注为：WH1、WH2 和 WH3（10 月 22 日、23 日和 30 日）；AQ1 和 AQ2（10 月 19 日和 11 月 16 日）；YC1 和 YC2（10 月 18 日和 10 月 22 日）；GZ1、GZ2 和 GZ3（10 月 31 日、11 月 6 日和 11 月 9 日）；CS1 及 CS2（10 月 19 日及 11 月 16 日）。上升和下降阶段的数据均匀地插值为 12 m 的垂直步长。

表 4.1 平飘数据经过分解和重新插值后的信息

序　号	分离方向	步长/m	距离/km
1 - WH1	纬向	13	24.5
2 - WH2	纬向	16	67.7
3 - WH3	经向	13	90.3
4 - CS1	纬向	13	76.0

续 表

序 号	分离方向	步长/m	距离/km
5-AQ1	经向	11	29.0
6-AQ2	纬向	16	53.6
7-YC1	经向	12	105.5
8-YC2	经向	8	61.9
9-GZ1	经向	15	87.6
10-GZ2	经向	9	37.7
11-GZ3	经向	9	54.9
12-CS2	经向	11	50.4

Lu 和 Koch[136]通过计算和分析飞机观测数据中三阶结构函数的实验结果，较好地验证了科尔莫戈罗夫(Kolmogorov)理论在惯性子范围内应用到结构函数中的一致性[135]。结合转换定律以及谱斜率在表征重力波中的一般规律，在湍流惯性区间，三阶结构函数 $S_3(r)$ 遵循 r 斜率；在重力波子区间，湍流发生时遵循 r^2 斜率，无湍流时遵循 r^3 斜率。

首先选取三组数据进行三阶结构函数分析，结果如图 4.8 所示。图(a)、(b)、(c)分别代表 WH2、YC2 和 CS2 的三阶结构函数。绘制的三阶结构函数为绝对值，其中红色为负值，蓝色为正值，三条黑色直线分别表示预期的 r^3、r^2 和谱斜率。在 WH2 数据中可以观测到明显的湍流活动，在大尺度上表现出升尺度能量级联，而在小尺度上表现出降尺度能量级联。在 128 m 以内的空间尺度上存在明显的 r 斜率，在大于 128 m 的空间尺度上，$S_3(r)$ 曲线服从 r^2 斜率。对于 YC2 数据，在主要的分离距离范围内，曲线明显遵循 r^3 斜率，且在整个尺度范围内以升尺度能量级联为主，意味着此次探测的是稳定的重力波。在 CS2 数据中，$S_3(r)$ 曲线向 r^2 斜率倾斜，其中前半段(<400 m)更倾向于 r^3 斜率，后半段(>400 m)更倾向于 r^2 斜率。在湍流惯性区间内存在着升尺度能量级联，而在更大的重力波尺度范围内存在着降尺度能量级联。r^2 斜率应该表示湍流和重力波共存的状态，但在小尺度上没有 r 斜率的出现。这可能是以下两个原因造成的：一是湍流的水平尺度太小，在观测数据的分辨率上没有体现出来；二是此时正处于重力波向湍流的过渡阶段，还没有造成重力波的破碎和湍流的产生。由此，基于平飘数据的探测结果可以分为三种不同的状态：① 稳定重力波，主要

尺度区间遵循 r^3 斜率；② 不稳定重力波，主要尺度区间遵循 r^2 斜率；③ 重力波与湍流共存，其中湍流子区间遵循 r 斜率，重力波子区间遵循 r^2 斜率。

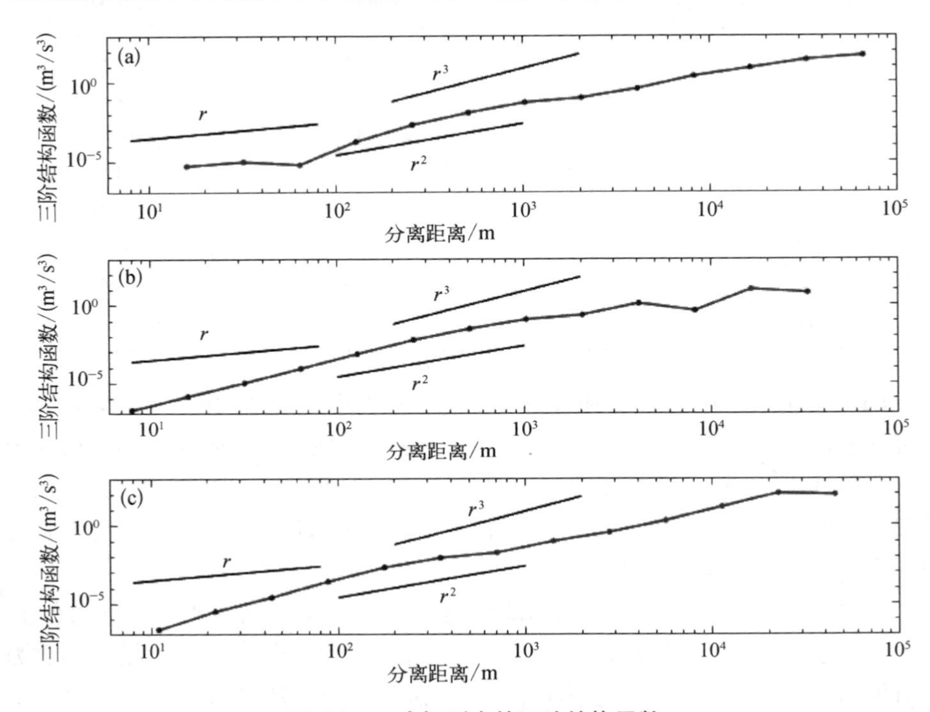

图 4.8 三次探测中的三阶结构函数

4.4.2 多阶结构函数分析和 Hurst 指数

对于不同的重力波活动，所显示的多阶结构函数是否满足线性关系？是否有多个尺度范围对应不同的线性关系？这些现象如何进行解释？为了回答上述问题，这里以 WH2、YC2、CS2 为例，绘制多阶结构函数的结果，如图 4.9 所示，其中阶数 q 分别为 1、2、3、4 和 5。在计算 Hurst 参数时，选择合适的拟合区间是关键步骤。换句话说，在对数-对数坐标下，内尺度 η 和外尺度 R 之间应该进行线性回归，其中 $\eta = 4l$（l 为最小步长）。这里以 $q = 5$ 的曲线来选择这个拟合区间，这条曲线能够凸显最强烈的扰动事件。在不同的数据集上，可以观察到不同数量的尺度断点（断点前后拟合斜率变化明显），它们在 $S_q(r)$ 和 r 的线性关系中表现出显著的变化。对于 WH2 数据，五阶结构函数有一些明显的小波动，并且有几个尺度断点，这可能是由于多个尺度上不同的能量级联方向造成的。YC2 曲线明显平滑，在 3 km 的范围内近似呈线性关系，与图 4.8(b)中的单向能量级联一致。对于 CS2，其线性关系弱于 YC2，强于 WH2，只有一个尺度断点，在 20~30 km 范围内。为了使不同数据集得到的参数具有可比性，考虑到一条曲线上可能存在多个满足线性关系的尺度断点，所以统一将表征几千米范围内的重力波的断点选择为外尺度 R。

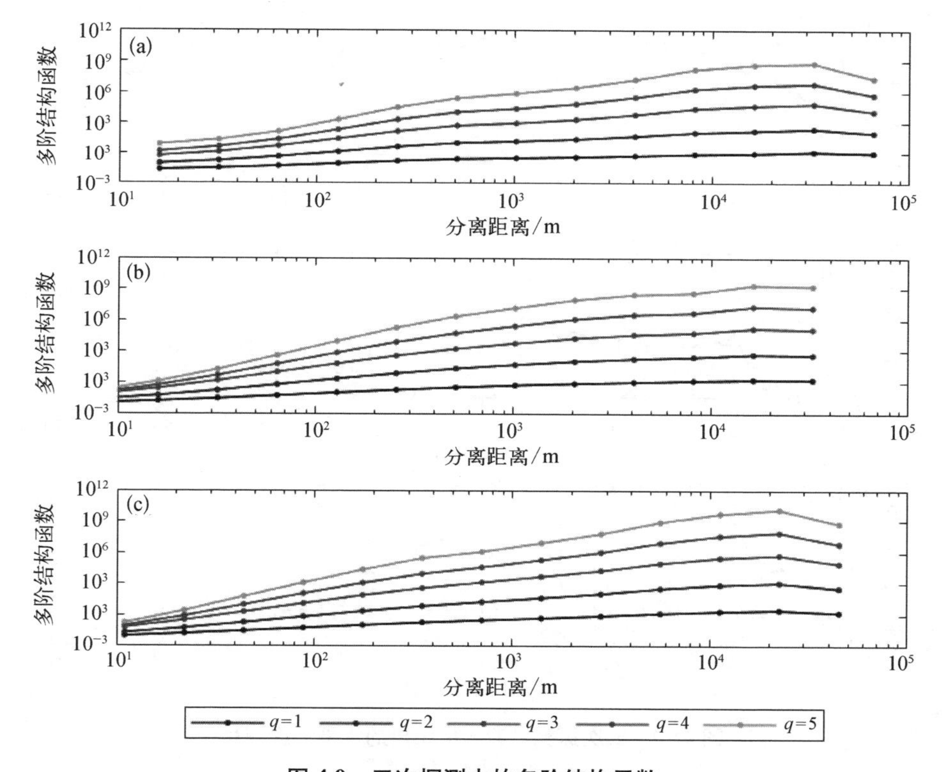

图 4.9　三次探测中的多阶结构函数

为了具体理解这一现象，绘制三组数据的水平速度分量，如图 4.10 所示。r_1、r_2、r_3 和 r_4 对应的是曲线中倾斜较大的区间，这些区间上的速度增量会有较大的梯度，这就形成了图 4.9 中五阶结构函数上的“饱和点”(尺度断点)。随着 r 的增大，五阶结构函数先表现出明显增大的过程，这是由于明显较大的倾角增量(分别对应于 r_1、r_2、r_3 和 r_4 的宽度区间)。当增加到一定值时，三组数据的

五阶结构函数逐渐趋于饱和，为空间平均贡献了固定数量的强扰动事件。对于 YC2，五阶结构函数随着 r 的不断增大而增大。沿着分离距离方向的速度分量 u_L 的最大值和最小值之间的距离分别对应于 r_2 和 r_3。这与图 4.9(b) 中在 16 km 和 32 km 处曲线上的饱和点一致。对于 CS2，后半部分的 $|\delta u(r)|$ 随着 r 的增大而增大，前半部分的 $|\delta u(r)|$ 随着 r 的增大而减小的幅度更大，超过 22 km 分离距离处的饱和点后，五阶结构函数呈下降趋势。

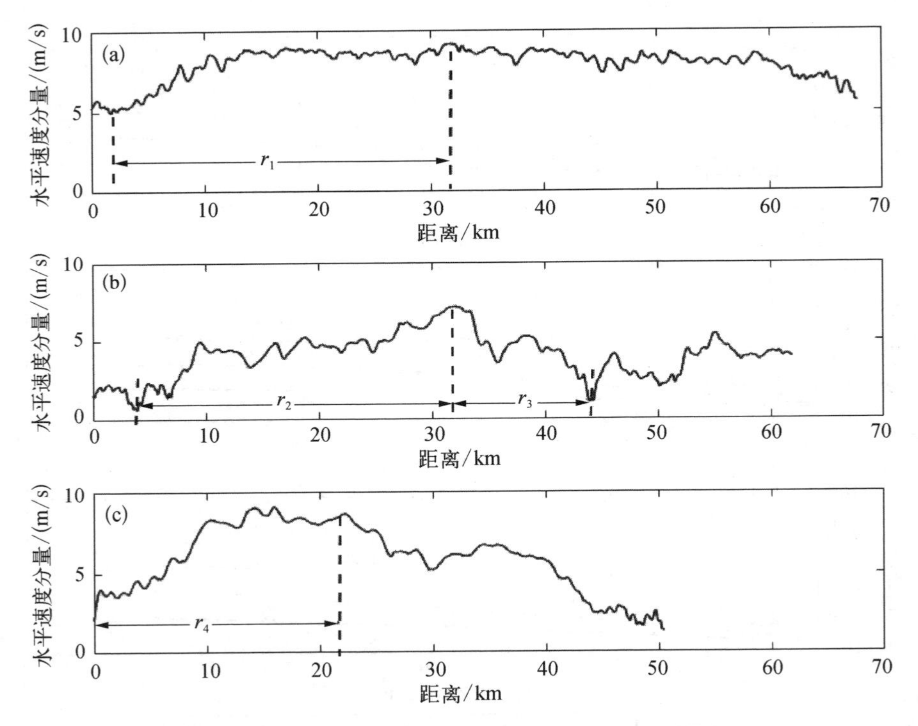

图 4.10 三次探测沿着分离距离的水平速度分量

在本研究中，选择 $H1 = H(1)$ 作为 Hurst 参数。内尺度 η 与外尺度 R 在对数-对数坐标下进行线性回归，得到一阶结构函数。可以表示大气中随机过程的粗糙度(不稳定性)。$H1$ 取值范围为 0~1，较大的值表示更平滑的数据序列。WH2、YC2 和 CS2 的 Hurst 参数分别为 0.50、0.71 和 0.76。为了使结果更具可信度，又以 WH2 数据为例，说明在计算结构函数时，跨越若干分离尺度的集合平均在统计上具有鲁棒性。在每个固定的分离距离 r 处，计算的速度增量 δu_L 从起始点开始依次向后移动，因此即使在最大的分离距离处，也有数量足够的 du_L 的集合。

图 4.11 为从头至尾计算的数据序列上的所有速度增量，对应的分离距离分别为(a) 64 m、(b) 512 m、(c) 4 096 m和(d) 32 768 m，分别为图4.9(a)中的第3、第6、第9、第12个序列点。随着分离距离的增加，相应的速度增量 du_L 的数量逐渐减少。然而，这四种情况下的速度增量依然都保持在足以满足统计特征的数目上。

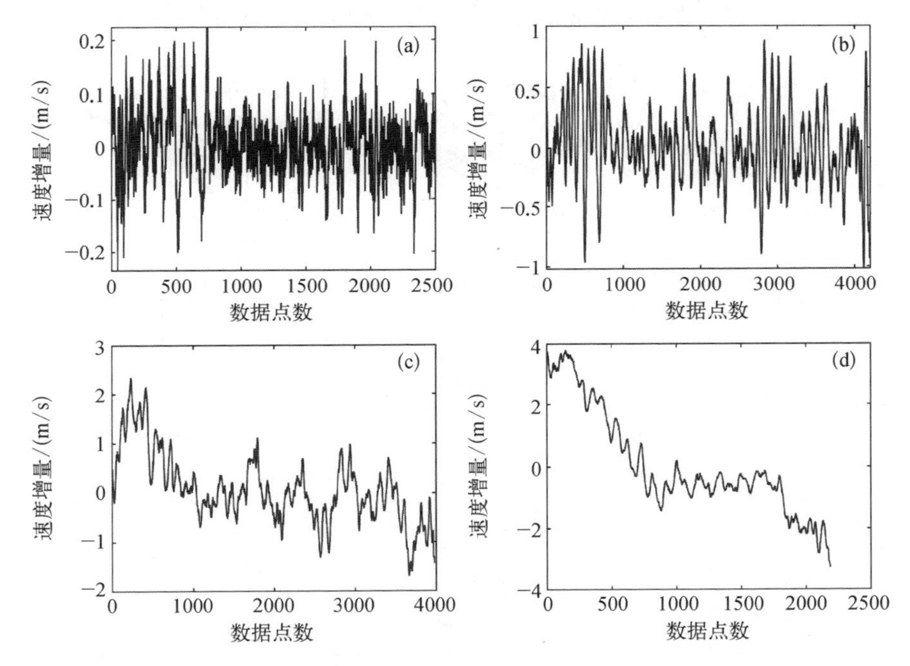

图 4.11　在不同分离距离下的速度增量

从图 4.11 中可以看出，随着分离距离 r 的增大，du_L 集合的整体波动增大，这是由于速度曲线中存在明显的倾斜段，导致 $S_q(r)$ 逐渐增大。因此，这里只讨论小尺度的重力波，对应着几千米左右的分离距离。三阶结构函数在更大尺度(几十千米甚至更大)上的斜率可能会受到平飘高度波动的影响，因此在这里利用速度增量的统计特征所计算的重力波参数仅限于小尺度(几千米)。

4.4.3　重力波的演化特征及奇异测度

由于数据是连续测量的，所以将整个选取出来的平飘数据序列划分成几段是可行的。水平方向的探测距离在几十千米以内，探测时间一般为几个小时。

在此时空分辨率下,划分的分段区间可以代表相邻时段的平飘阶段,也就可以反映波活动随时间的演变特征。由于在 WH2 数据中已经观测到湍流的产生,平飘距离太长,便希望细化观测到的湍流的时段。因此,需要对完整的平飘数据进行分段,然后对每一分段区间分别计算三阶结构函数。WH2 的数据点总数为 4 234。图 4.12(a)~(i)对应的是经过分段后的不同分段区间内的三阶结构函数,每段上的数据点数相同,相邻分段时间和空间上的探测是连续的。

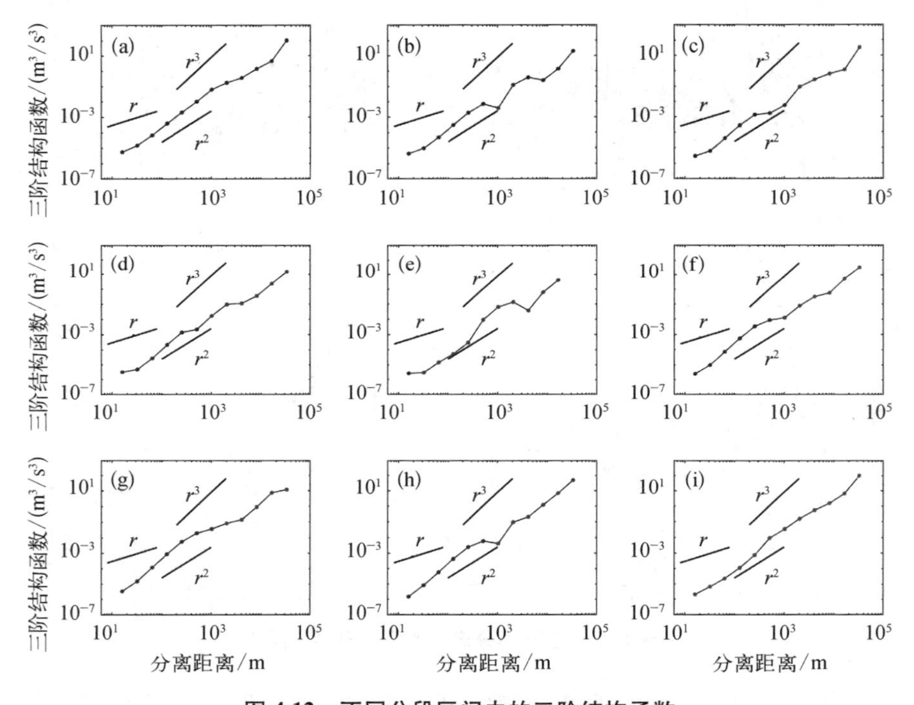

图 4.12 不同分段区间内的三阶结构函数

注:图(a)~(i)的纵坐标轴均为三阶结构函数,单位为 m^3/s^3;横坐标轴为分离距离,单位为 m。

考虑到湍流的发生与小尺度范围内 r 斜率的出现有关,通过观察发现图 4.12(c)~(e)中存在 r 斜率,并且降尺度能量级联随时间也从大尺度向小尺度逐渐扩展。能量传输方向在不同尺度上的不一致也导致了重力波不稳定的发生。然而,只有能量级联的不一致发生在相应的湍流惯性区间内,湍流才会发生。在不同的分段区间内,三阶结构函数上能量级联的不一致性发生在几十米到几百米尺度范围,则有湍流发生;而发生在更大尺度范围上的能量级联的不一致，并不能直接说明产生了湍流。例如，图 4.12(a)显示了在所有尺度上的升尺度能量级联，然后从大尺度波源开始，降尺度能量级联逐渐向小尺度转移［图 4.12(b)和(c)］，最终导致波动不稳定性的增加和湍流的产生。湍流减弱后，重力波扰动逐渐恢复稳定，各尺度上的能量级联方向逐渐恢复如图 4.12(i)所示。此外，结果也表明，不同分段上的数据在斜率和能量级联上确实存在差异，但使用整个数据段（未分段）计算的结果依然可以反映湍流信息（如果存在）。使用整个数据段的三阶结构函数［图 4.8(a)］，既能反映平飘数据的整体特征，又不会遗漏个别数据段上的湍流活动。

除了 Hurst 参数 $H1$ 外，本章中还计算了间歇性参数 $C1$，以反映大气随机过程的统计特征[137]。间歇参数越大，数据序列上的波动越奇异。以 WH2、YC2、CS2 为例，间歇性参数结果绘制如图 4.13 所示。左侧图为多阶奇异测度的结果，右侧图为间歇性参数的结果。

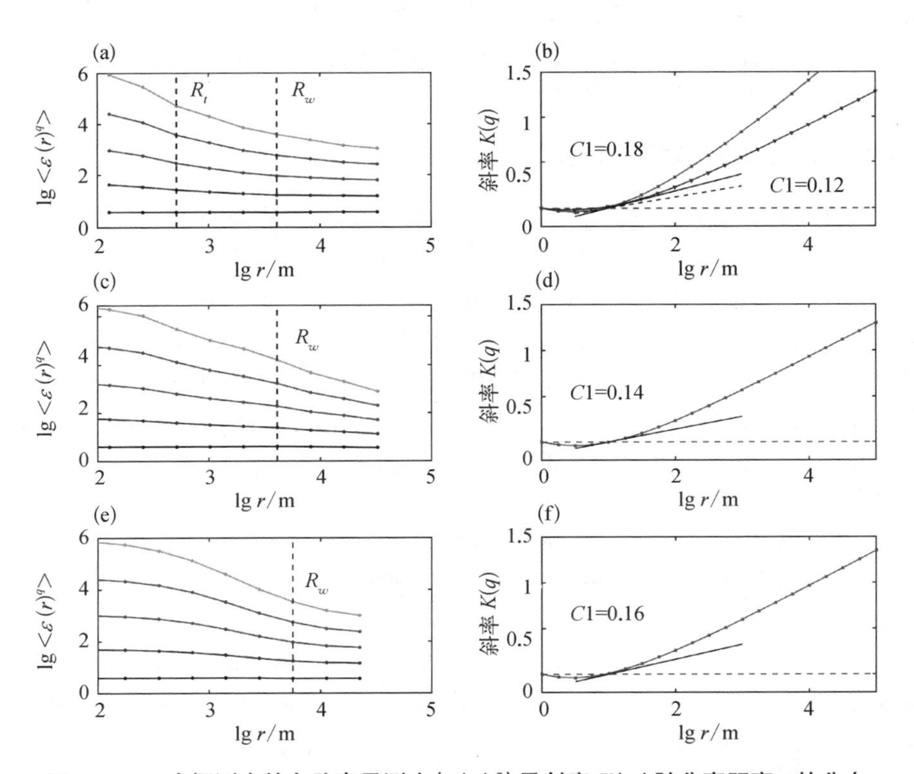

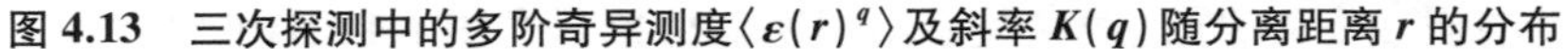
图 4.13　三次探测中的多阶奇异测度 $\langle \varepsilon(r)^q \rangle$ 及斜率 $K(q)$ 随分离距离 r 的分布

图 4.13(a)显示了 WH2 数据在对数-对数坐标系下多阶奇异测量$\langle \varepsilon(r)^q \rangle$与分离尺度 r 的关系。斜率计算结果 $K(q)$ 如图 4.13(b)所示。同样,根据五阶奇异测度$\langle \varepsilon(r)^5 \rangle$,将湍流拟合区间和重力波拟合区间进行区分,即$[\eta, R_t]$和$[R_t, R_w]$,其中下标 t 和 w 分别表示湍流和重力波的外尺度,计算的 $K(q)$ 满足 $K(0)=K(1)=0$。湍流尺度为 512 m,重力波进行线性拟合的尺度范围为 512 m 至 4 km,说明这里计算的间歇性参数仅限于小尺度重力波。湍流和重力波对应的 $C1$ 分别为 0.18 和 0.12。

需要说明的是,左侧图只展示了 $q=1$、$q=2$、$q=3$、$q=4$ 和 $q=5$ 的结果,并在对应的重力波和湍流尺度内通过线性拟合得到斜率值,即 $-K(q)$ 的值。而右图绘制的 $K(q)$ 随 q 的变化曲线,q 的取值从 0 到 5,间隔为 0.25。此时 $K(1)$ 处的斜率来自 $q=0.75$、$q=1$ 和 $q=1.25$ 这三点的线性拟合斜率,这样便得到了间歇性参数 $C1$ 的值。图 4.13(c)(d)和 4.13(e)(f)分别为 YC2 和 CS2 的结果。从比较中可以看出,稳定重力波(0.14)间歇性参数略小于不稳定重力波(0.16)。对于产生了湍流的重力波,在两个尺度范围内分别计算 $C1$,其值在重力波尺度上很小,而在湍流尺度上明显增大。

4.4.4 小尺度重力波的识别

Lu 和 Koch 认为,这种升尺度量级联的存在表明存在开尔文-亥姆霍兹不稳定性[136],他们的观点也有助于解释本研究的结果。因为 $S_3(r)=\langle \delta u_L[(\delta u_L)^2+2(\delta u_T)^2] \rangle$,负值代表 $\delta u_L<0$,表示速度场在 r 的空间尺度上是收敛的(或减速的);正值代表 $\delta u_L>0$,表示速度场在 r 的空间尺度上是发散的(或加速的)。因此,可以认为不同尺度上速度场的收敛和发散的不一致性(即双向能量级联),能够导致重力波内部的不稳定性。需要注意的是,三阶结构函数的曲线在较大的分离距离上会出现明显的波动,线性关系不明显。因此,这里对拟合斜率的表征仅限于几十米到几千米的尺度范围。参考前文中对三组数据的处理方式,又对另外 9 组数据进行同样的分析,结果如图 4.14 所示。当斜率变化明显时,分别用紫色虚线和绿色虚线表示不同拟合区间中线性拟合的结果,每条虚线的旁边都标注了斜率值。

在小尺度范围内(几千米以内),对数坐标系下的分离距离和三阶结构函数的线性关系更为明显,在更大尺度范围内,部分曲线(如 CS1、YC1、YC2、GZ3)出现锯齿状波动,说明随着分离距离的增加,某些倾角的存在会引起局部速度增量 du_L 的剧烈变化,导致线性关系出现明显偏差。在图 4.14 中可以看到类似的关系。产生这种现象的根本原因是气球在平飘阶段的高度是实时波动变化的，因此可能会导致平飘轨迹中的某一小段上的仪器出现相对较强的上下摆动。在使用 RTISS 分析大气扰动特征时，应该始终牢记这一局限性，因为它可能造成三阶结构函数的锯齿状波动。

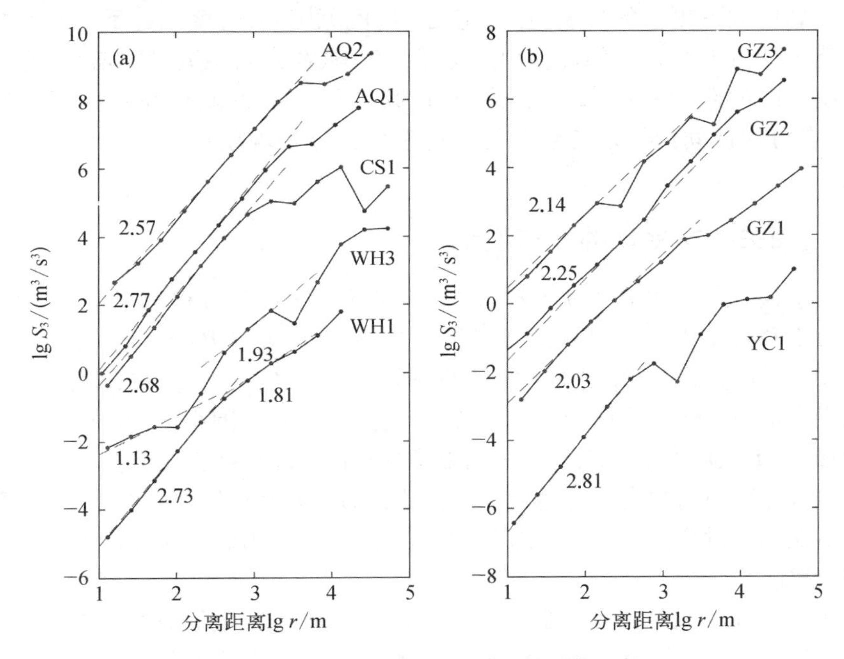

图 4.14　其余九次探测中的三阶结构函数

对于波动呈锯齿状的部分，采用线性回归拟合直线，确定相应部分的斜率，在拟合的虚线旁边标注斜率值。虽然实际拟合的斜率可能与参考斜率 r^1、r^2 或 r^3 并不完全匹配，但也可以从具体斜率值中区分出重力波的不同状态。在进行斜率匹配对重力波状态分类时，最好以线性关系明显的部分作为主要参考（小尺度范围）。例如，图 4.8 中的 YC2 曲线在小尺度（小于 2 km）下遵循 r^3 斜率，在大尺度（大于 2 km）内遵循 r^2 斜率，这一个例被识别为稳定的重力波，小尺度重力波范围遵循 r^3 斜率。虽然在 $r = 16.4$ km 处与周围点相比存在反方向的能量级联，但只能推测在大尺度范围内可能存在不稳定扰动，波源的能量将通过不同尺度波动之间的相互作用逐渐转移到小尺度重力波。但是，本研究主要集中在几千米范围内的小尺度重力波，分类标准中没有考虑更大尺度上的 r^2 斜率。

根据上述判断标准,12 组数据可分为 3 种不同状态的重力波: ① 稳定重力波,WH1、CS1、AQ1、AQ2、YC1、YC2;② 不稳定重力波,GZ1、GZ2、GZ3、CS2;③ 与湍流共存的重力波,WH2 和 WH3。其中,GZ1 和 GZ2 遵循 r^2 斜率,但在重力波尺度内并没有呈现出双向能量级联,这可能有两种解释: ① 能量级联已经扩散到更大或更小的尺度,在选定的 r 尺度范围内,速度场趋于一致,而在 r 尺度范围外可能存在双向能量级联过程;② 随着分离距离 r 的增加,它与相邻尺度之间的距离呈指数级增长,而在其他尺度上可能存在双向能量级联(因为在分段区间内发现了双向能量传输),但这种现象在整个数据序列上被掩盖了。

4.4.5 相关数据处理的补充说明

由于探空系统仍处于实验阶段,不能保证每次释放过程都很顺利,也不能保证每次释放都能取得良好的效果。因此,在分析大量 RTISS 数据之前,先进行一些个例研究,为后续更加系统性的研究提供参考。由于结构函数反映的是数据序列不稳定性的统计特征,本研究只关注几千米范围小尺度的重力波和湍流,因此在更大尺度上平飘高度的明显变化(平飘高度对速度增量统计特征的影响随着分离距离的增加而逐渐增大,如图 4.11 所示)可能导致的结构函数的偏差不在本书讨论范围之内。因此,以小尺度重力波为研究对象的计算结果是合理可靠的。

此外,应该指出的是,在随后的一些研究中,来自超压气球的数据是经过平均的,因为它们的轨迹大致重合(在稳定的纬向环流背景场中)。相比之下,往返式平飘探测系统则是短时间的区域平流层探测。像极区那样稳定且主导的纬向环流在中国很少见到,中国上空的风场轨迹非常不规则,所以需要对原始平飘轨迹进行处理。前文中使用的 12 组个例研究数据是在不同位置、不同高度上的平飘结果。由此可见,无论采用哪种处理方法,误差都是不可避免的。根据平飘段数据的特点,对经纬度进行分解,可以使数据得到充分利用。

4.5 统计结果及其在物质交换和能量传输中的响应

4.5.1 扰动参数的统计结果

为了充分识别 RTISS 系统获取数据中的大气扰动信息,可以考虑结合平飘段和上升段的数据进行分析,下降段数据由于质量相对较差没有包括在内。由于 RTISS 在上升和平飘过程中探测具有时间和空间上的连续性,所以可以近似认为上升段和平飘段捕获的是同一天气系统。而水平方向和垂直方向的扰动信息刚好可以互为补充,这是目前其他单一观测所实现不了的。

当没有湍流发生时(三阶结构函数尾部没有 r 斜率),计算的 $H1$ 和 $C1$ 均返回一个值,这是来自重力波尺度区间线性拟合的结果。当有湍流发生时(三阶结构函数尾部存在 r 斜率),湍流和重力波拟合区间要区分开来,分别计算对应尺度下的斜率。考虑到不同数据的分离距离不同,所计算参数对应的尺度范围会有差异。但是,为了方便比较,这里将最接近 500 m(<500 m)的分离距离 r 作为湍流外尺度 R_t, 将最接近 6 km(<6 km)的分离距离作为小尺度重力波外尺度 R_w。湍流和重力波的拟合区间分别为 $[\boldsymbol{\eta}, R_t]$ 和 $[R_t, R_w]$。在进行统计分析时,为了将没有湍流发生和有湍流发生的重力波进行对比,需要将计算的 $H1$ 和 $C1$ 均统一为相同的拟合区间 $[\boldsymbol{\eta}, R_w]$。当尾部有湍流发生时,在 $[\boldsymbol{\eta}, R_w]$ 区间得到的 $C1$ 值也会更大。为了能从公式(2.18)获得 $[\boldsymbol{\eta}, R_w]$ 区间内的 $C1$, 需要保证 $K(1) = 0$(或者近似接近 0),由此舍去了部分不满足的数据结果。这里 $K(1)$ 近似接近 0,被定义为 $K(1) < 0.02$,当 $K(1)$ 超过该值时,可以直观地看到 $K(q)$ 曲线在 $K(1)$ 处和 0 值明显存在一定距离。这背后的物理解释是,平飘轨迹并不规则,或者实际探测的风速具有过多的野值(从定位数据识别出的异常值)。

速度增量 $\delta u_L(r)$ 是从平飘数据中计算扰动参数的关键物理量,图 4.15 为基于宜昌站点 11 月 8 日的数据计算的速度增量,增量来自从数据序列起始点到末尾点固定分离距离上的速度之差,分离距离分别为(a) 44 m、(b) 352 m、(c) 5 600 m 和(d) 45 056 m。可以看出,在小尺度重力波的分离距离尺度范围内,速度增量具有较好的鲁棒性。事实上,选取最接近 6 km 的分离距离(<6 km)作为小尺度重力波的量化尺度,不仅可以满足参数结果的统计数量,也可以确保速度增量在这一尺度上的鲁棒性。伴随着分离距离的增加,速度增量的波动变得越来越具有可区分度。也就是说,过长的分离距离会造成数据序列的不同位置点上速度增量的明显差异,结果便不再具有鲁棒性,也无法进一步去计算 $H1$ 和 $C1$。因此,对于 6 km 的小尺度重力波的量化识别,将尽可能避免受到平飘高度波动以及气球摆动的影响。

以宜昌站点的个例数据为例,来说明如何识别大气扰动信息,结果如图 4.16 所示。图中(a)为多阶结构函数,(b)为三阶结构函数,(c)为多阶奇异

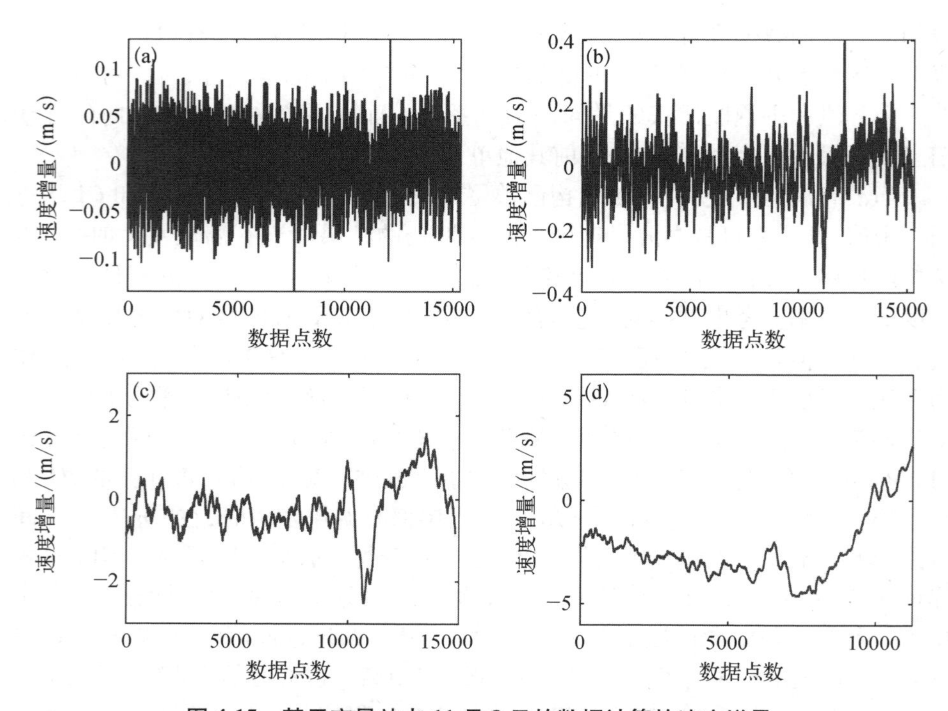

图 4.15　基于宜昌站点 11 月 8 日的数据计算的速度增量

测度,(d)为斜率 $K(q)$ 随阶数 q 的变化。首先,利用该站点 11 月 8 日下午的数据来获取 Hurst 参数 $H1$ 和间歇性参数 $C1$。利用 $q=1$ 的 $S_q(r)$ 曲线进行线性拟合,可以得到 $H1$,值为 0.68[图 4.16(a)]。对于三阶结构函数,可以看到降尺度能量级联(从大尺度到小尺度),伴随着明显的 r_3 斜率,意味着在可解析的尺度上没有湍流的发生[图 4.16(b)]。图 4.16(c)展示了 q 阶奇异测度 $\langle \varepsilon(r;x)^q \rangle$ 和分离距离 r 在对数坐标系下的关系。图中给出了 $q=1$、$q=2$、$q=3$、$q=4$ 和 $q=5$ 的曲线,斜率值可以在选取的重力波尺度范围内(黑色虚线的左侧)通过线性拟合被获得,分别为 $-K(1)$、$-K(2)$、$-K(3)$、$-K(4)$ 和 $-K(5)$。然后,$K(q)$ 随阶数 q 的变化进一步绘制如图 4.16(d)所示,其中 $q=0$, 0.25, 0.5, …, 5。$K(q)$ 曲线在 $q=1$ 处的拟合斜率来自 $q=0.75$、$q=1$ 和 $q=1.25$ 这三点的线性拟合,斜率值 $K(1)$ 被定义为间歇性参数 $C1$。使用 4.4 节所提出的对重力波状态的识别判据,可以将该个例识别为稳定重力波,量化 $(H1, C1)$ 参数空间的重力波尺度为 5.1 km。

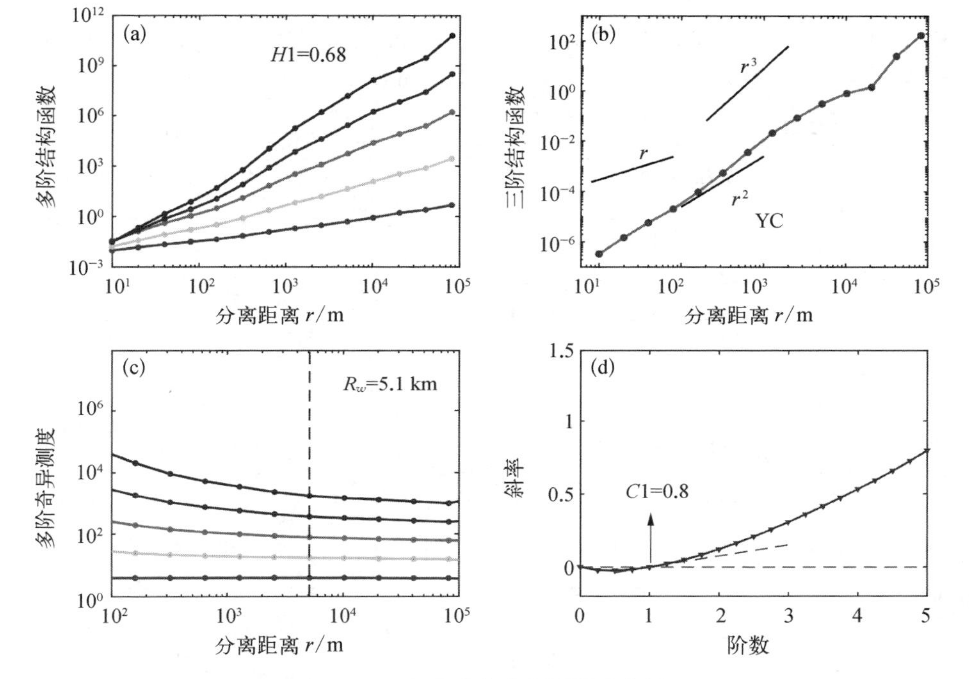

图 4.16　宜昌站点稳定重力波个例

图 4.17 分别展示了重力波和湍流共存[图 4.17(a)~(d)]以及不稳定重力波[图 4.17(e)~(h)]的个例。宜昌站 10 月 15 日的数据被识别为重力波和湍流共存的情形,伴随的尺度是 5.1 km。重力波被量化为(0.59,0.10),其中前一个值是 $H1$,后一个值是 $C1$。宜昌站 11 月 3 日的数据被识别为不稳定重力波,重力波被量化为(0.50,0.12),伴随的尺度为 3.1 km。

通过比较图 4.15 和图 4.16 的结果,可以从多阶结构函数(三阶结构函数)的特定尺度上看到明显的谱形差异。这主要来自纵向风速分量数据序列上的明显倾角所造成的风速 $u_L(r)$ 在特定距离上显著的增加量或者减少量。考虑到 $S_q(r)=\langle|\delta u_L(r)|^q\rangle$,当在特定分离距离 r 上具有明显的拐点,这意味着在这个尺度上,所有速度增量的集合中有某些速度增量的突然增加或减少。

上述三个个例水平速度纵向分量 u_L 沿着纬向分离距离的变化以及对应的平飘轨迹如图 4.18 所示。对于稳定重力波(宜昌站点 11 月 8 日),平飘轨迹近似沿着准直线运动[图 4.18(b)],反映的是单一物理流区,意味着大气风

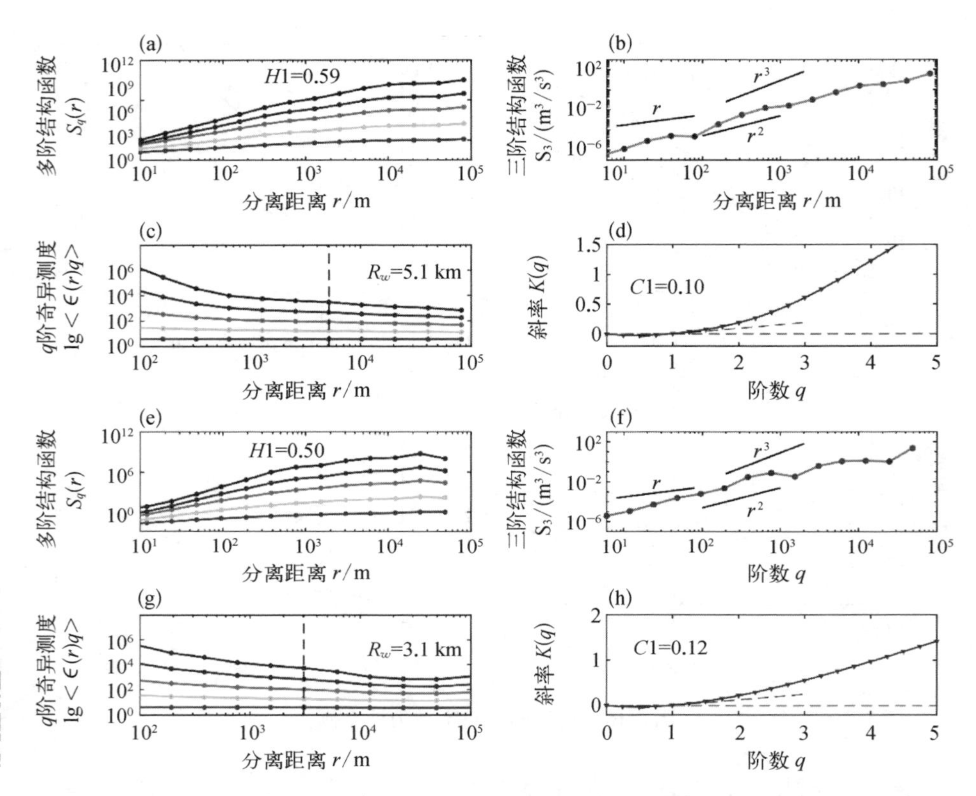

图 4.17 宜昌站点不稳定重力波以及重力波和湍流共存的个例

注：图(a)~(d)为宜昌站点 10 月 15 日下午 31.6 km 高度的数据；图(e)~(h)为宜昌站点 11 月 3 日上午 25.0 km 高度的数据。

场波动的内部不稳定相对较弱。对于重力波和湍流共存(宜昌站点 10 月 15 日)，以及不稳定重力波(宜昌站点 11 月 3 日)的情形，平飘轨迹发生了明显偏转[图 4.18(d)和(f)]，表明探测区域包含不同的物理流区，这意味着大气风场波动的内部不稳定性相对较强。显然，这也造成了谱形状上的锯齿结构和三阶结构函数在能量级联方向上的不一致。

所以，当平流层波扰动信息相对较为抽象时，可以用上述两个参数对扰动强度进行量化，从而进行不同个例之间的比较。考虑到风速的计算来自定位系统的坐标，因此必须确保没有野值对结果造成干扰。相邻时间定位坐标的差值可以识别定位数据的异常情况，即相邻时刻经度或纬度的差值是否有明显的野

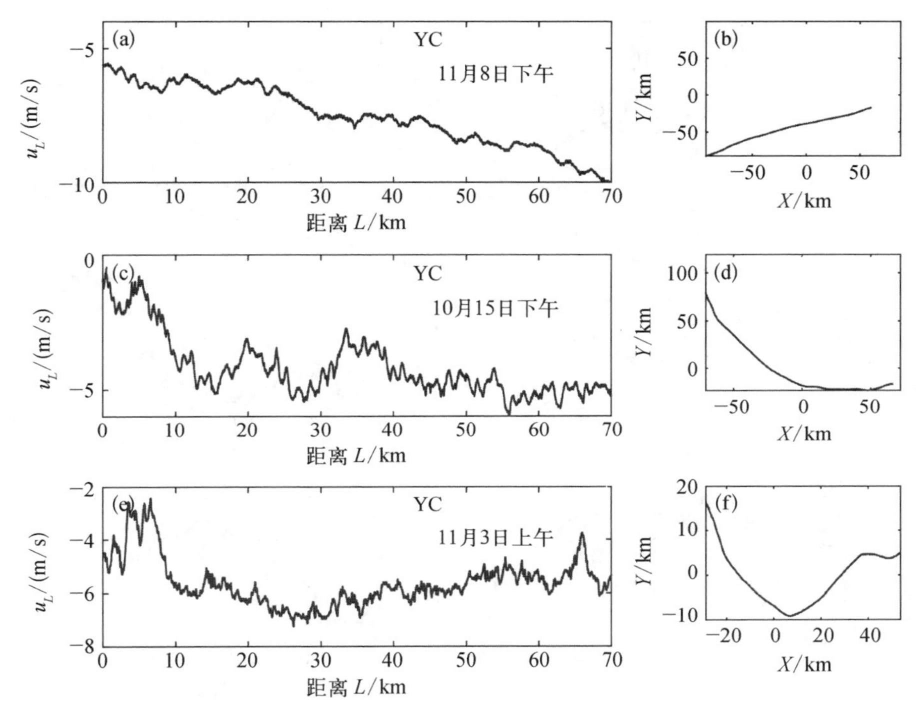

图 4.18　三个个例水平速度纵向分量 u_L 沿着纬向分离距离的变化(左侧)以及对应的平飘轨迹(右侧)

值。以图 4.19 为例,分别展示了定位数据异常和正常的情形。图 4.19(a)、(c)、(e)分别为定位数据异常情形下风速、纬度和经度在相邻时刻的差值,(b)、(d)、(f)分别为定位数据正常情形下风速、纬度和经度在相邻时刻的差值。可以看出,当定位数据异常时,差分结果在异常时刻前后具有明显偏离趋势的野值。而当定位数据正常时,探空仪实时接收的位置信号是连续渐变的,所以差分结果随时间的变化平稳,且没有野值的出现。基于该判断方法,可以提前舍去数据质量异常的个例。遗憾的是,这些定位数据异常很难通过质量控制来很好地消除,因为过平滑和过拟合会带来别的问题,例如消除掉本应保留的趋势和局部波动。所以在本章的处理中,直接排除了这些由于仪器自身原因造成的数据质量存在问题的个例。

图 4.20(a)和(b)分别显示了来自六个站点的所有数据的 Hurst 参数和间歇参数的直方图。在夏季, $H1$($C1$) 值主要集中在 0.6~0.8(0.08~0.16)范围

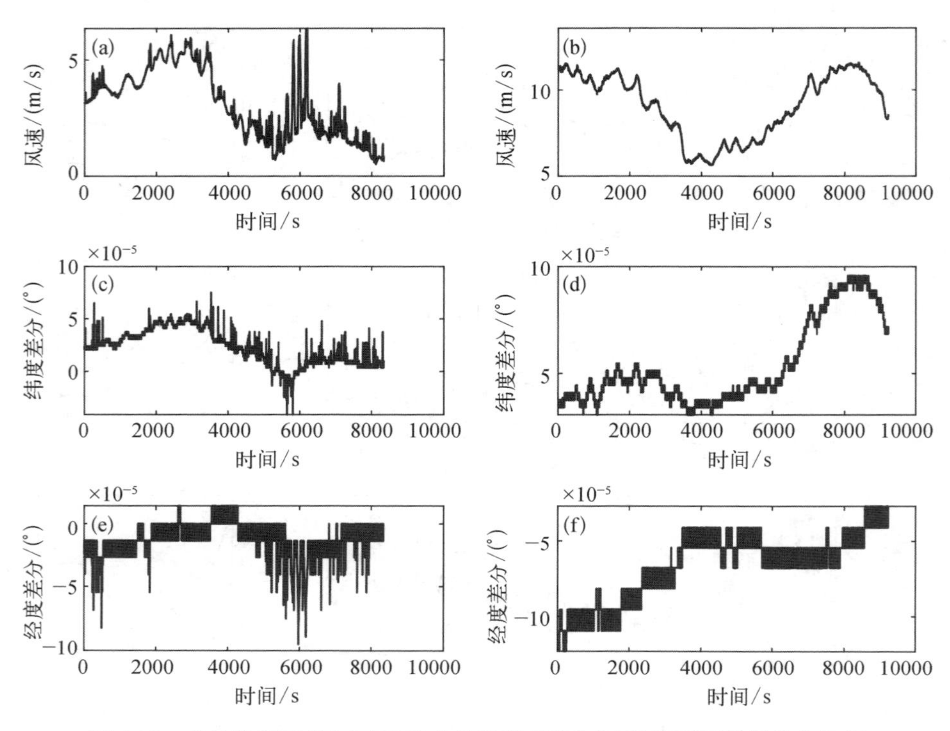

图 4.19 定位数据异常(左侧)和定位数据正常(右侧)情形下数据差分结果

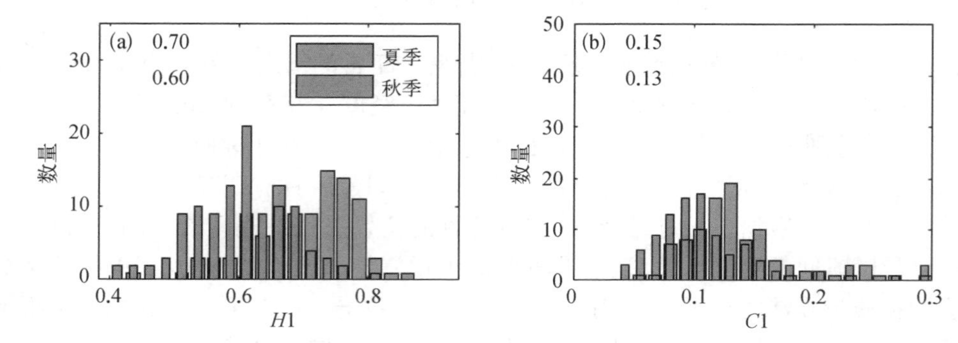

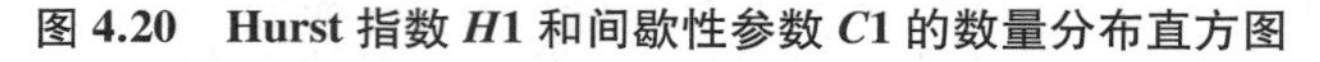
图 4.20 Hurst 指数 $H1$ 和间歇性参数 $C1$ 的数量分布直方图

内;而在秋季,$H1$($C1$) 值主要集中在 0.5~0.7(0.06~0.14)范围内。与夏季相比,秋季的平流层波扰动具有较低的 $H1$ 和 $C1$ 分布。秋季 $H1$ 分布较低是合理的,因为秋季六个地点的平飘轨迹较不规则。轨迹的明显变化(远离先前的直线方向)说明检测到的数据包含不同的物理流区,表明背景风场波动的内部不稳定性和数据的多重分形特征[136]。

除了平飘阶段的扰动参数,上升段的重力波和湍流扰动特征可以分别用速度图分析和 Thorpe 分析方法[132,133]进行相应的计算,由此获取垂直方向的惯性重力波及湍流参数特征,如图 4.21 所示。惯性重力波的提取区间为 18~25 km,为了排除气球随机运动和湍流噪声干扰造成的误差,将上升段的数据插值到 50 m 的间隔后进行重力波参数的提取。获得参数包括垂直波长、水平波长、固有频率、传播方向、动能、势能和动量通量等。基于 Thorpe 分析,从排序后的位温廓线可以识别湍流层,进而获取 Thorpe 长度、湍流层厚度、湍流动能耗散率、湍流扩散系数等参数。利用优化滤波和统计检验识别由湍流层造成的真实翻转和由仪器噪声以及气球运动造成的虚假倒置[133]。考虑到湍流活动的高度间

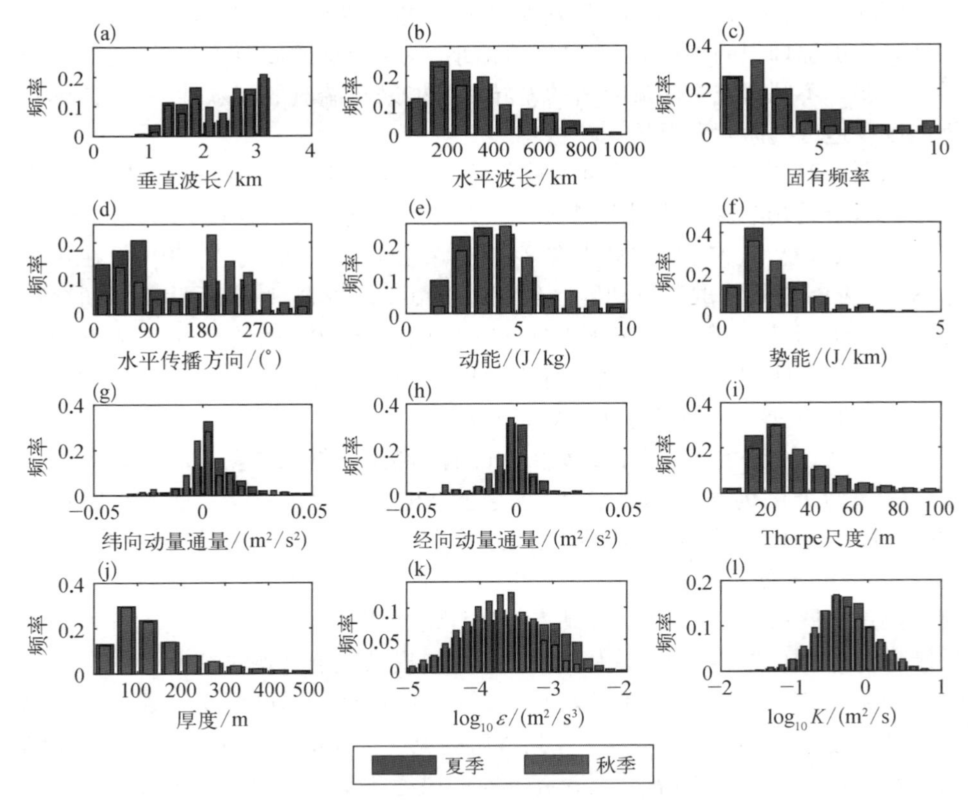

图 4.21　上升阶段垂直方向探测的大气扰动参数分布

歇性,这里获取的湍流参数的统计结果来自每条廓线中 15~25 km 高度区间上非零值(湍流存在)区域平均后的结果。

图 4.21 中,(a) 代表垂直波长,(b) 代表水平波长,(c) 代表固有频率,(d) 代表水平传播方向,(e) 代表动能,(f) 代表势能,(g) 代表纬向动量通量,(h) 代表经向动量通量,(i) 代表 Thorpe 尺度,(j) 代表湍流层厚度,(k) 代表湍流动能耗散率,(l) 代表湍流扩散系数。惯性重力波在夏季和秋季的波长、固有频率和能量差别不大。夏季具有更强的动量通量,显示出明显的正向偏移,净纬向动量通量向东,平流层背景风场东风占主导。惯性重力波在夏季和秋季的主导传播方向相反,分别为东北向和西南向,这是由于“临界层滤波”[32]的作用。背景风场过滤掉和水平传播方向与其一致的重力波,允许传播方向与其相反的重力波上传。对于来自小尺度湍流的扰动而言,夏季和秋季的湍流尺度和湍流厚度也没有明显区别。而和夏季相比,秋季的湍流动能耗散率和湍流扩散系数具有更加理想的高斯分布,且峰值偏小,说明秋季的波源更加单一,且湍流活动更弱。不同研究中湍流峰值的差异性可能来自湍流的间歇性特征、传感器性能以及地区的激发源差异[23,181]。

在图 4.21 的结果中,惯性重力波的垂直波长集中在 1~3 km 的范围,和中国地区基于无线电探空数据观测到的平流层惯性重力波的尺度(1.5~3 km)相当[208]。波动能和势能分别集中在 2~6 J/kg 和 0~2 J/kg 的范围内,而在热带地区,平流层的惯性重力波动能已经超过 10 J/kg[209],意味着低纬度区间存在更多强烈的重力波活动。基于 RTISS 获取的湍流动能耗散率 $\lg \varepsilon$ 位于 $-5 \sim -2\ m^2/s^3$ 的范围,这与基于无线电探空数据,从美国获取的 $-4 \sim -0.5\ m^2/s^3$[23]和从关岛获取的 $-6 \sim 0\ m^2/s^3$ 的分布结果相当[22]。

六个站点上空的 $H1$(左侧纵轴)、$C1$(右侧纵轴) 结果如图 4.22 所示。红色矩形框内的个例为选取的平飘高度接近的相邻时次的探测,便于对比不同($H1$,$C1$) 背后的三阶结构函数以及风速扰动。相比于不稳定重力波和重力波与湍流共存的情形,稳定重力波具有更大的 $H1$ 和更小的 $C1$。 这是利用气球观测手段首次展示了较为全面(多站点,多时次)的平流层水平方向的大气扰动特性结果,可为中国区域平流层大气环境的认知提供一个直观的参考。

图 4.23 对应图 4.22 中标注红色矩形框内的个例,用以对比相邻时次探测的扰动参数 ($H1$, $C1$) 具体差异及其背后的风速扰动情况。其中左侧为三阶结构函数的结果,右侧为沿着分离距离方向的风速扰动的结果。上半部分为夏季长沙、南昌、武汉和宜昌的四组对照结果,下半部分为秋季安庆、赣州、南昌和宜

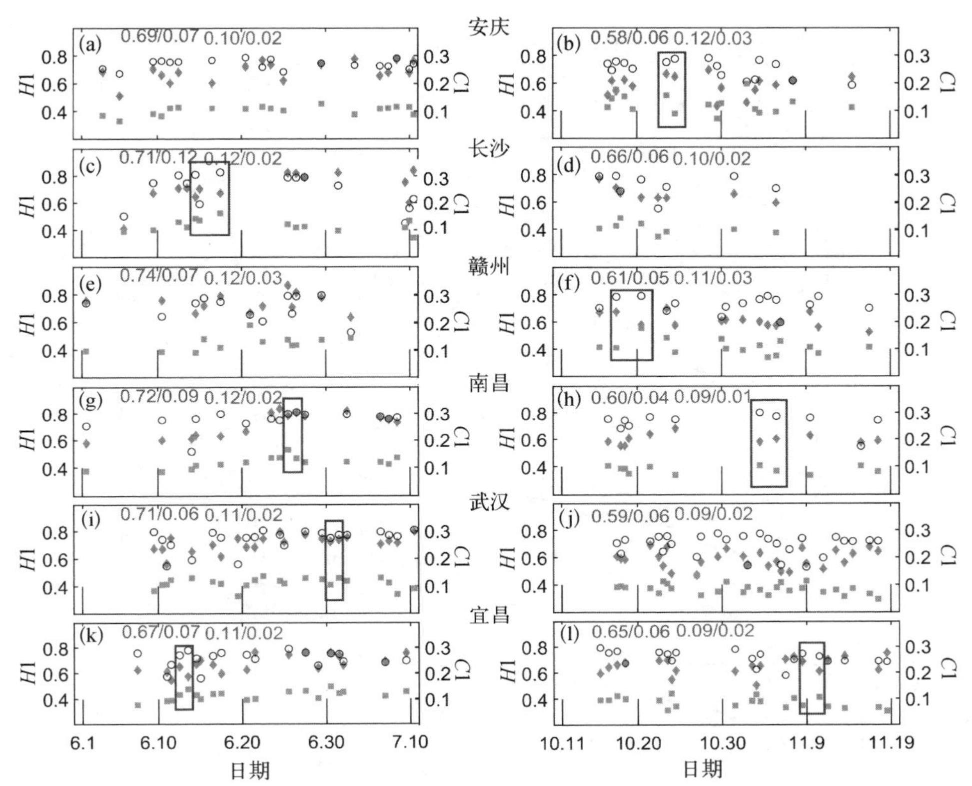

图 4.22　六个站点上空不同时次获取的大气扰动参数及平飘高度

昌的四组对照结果。每个站点选取的相邻两个探测时次对应的平均平飘高度、探测时间、$H1$、$C1$ 以及重力波状态（稳定、不稳定和重力波+湍流）均在图中标出。在图 4.23 中，稳定重力波表示为 stable GW，不稳定重力波表示为 unstable GW，重力波+湍流表示为 GW+TB。

$H1$ 的取值与数据序列的平滑度有关，即波动趋势上叠加的波包越密集，$H1$ 越小。$C1$ 的值与数据序列的奇异度有关，即局部区域中明显偏离平均状态的扰动越多，$C1$ 值越大。图 4.23 中紫色圆圈凸显的是扰动序列的局部区域（造成 $C1$ 值偏大的局部）。以赣州秋季的两个个例为例，与 10 月 17 日下午的探测相比，10 月 20 日的探测具有较小的 $H1$ 和较大的 $C1$。10 月 20 下午的数据序列更粗糙，波包更密集，局部区域有更明显的偏离平均状态的强扰动。

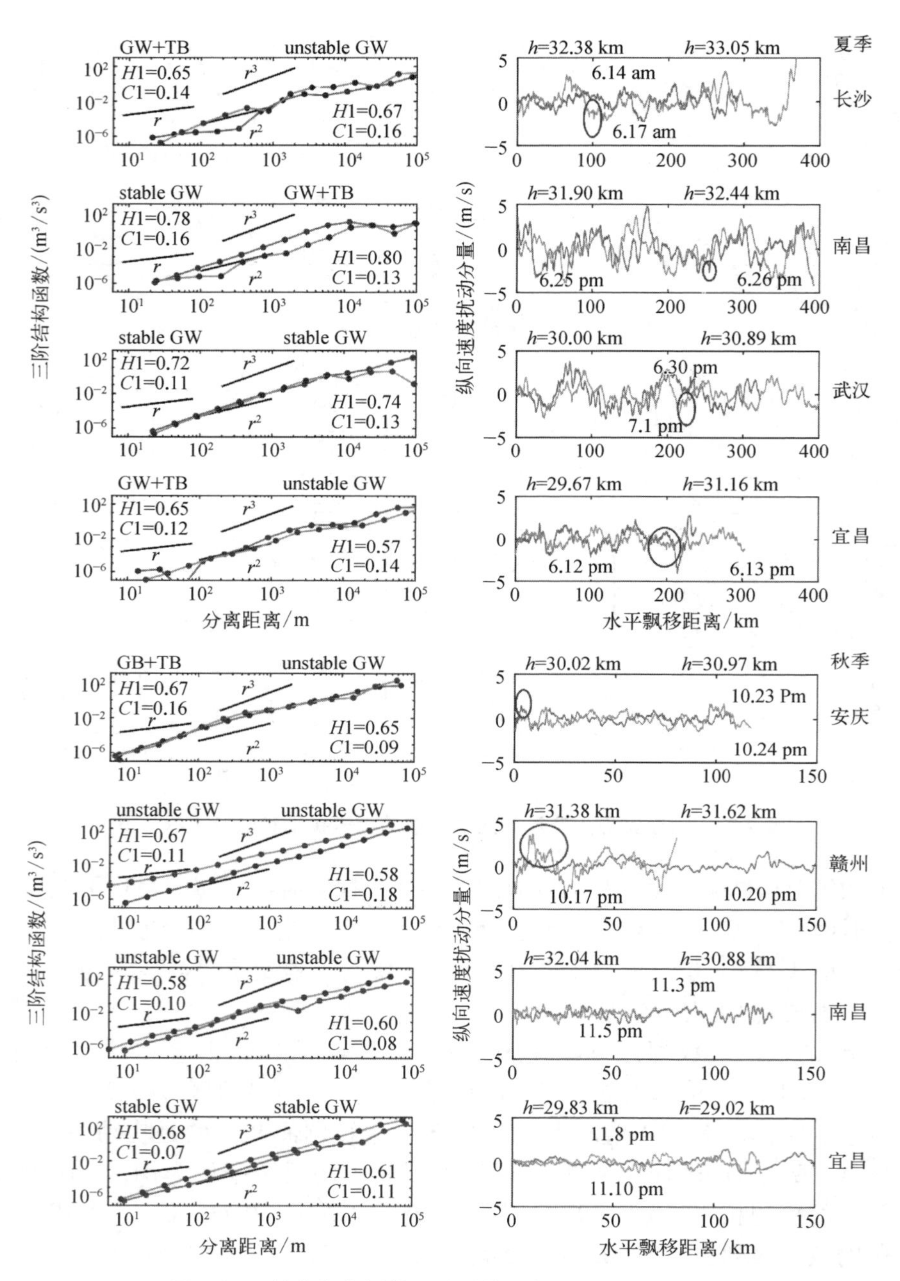

图 4.23 所选出个例的三阶结构函数和纵向速度扰动

4.5.2 多尺度波动之间的潜在联系

尽管关于波扰动的量化有不同的方法，但是将不同剖面的观测结果相联系仍然是一个难点和观测上的空缺。本小节以获取的 RTISS 探测结果为契机，展示了不同量化方式获取的波扰动之间的可能联系，结果如图 4.24 所示。图中分别展示了(a) $H1$ 和 $C1$，(b) $C1$ 和高度，(c) $H1$ 和高度，(d) 波动量通量和 $C1$，(e) 波能量和 $C1$，(f) 水平波长和 $C1$，(g) $H1$ 和 KHI($0<Ri<0.25$ 的比例)，(h) ε 和 KHI，以及(i)水平波长和 KHI 的散点分布图，其中蓝色代表夏季，红色代表秋季。动量通量为纬向动量通量和经向动量通量之和，能量为重力波动能和势能之和，ε 为湍流动能耗散率，KHI 为开尔文-霍尔兹曼不稳定。(a)~(c)中的蓝色、红色和黑色直线分别代表夏季、秋季和全部数据的线性拟合结果，相关系数 R 和线性拟合斜率 k 在图中列出，粗体代表显著相关($p<0.05$)。

这里需要说明的是，基于平飘段数据提取的波扰动特征反映的是水平尺度为几千米的小尺度高频重力波，而基于上升段数据提取的波扰动特征反映的是水平尺度为几百到上千千米的惯性重力波。$H1$ 和 $C1$ 之间没有明确的线性相关性[图 4.24(a)]，主要原因是间歇性参数反映的是湍流的扰动强度，而湍流具有高度的间歇性和随机性，所以 $C1$ 随高度变化并不显著[图 4.24(b)]。相比之下，$H1$ 和高度之间具有显著的正相关关系[图 4.24(c)]，说明随着高度的增加，数据序列越光滑，不稳定性越弱。

由于样本数量的限制以及探测对象的不同，两个变量之间的线性相关性可能并不显著，所以这里更多的是关注它们之间的变化趋势。基于上升段的垂直廓线可以得知，随着 $C1$ 的增加，惯性重力波的动量通量、能量以及水平波长这三个参数都更加集中于更低的值域范围[图 4.24(d)~(f)]。考虑到平流层中的波扰动很可能和开尔文-霍尔兹曼不稳定(KHI)密切相关[53,136]，这里用 15~25 km 之间 $0<Ri<0.25$ 的比例来反映开尔文-霍尔兹曼不稳定，以探究其与大气扰动之间的联系。随着 KHI 的增加，惯性重力波的水平波长在减小[图 4.24(i)]，而小尺度重力波的波包更加粗糙[图 4.24(g)]。湍流动能耗散率随着 KHI 的增加先增加后减小，这是因为 KHI 增加有利于湍流的生成，但当 KHI 达到某一阈值后，湍流层不能被维持而开始衰减，造成了湍流活动的减弱[175]。由此发现，平流层水平方向上小尺度重力波的不稳定性增强会伴随下方惯性重力波的活动而减弱。由于惯性重力波的作用，在不稳定切变中出现的 KHI 很可能是传播到更高高度的小尺度高频重力波的激发源。这一现象也在中间层及以上高度通过仿真试验中被证实[210]。

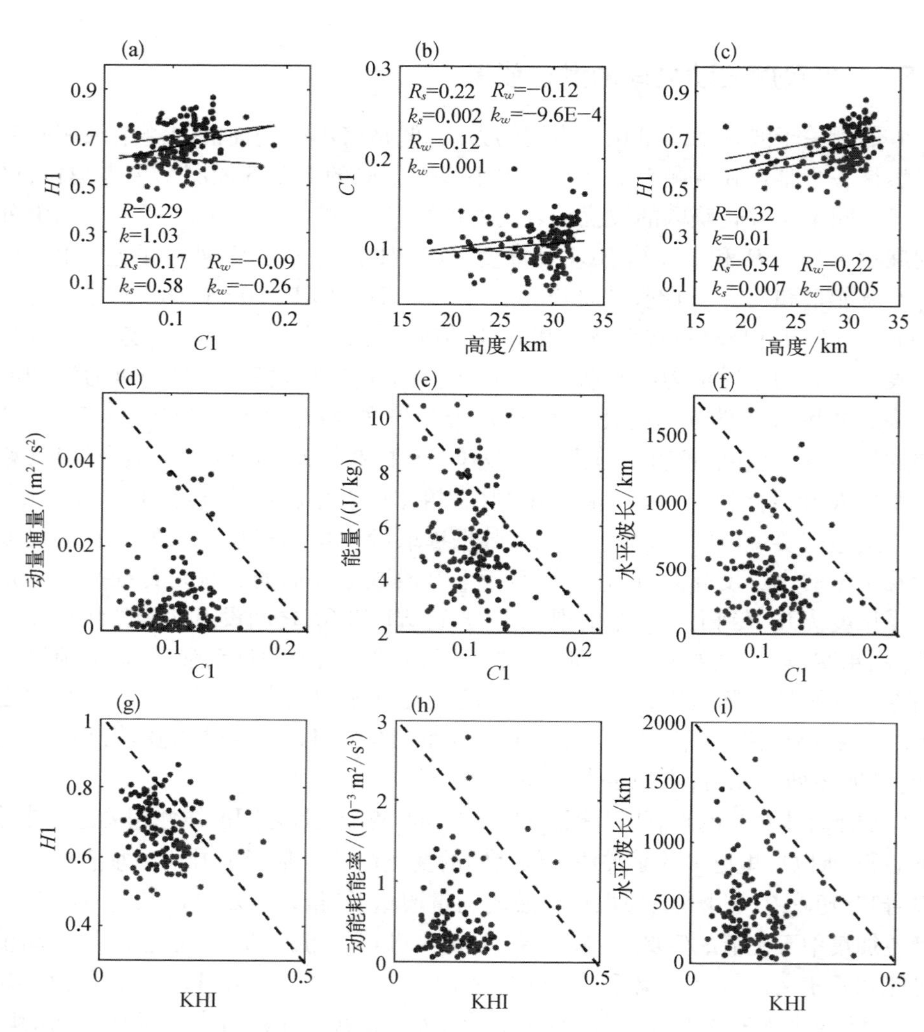

图 4.24 不同波参数之间的散点关系图

4.5.3 参数空间和臭氧传输的关系

平流层中的臭氧输送以及变化趋势一直是平流层研究中关注的重要问题之一，它在全球大气的辐射平衡中发挥着重要作用，与全球变暖密切相关[211]。臭氧混合率和位势涡度具有良好的一致性，是研究平流层物质输送过程的良好指标[212,213]。考虑到重力波过程对于臭氧的上下层交换起到了重要的作用[214]，于是本章希望探究所定义的重力波量化指标与臭氧输送之间是否存在着联系。基于 ERA5 再分析数据，筛选出平流层不同气压层与探测结果相匹配的臭氧质量混合比和位势涡度。平飘探测的释放时次分为早晚两个时段，释放时间基本都在 23:00 UTC（北京时间 7 点）和 11:00 UTC（北京时间 19 点），将接近 1 小时的上升时间考虑进去，平飘段数据刚好对应 ERA5 的 00:00 UTC 以及 12:00 UTC。然后根据平飘段数据所覆盖的经纬度区间，将 ERA 再分析资料中的臭氧质量混合比和位势涡度进行区域平均，计算得到不同气压层（10 hPa、20 hPa、30 hPa、50 hPa、70 hPa、100 hPa）的匹配结果。

间歇性参数 $C1$ 与臭氧质量混合比、位势涡度这两个指标之间的相关性如图 4.25 所示。分别为 6 个站点上空夏季和秋季（总共 12 个簇）的（a）间歇性参数 $C1$，以及（b）10 hPa、（c）20 hPa、（d）70 hPa、（e）100 hPa 的臭氧质量混合

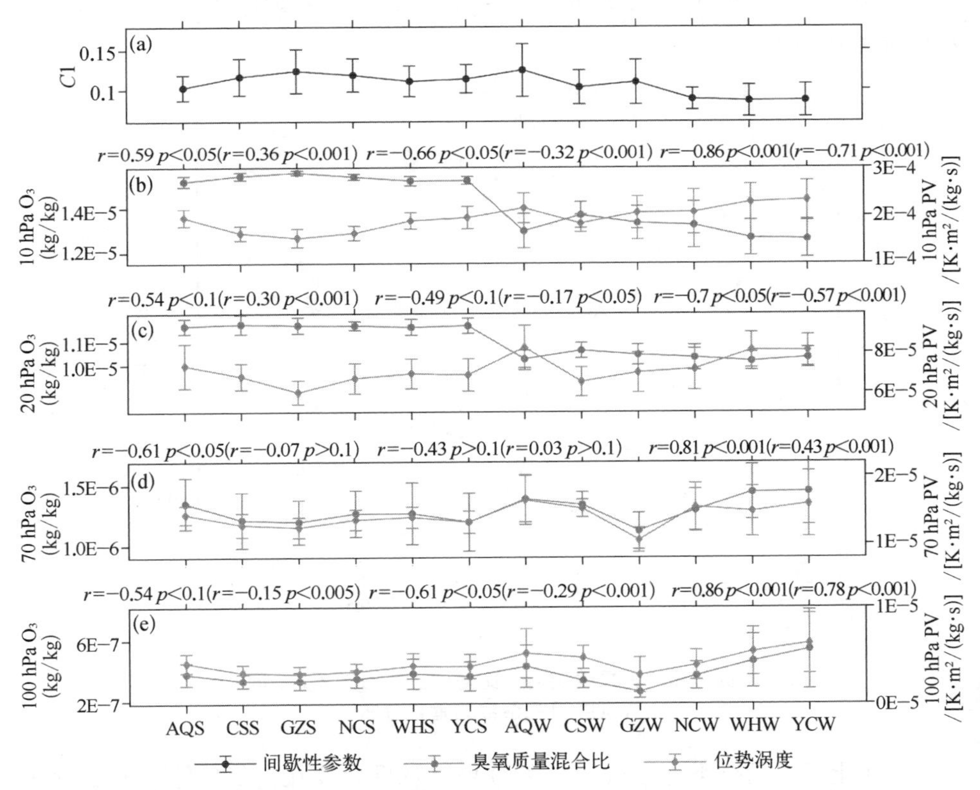

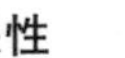

图 4.25　间歇性参数（$C1$）、臭氧质量混合比（O_3）以及位势涡度（PV）之间的相关性

比和位势涡度(PV)的误差棒图。子图上方标注的蓝色、黄色和黑色注释分别表示臭氧质量混合比与间歇性参数、位势涡度与间歇性参数,以及臭氧质量混合比与位势涡度之间的皮尔逊相关系数和显著性水平(括号外的是 12 个簇的平均值的相关性,共有 12 个值;括号内的是 12 个簇的所有值的相关性)。这里只展示了四个气压层的相关性,30 hPa 和 50 hPa 气压层没有绘制是因为部分要素相关性并不显著,同时选取展示的气压层分别在平飘高度之上和平飘高度之下,以便与小尺度重力波观测的 *C*1 高度范围区分开来。

同时,将六个站点上空夏季和秋季(总共 12 个簇)的臭氧质量混合比与间歇性参数 *C*1 的皮尔逊相关系数在不同气压层的垂直分布绘制如图 4.26 所示。当臭氧质量混合比与间歇性参数 *C*1 样本平均值(12 个)以及总样本的皮尔逊相关系数均显著($p<0.1$)时,认为该情形下小尺度重力波扰动 (*C*1) 与对应气压层上的臭氧浓度变化密切相关,此时相关系数的值被保留,否则将相关系数设定为 0。

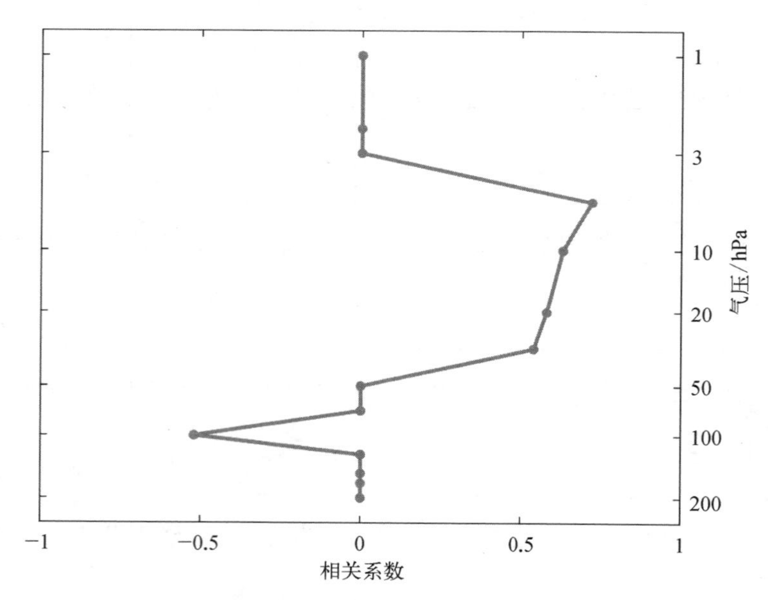

图 4.26 臭氧质量混合比与间歇性参数 *C*1 不同气压层相关系数的垂直分布

整个上升–平飘–下降三段式探测过程以及重力波在臭氧传输和能量输送中的作用机制如图 4.27 所示。在平流层低层,臭氧和位涡的变化具有显著正相关，而在平流层中层，两者的变化具有显著负相关。对于平飘阶段探测到的小尺度重力波，间歇性越强，平流层中的位涡越弱，伴随着惯性重力波的减少[215]。这与图 4.24 中更高的 $C1$ 对应着下方更低的惯性重力波能量的结果是相吻合的。小尺度重力波的间歇性越强，下方大气的臭氧含量越少，而上方的臭氧含量越多，从而形成自下而上增强的臭氧输送，$C1$ 的值和上(下)方臭氧变化的显著正(负)相关佐证了这一论点(图 4.26)。

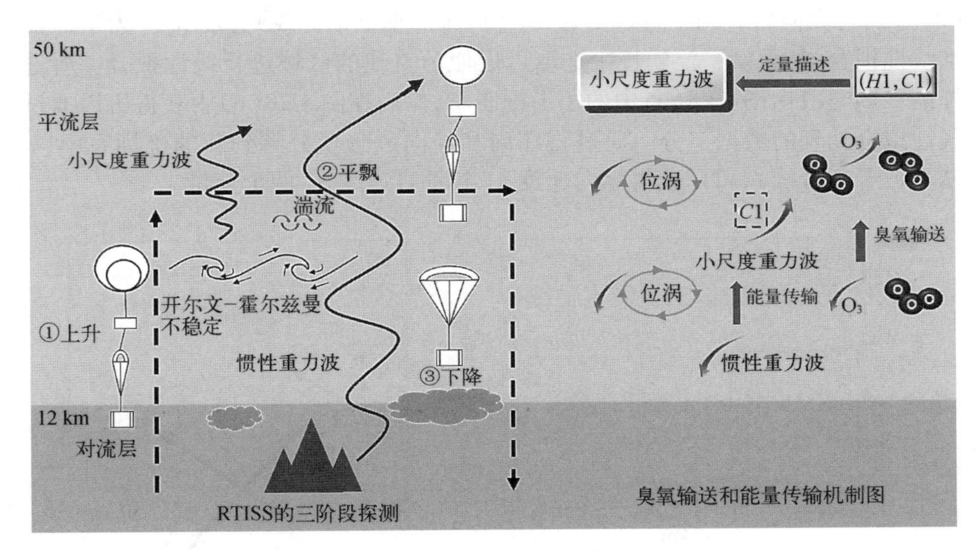

图 4.27 RITSS 探测过程及重力波在臭氧传输和能量输送中的作用机制

结果表明，基于平飘气球探测到的平流层小尺度重力波和 KHI 存在联系，之前的研究也证实了这一点。惯性重力波对臭氧的输送能力在上传过程中由于临界层滤波作用而减弱，相比之下，高频、小尺度重力波能够传播到更高的高度[210]。和小尺度重力波紧密相关的臭氧输送发生在 100 hPa 和 10 hPa 之间，对应着平流层低层(100 hPa)上传惯性重力波的减弱和由 KHI 激发的小尺度重力波的增强，具有更高相速度的小尺度波能完成向平流层中层(10 hPa)的臭氧输送，最终耗散在背景风场中[216,217]。增强的 $C1$ 伴随着下方惯性重力波能量的减弱，也揭示了能量从大尺度波向小尺度波的转移。

4.5.4 单物理流区结果的计算

两个尺度上的三阶结构函数显示为能量级联方向的不一致性，与不同的物理流区有关[136]。在气球观测中,这种不同的物理流区将由弯曲(非线性)轨迹表示。因此,为了保留对不同物理流区的这种识别,选择了纬向或经向投影(其可以将弯曲轨迹分解为纬向或经向)。在本节中,我们还使用线性拟合的方法来显示单个物理流区的计算结果。

以 2018 年 10 月 15 日的 YC 探测结果为例说明该方法,如图 4.28 所示。图 4.28(a)和(b)分别为准线性拟合之前和之后 XOY 平面上的平飘轨迹,(c)和(d)分别为纵向(沿着拟合线)速度 u_L 和垂向(垂直拟合线)速度 u_T。为了保证准线性拟合,从原始平浮轨迹中选取可近似为直线的区域进行线性拟合。所选择的平飘时段由图 4.28(a)中的矩形框表示,然后在图 4.28(b)中获得可以通过线性拟合处理的数据部分。通过将纬向和经向风分量分解到新的坐标系中(X 轴平行于拟合线),可以获得纵向速度 u_L 和垂直速度 u_T 两个分量。

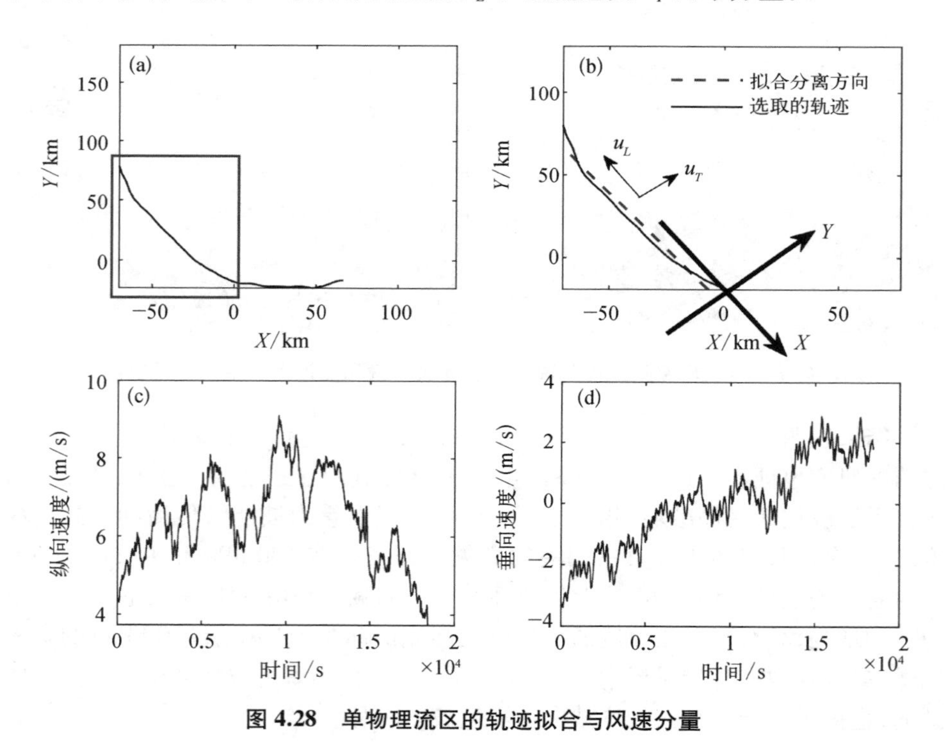

图 4.28 单物理流区的轨迹拟合与风速分量

由此,进一步获得单物理流区中的三阶结构函数和斜率 $K(q)$ 曲线,如图 4.29 所示。图 4.29(a)和(b)中标注的分别为计算得到的 $H1$ 和 $C1$ 的值。

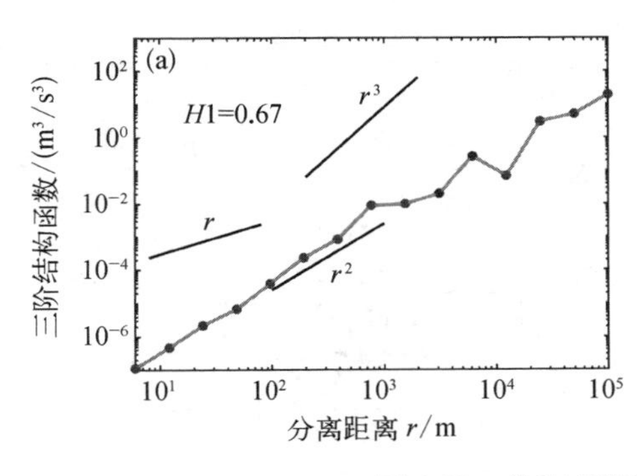

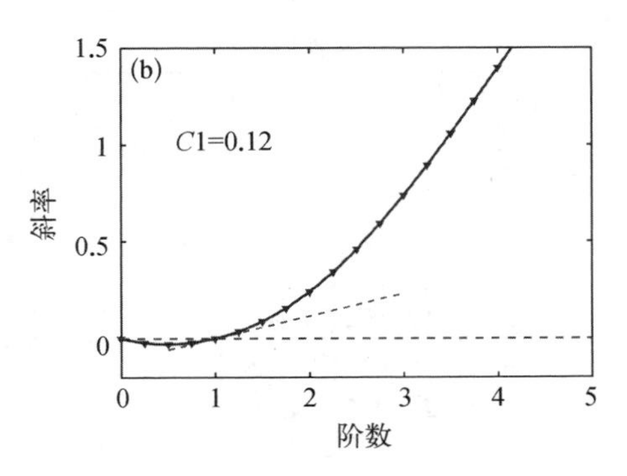

图 4.29　单物理流区的 $H1$ 和 $C1$ 参数

与多物理流区的纬向投影[图 4.17(b)和(d)]相比,单物理流区的计算结果在 $H1$ 和 $C1$ 上可能不同,特别是 $H1$。造成这一结果的原因是,在线性拟合过程中,舍去了明显偏离直线的平飘轨迹段。根据式(2.9)可知,相邻尺度上速度的收敛和发散之间的不一致导致内部不稳定。气球本身随风运动,所以当速度场突然发生变化时,平飘的轨迹自然会发生变化。如果轨迹方向比较单一(单物理流区),线性拟合方法实际上可以得到更精确的结果。然而存在的问题是,由于许多弯曲轨迹在筛选后被舍掉,因此所获得的结果也不适合内部的比较。而这些不规则弯曲的轨迹也可能包含重要的扰动信息。与单物理流区的最佳线性拟合相比,采用多物理流区中的纬向或经向投影可以说是一种折衷的办法。不仅可以保留更多的样本,而且可以保留弯曲/不规则轨迹背后的扰动信息。

当然,鉴于样本数量有限以及垂直和水平方向上的不同的扰动提取方法,这些多尺度波动之间的潜在联系可能不显著。然而,如果仅考虑动能,则惯性重力波和小尺度重力波扰动之间的线性关系可能是显著的(小尺度重力波中扰动参数的计算仅从风速获得),如图 4.30 所示。图 4.30(a)为线性拟合前(多物理流区)动能 E_k 和间歇性参数 $C1$ 的统计结果的散点图,(b)为线性拟合后(单物理流区)动能 E_k 和间歇性参数 $C1$ 的统计结果的散点图。可以看出,无论是单物理流区还是多物理流区,动能和间歇性参数 $C1$ 的线性拟合关系都是显著的,都为负相关,且拟合斜率接近(分别为-0.24 和-0.27)。这也表明小尺度重力波的增强确实伴随着惯性重力波的减弱。说明在惯性重力波和小尺度重力波之间,发生了能量的转移,即大尺度的惯性重力波为小尺度重力波的能量源。

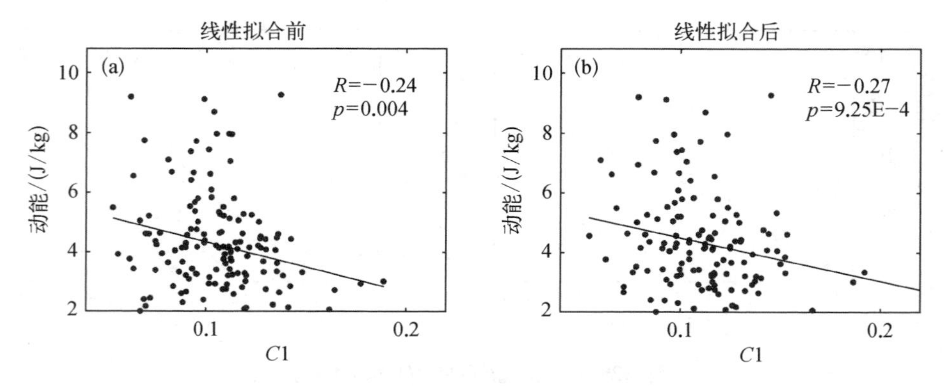

图 4.30 动能和间歇性参数在线性拟合前后的散点图

4.6 扰动参数的准拉格朗日测量

4.6.1 测量方法改进

根据平飘气球在探测过程中随风飘移的特征，可以近似认为气球在大气流体中作准拉格朗日运动，于是这里尝试探究在时间坐标系下，用结构函数和奇异测度的方法进行大气扰动的提取效果如何。将上述方法结合时间坐标进行分析，得到该分析方法的变体如下：

（1）获取平飘气球平飘阶段的原始探测数据，利用标准差法剔除原始探测数据中的野值点，并按照时间序列对原始探测数据进行重新插值，得到插值后的探测数据，对插值后的探测数据进行水平一致性检验，得到检验后的探测数据。

（2）根据预处理后的探测数据构建时间坐标系下不同方向的多阶结构函数，得到纬向多阶结构函数和经向多阶结构函数，表示为

$$S_q(\tau) = \langle | u_L(t+\tau) - u_L(t) |^q \rangle = \langle | \delta u_L(\tau) |^q \rangle = C_q \tau^{\zeta(q)} \qquad (4.4)$$

其中，$S_q(\tau) = \{S_{qX}(\tau), S_{qY}(\tau)\}$ 表示 q 阶结构函数，$S_{qX}(\tau)$ 表示纬向 q 阶结构函数，$S_{qY}(\tau)$ 表示经向 q 阶结构函数；u_L 表示预处理后的探测数据中沿着水平方向的准拉格朗日测量结果，$\delta u_L(\tau)$ 表示与位置无关的 u_L 的统计特征；t 表示时间；τ 表示分离时间，τ 的取值为 2^ns，$n=0, 1, \cdots, N$，N 由预处理后的探测数据的最大数据长度决定；C_q 表示常数；$\zeta(q)$ 表示与阶数 q 有关的函数。

（3）分别根据纬向 q 阶结构函数和经向 q 阶结构函数对预处理后的探测数据进行粗糙程度分析，得到 q 阶 Hurst 参数，表示为

$$H(q)=\frac{\zeta(q)}{q} \tag{4.5}$$

其中，$H(q)=\{H_X(q),\ H_Y(q)\}$，表示 q 阶 Hurst 参数，$H_X(q)$ 表示纬向 q 阶 Hurst 参数，$H_Y(q)$ 表示经向 q 阶 Hurst 参数。选取 $q=1$ 时的纬向 q 阶 Hurst 参数作为纬向 Hurst 参数，表示为 $H_X1=H_X(1)$；选取 $q=1$ 时的经向 q 阶 Hurst 参数作为经向 Hurst 参数，表示为 $H_Y1=H_Y(1)$，且 $H_X(1)$ 和 $H_Y(1)$ 的值位于 0 至 1 之间。

（4）分别根据纬向 q 阶结构函数和经向 q 阶结构函数对预处理后的探测数据进行粗糙程度分析，得到纬向间歇性参数和经向间歇性参数，表示为

$$C1=1-\lim_{q\to 1}D(q)=\lim_{q\to 1}\frac{K(q)}{q-1}=K'(1) \tag{4.6}$$

其中，$C1=\{C_X1,\ C_Y1\}$ 表示间歇性参数，C_X1 表示纬向间歇性参数，C_Y1 表示经向间歇性参数；$D(q)=1-\dfrac{K(q)}{q-1}$，表示 q 阶广义维；$K(q)$ 表示 q 阶曲线；$K'(1)$ 为 q 阶曲线在 $q=1$ 处的线性拟合斜率。

具体来讲，时间坐标系下的间歇性参数的计算步骤修改如下：

首先，利用纬向二阶结构函数和经向二阶结构函数定义非负的归一化的梯度场测量为

$$\varepsilon(\eta;t)=\frac{|\delta u_L(t,\eta)|^2}{\langle|\delta u_L(t,\eta)|^2\rangle},\ \eta\leqslant t\leqslant X-\eta \tag{4.7}$$

其中，X 是预处理后的探测数据的最大时间序列长度；$\eta=4l$ 表示四倍奈奎斯特频率；l 表示时间分辨率为 1 s。

根据 $\varepsilon(\eta;t)$ 获取的不同分离时间 τ 下的梯度场测量可以用时间平均后的结果表示：

$$\varepsilon(\tau;t)=\frac{1}{\tau}\int_t^{t+\tau}\varepsilon(\eta;t')\mathrm{d}t',\ \eta\leqslant t\leqslant X-\tau \tag{4.8}$$

其中，$(\eta;t')$ 表示尺度为四倍奈奎斯特（Nyquist）频率的梯度场测量在 $[t,t+\tau]$ 范围内 t' 处的值；$\varepsilon(\tau;t)$ 表示四倍奈奎斯特频率尺度梯度场在分离距离 τ 下空

间平均后的结果,波动的自相似性使 q 阶测量表示为

$$\langle \varepsilon(\tau;t)^{q} \rangle = \langle \varepsilon(\tau)^{q} \rangle \propto \tau^{-K(q)},\ q \geqslant 0 \tag{4.9}$$

其中,$\langle \varepsilon(\tau)^{q} \rangle$ 为 $\langle \varepsilon(\tau;t)^{q} \rangle$ 通过集合平均得到的单点矩的特性,通过线性拟合不同阶数 q 下的 $\varepsilon(\tau)$ 曲线,可以得到 q 阶曲线 $K(q)$,根据 $K(q)$ 计算 q 阶广义维,进而计算得到间歇性参数。

(5) 将纬向 Hurst 参数 H_X1 和纬向间歇性参数 C_X1 进行组合,形成纬向参数空间 (H_X1, C_X1),将经向 Hurst 参数 H_Y1 和经向间歇性参数 C_Y1 进行组合,形成经向参数空间 (H_Y1, C_Y1)。根据纬向参数空间 (H_X1, C_X1) 和经向参数空间 (H_Y1, C_Y1),提取得到平飘气球探测过程中正交方向上的大气扰动特征。

在获取的平飘数据足够好,可以作为准水平运动,且时间尺度大于四倍奈奎斯特频率,计算间歇性参数的过程中 $K(1) < 0.02$ 的前提下,采用本方法可以获取任意时间尺度下的扰动特征。但是,考虑到不同数据的分离距离不同,所计算的扰动参数对应的尺度范围会有差异,通过将扰动参数统一为相同的拟合区间,可以自适应不同时间尺度上的扰动强度。具体地,这里将 64 s 的分离时间 τ 作为湍流外尺度 R_t,将 8 192 s 的分离时间 τ 作为小尺度重力波外尺度 R_w,在计算时,将小尺度重力波的扰动参数均统一为相同的拟合区间 $[\eta, R_w]$,将湍流惯性区域的扰动参数均统一为相同的拟合区间 $[\eta, R_t]$。

进一步的,对于多阶结构函数,当阶数为 3 时,还可以利用利用三阶结构函数来提取气球平飘探测过程中风速扰动的频谱信息。三阶结构函数作为有效诊断大气扰动的方法,既可以通过谱斜率反映重力波和湍流的活动特征,也可以通过值的正负来反映能量传输的方向,计算如下:

$$S_3(\tau) = \langle [\delta u_L(\tau)]^3 \rangle + 2\langle \delta u_L(\tau)[\delta u_T(\tau)]^2 \rangle = -\frac{4}{3}\varepsilon\tau \tag{4.10}$$

其中,$\langle \cdot \rangle$为系综平均;τ 为分离时间。当沿着纬向计算扰动参数时,L 为 X 方向,T 为 Y 方向;当沿着经向计算扰动参数时,L 为 Y 方向,T 为 X 方向。$\delta u_L(\delta u_T)$ 是一个数据集合,包含了平行于(垂直于)L 方向所有格点上时间间隔为 τ 的速度之差。在三阶结构函数的尾部(湍流惯性区),τ 斜率代表着湍流活动的发生,而在更广阔的重力波尺度范围内,τ^2 斜率和 τ^3 斜率分别代表着不稳定和稳定的重力波。根据这一判据可以确定平流层重力波的状态以及是否伴随着湍流的发生。$S_3(\tau)$ 为正值代表着升尺度能量级联,为负值代表着降尺度

能量级联，由此可以获取能量传输的方向。

概况来讲，考虑平飘气球自身随背景风场飘移的特点，利用时间坐标进行分析更能凸显平飘气球准拉格朗日测量的优势，进一步地根据预处理后的探测数据构建时间坐标系下的纬向多阶结构函数和经向多阶结构函数，并根据两个正交方向上的多阶结构函数分别对预处理后的探测数据进行粗糙程度分析和奇异测度分析，得到两个正交方向上的 Hurst 参数和间歇性参数。最后，利用两个正交方向上的 Hurst 参数和间歇性参数构建参数空间，根据参数空间提取得到平飘气球探测过程中的大气扰动特征。相比前几节中利用空间坐标系的分析技术，采用时间坐标系的分析技术能够通过在时间坐标系下对平飘气球探测数据开展多阶结构函数分析，获取正交方向的扰动参数，并构建参数空间来准确捕获大气扰动特征。

4.6.2　测量结果分析

为了说明这一方法的分析结果，便在时间坐标下选取个例进行大气扰动参数的计算。基于宜昌站点 11 月 8 日下午探测获取的多阶结构函数、三阶结构函数、多阶奇异测度以及斜率 $K(q)$ 随阶数 q 的变化如图 4.31 所示。

沿着 X（纬向）方向计算的多阶结构函数 $S_q(\tau)$ 随阶数 q 的变化如图 4.31(a)所示，利用 $q=1$ 的 $S_q(\tau)$ 曲线进行线性拟合，可以得到 $H1$，值为 0.72。图 4.31(b)为沿着 X（纬向）方向计算的三阶结构函数随阶数 q 的变化图，在整个重力波范围内均为单向能量级联，倾向于 τ^3 斜率。图 4.31(c)为沿着 X 方向计算的多阶奇异测度随阶数 q 的变化图，图 4.31(d)为沿着 X 方向计算的斜率 $K(q)$ 随阶数 q 的变化图，计算得到的间歇性参数 $C1$ 在湍流（C_t）和重力波范围内（C_w）分别为 0.13 和 0.05。由此，可以将 X 方向的扰动划分为稳定重力波。图 4.31(e)为沿着 Y 方向计算的多阶结构函数随阶数 q 的变化图，$H1$ 为 0.56，在整个重力波范围内存在双向能量级联，倾向于 τ^2 斜率。图 4.31(f)为沿着 Y 方向计算的三阶结构函数随阶数 q 的变化图，图 4.31(g)为沿着 Y 方向计算的多阶奇异测度随阶数 q 的变化图，图 4.31(h)为沿着 Y 方向计算的斜率 $K(q)$ 随阶数 q 的变化图间歇性参数，$C1$ 在湍流（C_t）和重力波范围内（C_w）分别为 0.13 和 0.05。由此，可以将 Y 方向的扰动划分为不稳定重力波。值得说明的是，尽管该次探测在正交方向上的重力波扰动具有各向异性（X 方向上的稳定波扰动和 Y 方向的不稳定波扰动），但是由于湍流子区间没有强烈湍流的发生（τ 斜率），所以两个方向在重力波和湍流区域内的间歇性参数几乎是一样的。

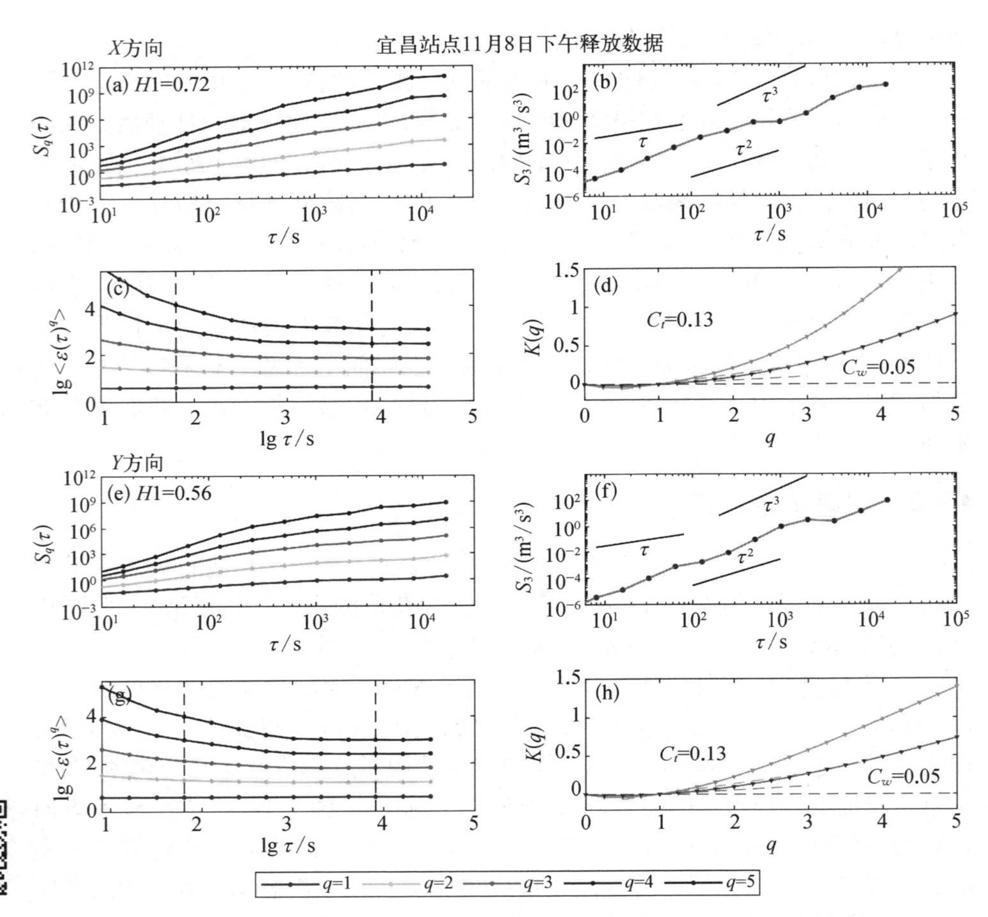

图 4.31 宜昌站点 11 月 8 日下午准拉格朗日测量获取的大气扰动结果

图 4.32 展示了基于宜昌站点 10 月 15 日下午探测获取的 X(纬向)方向和 Y(经向)方向的不稳定重力波示意图。如图 4.25(a)~(h)所示,X 方向的 $H1$ 值为 0.50, C_t 和 C_w 分别为 0.17 和 0.08,三阶结构函数具有双向能量级联,斜率倾向于 τ^2 斜率;此时 Y 方向的 $H1$ 值为 0.58, C_t 和 C_w 分别为 0.18 和 0.11,三阶结构函数呈现单向能量级联,斜率倾向于 τ^2 斜率。该次探测在正交方向上的湍流和重力波具有各项同性,即 X 和 Y 方向均为不稳定重力波。且此时不稳定重力波的尾部湍流子区间虽然没有强烈湍流发生,但是和图 4.31 所示的稳定重力波相比,间歇性参数的值均增加。

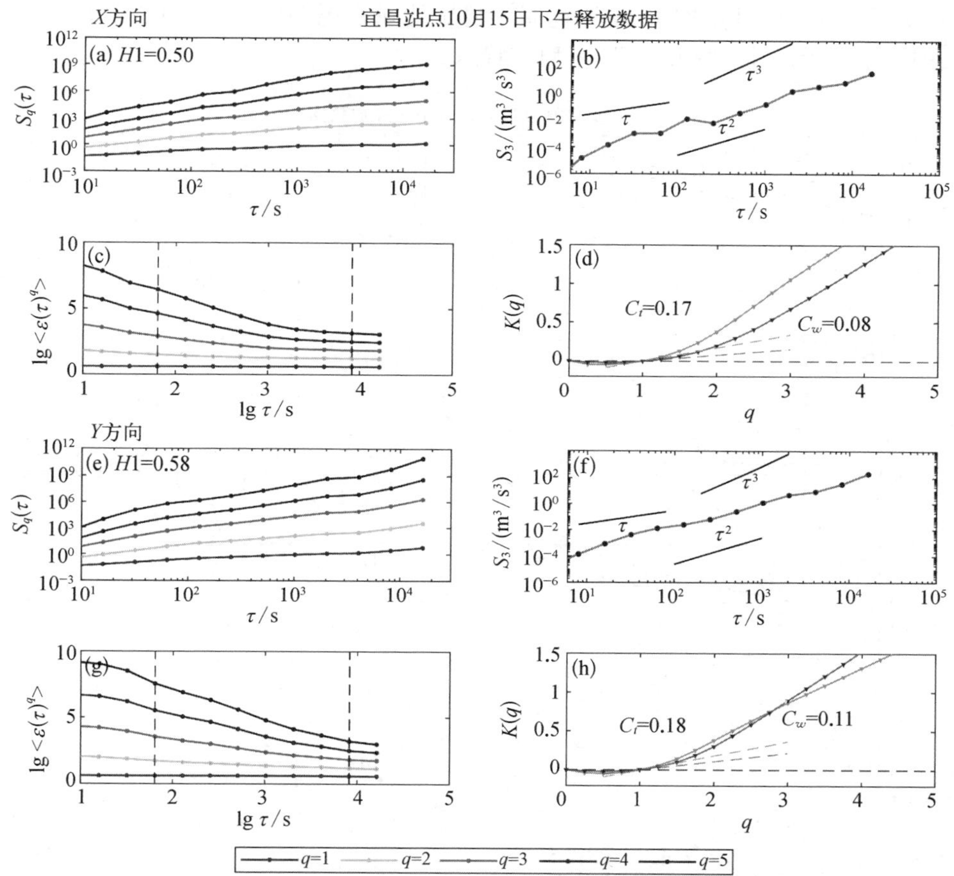

图 4.32　宜昌站点 10 月 15 日下午准拉格朗日测量获取的大气扰动结果

图 4.33 展示了基于宜昌站点 11 月 10 日下午探测获取的 X(纬向)方向和 Y(经向)方向的重力波伴随湍流的示意图。如图 4.33(a)~(h)所示，此时 X 方向的 $H1$ 值为 0.65，C_t 和 C_w 分别为 0.21 和 0.10，三阶结构函数具有双向能量级联，重力波范围内斜率倾向于 τ^3 斜率，湍流范围内斜率倾向于 τ 斜率；此时 Y 方向的 $H1$ 值为 0.68，C_t 和 C_w 分别为 0.48 和 0.16，三阶结构函数呈现单向能量级联，重力波范围内斜率倾向于 τ^3 斜率，湍流范围内斜率倾向于 τ 斜率。该次探测在 X 和 Y 方向均有湍流的发生，间歇性参数明显增强，且湍流活动具有各向异性(Y 方向的湍流扰动明显强于 X 方向)。此时 X 方向和 Y 方向均为稳定重

力波，具有相对较高的 $H1$，说明此时不稳定能量在尾部湍流区域被耗散，更大的重力波范围内扰动趋向于恢复稳定状态。

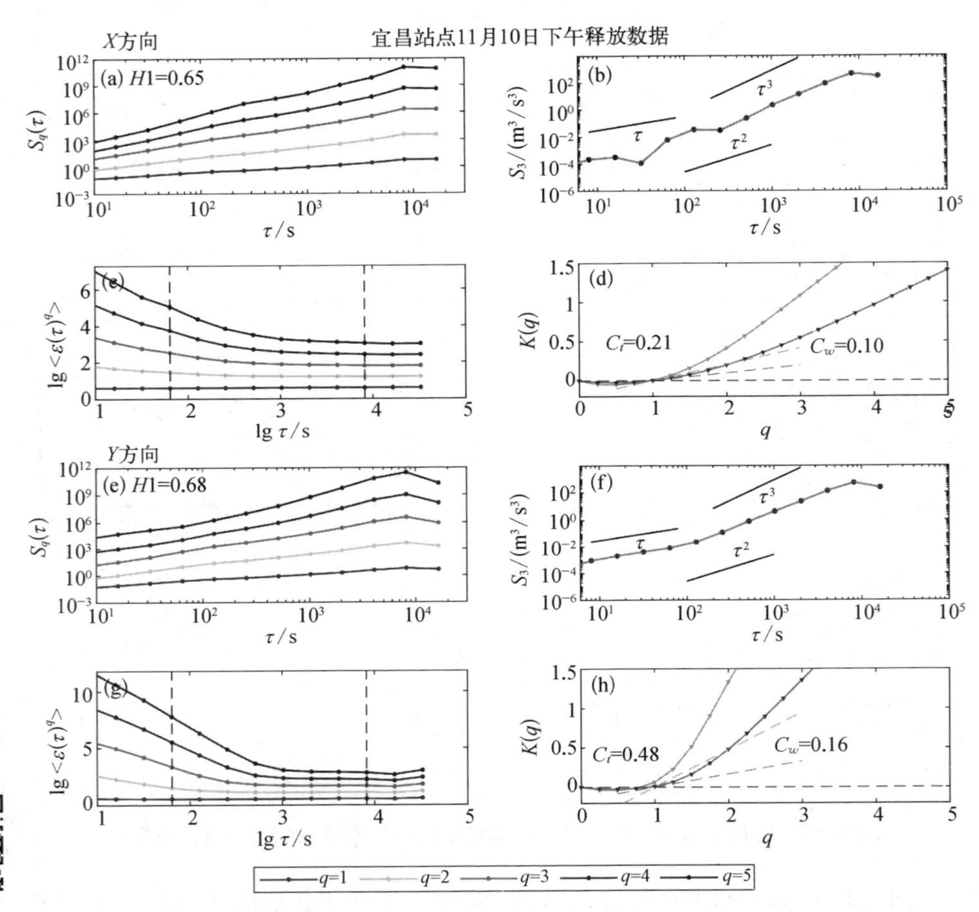

图 4.33　宜昌站点 11 月 10 日下午准拉格朗日测量获取的大气扰动结果

4.7　本章小结

与传统的单一气球上升探测相比，通过"上升-平飘-下落"连续三个阶段的探测方式能实现在空间和时间上的观测加密，有助于提高对中尺度天气系统机理和规律的认识，同时也能促进数值预报模式的发展。所以该往返式智能探空系统具有良好的应用前景。

首先，利用归一化温度扰动从上升、下降阶段的数据获取垂直波数谱，对平飘段的数据获取水平波数谱（经向和纬向波数谱）。由于平飘段数据轨迹并不规则，通过计算探空仪实时的站心坐标 X、Y、Z 来对数据进行纬向和经向的分解，结果表明经向波数谱和纬向波数谱的谱斜率和谱振幅具有较好的一致性，说明受重力波和湍流影响的温度扰动在平流层的水平方向具有各向同性。对于垂直波数谱，谱斜率在对流层和平流层的谱斜率和“-3”理论谱相比有所偏差，这是因为背景风场的变化会同时产生速度方差和波数的系统变化，它们会影响功率谱的形状。对于水平波数谱，谱斜率基本在-2 左右，谱振幅明显受到温度方差的影响，增强的温度方差反映了重力波以及重力波破碎产生的湍流活动的加强。

然后，利用能量级联分析和三阶结构函数的斜率，将得到的平流层水平方向的扰动结果根据重力波的演化分为三个阶段：稳定重力波，主体尺度区间遵循 r^3 斜率；不稳定重力波，主体尺度区间遵循 r^2 斜率；与湍流共存的重力波，其中湍流惯性区间遵循 r 斜率。本章尝试从结构函数的角度对重力波演化状态进行分类，为相关研究提供有价值的观测结果参考。今后，可以利用更多的往返式探空系统数据，对平流层大气扰动特征进行更全面的分析。

最后，基于中国地区六个站点上空释放的平飘数据，本章对平流层的大气扰动特征的参数分布特征进行了统计分析，获取了较为全面的平流层水平方向的大气扰动结果。考虑到扰动不仅包括数据序列的粗糙度，还包括一些偏离平均场的小尺度扰动，这些扰动可以通过间歇参数反映出来，因此用（$H1$，$C1$）来表示大气中的扰动特征更为准确和合理。这里将对应平流层小尺度重力波的物理过程映射到（$H1$，$C1$）这一参数空间，实现了样本间的扰动特性比较。$H1$ 和高度具有显著相关性，随着高度的增加不稳定性更弱。相比之下，$C1$ 的分布更具有随机性，能将不同高度层上的湍流混合和小尺度重力波的扰动强度进行比对。

上升和平飘的连续性探测实现了平流层小尺度重力波和下方惯性重力波的无缝隙捕捉。通过分析不同来源的参数之间的相关性，定性地揭示了惯性重力波和小尺度重力波之间的联系。结果表明，小尺度重力波的增强伴随着下方惯性重力波活动的减弱，而这些小尺度重力波的产生和 KHI 密切相关。此外，本章节利用间歇性参数 $C1$、位势涡度和臭氧含量之间的潜在联系探究了重力波在平流层物质交换中的作用,发现小尺度重力波的增强有利于臭氧从平流层低层输送到更高的高度,尽管由于耗散作用这一路径长度是有限的。本章利用高频率、长时次的原位探测手段对平流层的多尺度扰动在能量传输和物质输送中的作用进行讨论,平飘信息的引入也为研究平流层动力过程提供了一种新的思路。

本章结果还表明,利用($H1$, $C1$)对平流层小尺度扰动的定量描述并非是独立的,它和更大尺度的惯性重力波、更小尺度的湍流都存在潜在的联系,并且能寻找到其与平流层臭氧输送之间的紧密关系。该结果揭示了小尺度重力波在平流层物质交换和能量传输中的重要作用,并论证了物理参数空间($H1$, $C1$)在平流层动力研究中的潜在能力。

此外,本章还创新性提出基于时间坐标系下大气扰动特征的准拉格朗日测量,能够实现“单次测量,两个结果”的量化效果。即在 X 方向和 Y 方向两个方向分别形成扰动参数空间(H_X1, C_X1)和(H_Y1, C_Y1),通过对比正交方向上的扰动参数值来判断其波动的各向异性。目前只是针对准拉格朗日的结果进行了初步的分析,后期还将继续深入研究时间坐标系下的扰动特征及与空间坐标系下结果的异同。

第五章　惯性重力波活动分析及其在 QBO 中断中的特征

5.1　引言

热带平流层准两年振荡(QBO)是指热带平流层纬向东风和西风交替变化,周期并不固定,平均为 28 个月,是波流相互作用的结果[71]。赤道地区的波动上传过程中,通过与背景大气相互作用、沉积动量,从而使 100 hPa 至 2 hPa 之间的东西风交替地向下传播[218-222]。目前达成的共识是:驱动 QBO 的波动包括向东传播的开尔文波,向西传播的罗斯贝波、混合罗斯贝-重力波,以及向东和向西均有传播的惯性重力波和小尺度重力波[180-184]。值得注意的是,在 2016 年 2 月,QBO 西风相位的下降阶段在 40 hPa 附近被中断和逆转,被称为 2015/2016 年 QBO 异常[78]。但是没有模式预测到该 QBO 中断,说明赤道波对 QBO 的激发机制还需要进一步探索。然而,由于模式和再分析资料的分辨率受限,关于小尺度重力波对 QBO 驱动的机理分析相对于大尺度的罗斯贝波和开尔文波而言还相对较少,还需要更加深入细致的研究[223,224]。为了弄清楚重力波活动在这里面所扮演的角色,开展热带地区重力波活动的长时间观测分析就显得尤为重要。

相比于分辨率较为粗糙的卫星数据和站点更为稀少的地基雷达观测,无线电探空仪数据以其较高的分辨率、较低的高度覆盖,更容易捕捉到垂直波长较短、群速度较小、传播较为缓慢的惯性重力波。目前,在基于无线电探空仪数据开展的关于热带地区重力波的研究中,更多的是利用印度洋地区的加丹基岛(Gadanki)站点上的观测获取重力波的相关参数,包括 MST 雷达[225-227]和 GPS 无线电探空仪[142,209,228]。相比之下,涉及太平洋地区的重力波观测分析较少[147,229],并且发现即使同处于同一个纬度,重力波观测结果也具有明显的区域性差异,这和背景风场也紧密相关[143]。所以,为了加深对热带小尺度重力波驱动大气环流的理解,并为约束大气环流模式提供全面的观测分析,对热带西太平洋地区上空的重力波活动进行系统性的分析依然具有重要的价值。

目前,利用无线电探空仪数据提取惯性重力波(IGW)参数主要有三种方法:旋转谱方法[139],直接提供了重力波能量的垂直传播方向;速度图分析[230],应用得最为广泛,利用风速的垂直廓线得到了较为全面的惯性重力波的细节参数,然而该方法只对单色波适用;斯托克斯参数法[140],通过波束带内的平均可以更加合理地反映多色波的统计特征。本章利用西太平洋地区六个站点的无线电探空仪数据开展热带地区惯性重力波的研究,考虑到由于不同尺度的波在风场中的叠加会导致速度图法获取的结果变化较大[141],所以这里采用斯托克斯参数法进行重力波参数的提取,并将结果和速度图分析进行对比,同时探究 2015/2016QBO 中断期间惯性重力波与背景流之间的相互作用机制。

5.2 测站介绍和背景场介绍

5.2.1 探空站点简介

这里使用的数据来自 SPARC 项目中的美国高分辨率无线电数据(HVRRD),为具有 1s 时间分辨率的无线电更换系统(RRS)数据,由 NOAA 国家环境中心提供。选取的西太平洋地区的六个站点如图 5.1 所示,分别为关岛(Guam,13.6°N,144.8°E)、雅浦岛(Yap,9.5°N,138.1°E)、特鲁克岛(Truk,7.5°N,151.9°E)、科罗尔岛(Koror, 7.3°N,134.5°E)、马朱罗岛(Majuro,7.1°N,171.4°E)和波纳佩岛(Ponape,7.0°N,158.2°E),同时将加丹基岛(Gadanki,13.5°N,79.2°E)也标注在图中。一共选取了 2013 年至 2018 年共六年的数据,除了 Koror 的数据只到 2018 年 8 月、Turk 的数据只到 2018 年 10 月以外,其余站点均覆盖完整的 72 个月份。探测仪器采用的是 Vaisala RS90 无线电探空仪,包含探测温度、气压、相对湿度的 PTU 数据和探测位置坐标信息(获取风速和风向)的 GPS 数据,一天中分为 0:00 UTC 和 12:00 UTC 共两次探测,平均上升速率为 6 m/s。将 PTU 数据和 GPS 数据匹配到同一探测时刻,为了消除气球的随机运动和小尺度湍流的干扰,将原始数据在 50 m 分辨率下进行三次样条插值。此外,为了规范统一数据,还需要将最大探测高度不超过 30 km 且最低探测高度高于 300 m 的廓线舍去。

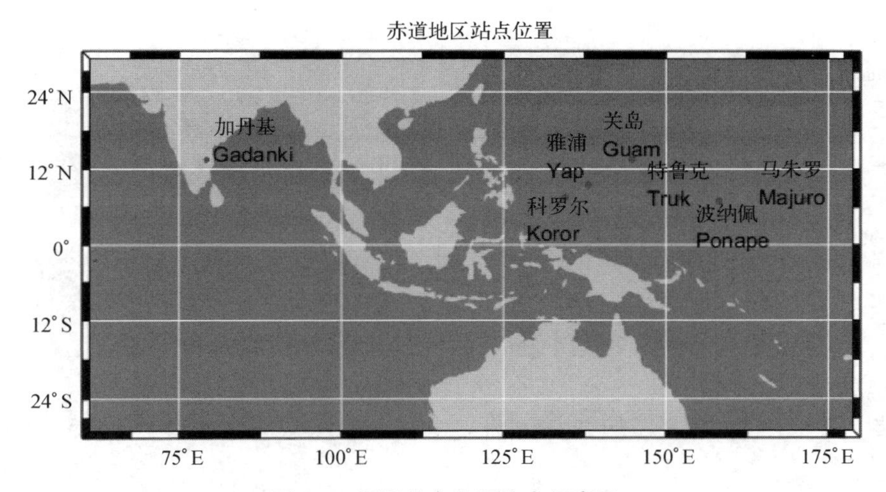

图 5.1　探测站点位置分布示意图

5.2.2　背景场分析

热带地区上空平流层中纬向风场的准两年振荡是背景风场的主要气候态特征，所以无线电探空仪的观测数据都应该能或多或少地反映出这种变化。根据该地区背景场的年际变化特点，将数据分为四个季节，分别是季风前（4～6 月）、季风（7～9 月）、季风后（10～12 月）以及冬季（1～3 月）。Guam、Yap、Koror、Ponape 四个站点在 2013 年至 2018 年的月平均纬向风场（左）、经向风场（右）的时间高度截面如图 5.2 所示，其中红色虚线代表 2016 年 2 月，这四个站点纬度依次递减。

和 Gadanki 站点上空的背景风场相比，西太平洋地区风场明显较弱，这是因为 Gadanki 站上空存在明显的热带东风急流[209]。从图中可以看出，在对流层，四个站点的经向风场均存在明显的年际变化特征，在季风期达到南风最大，在冬季达到北风最大，南北风交替变化，除了 15 km 附近的极值能超过 5 m/s，其余高度上都是普遍很弱的风场。对流层主要以东风为主，在季风前偶尔会出现西风，东风在冬季最强。相比之下，Yap 和 Koror 站点对流层存在更加普遍的东风，这是因为两个站点更靠近赤道。在平流层，均能发现纬向风场的准两年振荡，且越靠近赤道，该现象越明显。但是纬度越高，平流层的风速极值更往东风偏移。在 Koror 和 Ponape 能看到 2015 年 11 月开始的 QBO 中断现象，即平流层中的西风相位下降的中断，开始西风相位的向上位移，并伴随着下方东风的发

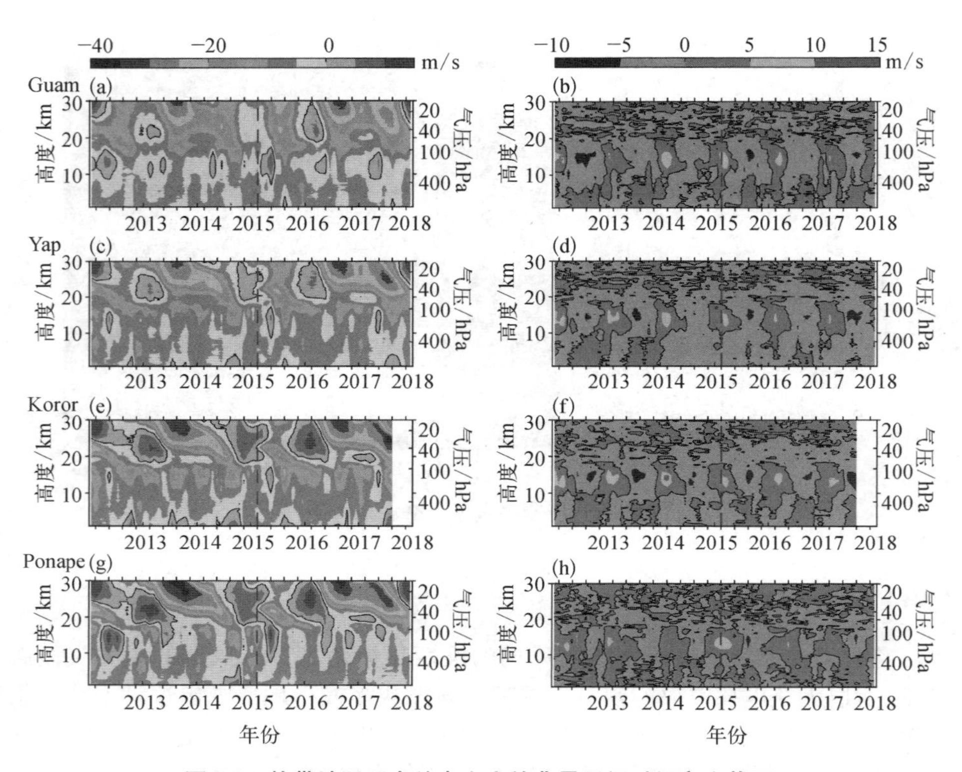

图 5.2 热带地区四个站点上空的背景风场时间高度截面

展，这一观测现象与新加坡(Singapore，1°N，104°E)的观测是吻合的[231]。这时，平流层低层的西风 QBO 位相被东风急流分成两半，与 MERRA2 再分析资料的结果吻合[223]。上述结果说明风场在该高度的异常现象在赤道附近是广泛存在且变化一致的。在后文中将 2015/2016 年的 QBO 中断事件简称为 15/16D。

为了进一步了解 QBO 相位的异常特征，这里分别计算 40 hPa(20 km 附近)和 20 hPa(27 km 附近)的纬向月平均风速 U40 和 U20，定义风速大于 2 m/s 为西风 QBO 相位，风速小于−2 m/s 为东风 QBO 相位[232]。图 5.3 为(a) Guam、(b) Yap、(c) Koror 和(d) Ponape 四个站点上空 40 hPa(蓝色实线，U40)和 20 hPa(红色实线，U20)的纬向平均风的时间序列。其中两条黑色虚线分别代表 2 m/s 和−2 m/s 的风速，红色虚线代表 2015 年 11 月到 2016 年 2 月期间的 QBO 中断，箭头代表 40 hPa 处西向纬向风场的反转。站点越靠近赤道，该判据反映的 QBO 东西风相位越合理，说明风场位相向下传播的距离随着纬度的减少而增加。

从 Koror 和 Ponape 可以看出，在 QBO 中断发生之前的正常 U40 振荡中，西风相位持续 7 个月左右，东风相位持续 15 个月左右（这里的持续时长只是特定高度处的参考，用来和同高度处的 15/16D 作比较）。从 2015 年 11 月开始，U40 的西风相位并没有按照之前的继续维持，而是开始减弱并且在 2016 年 2 月已经转化为东风相位。QBO 西风相位中异常东风的出现是自 QBO 现象被发现以来首次出现，图中表现为 U40 的纬向风场逆转（黑色箭头指出），和再分析资料的结果一致[233]。

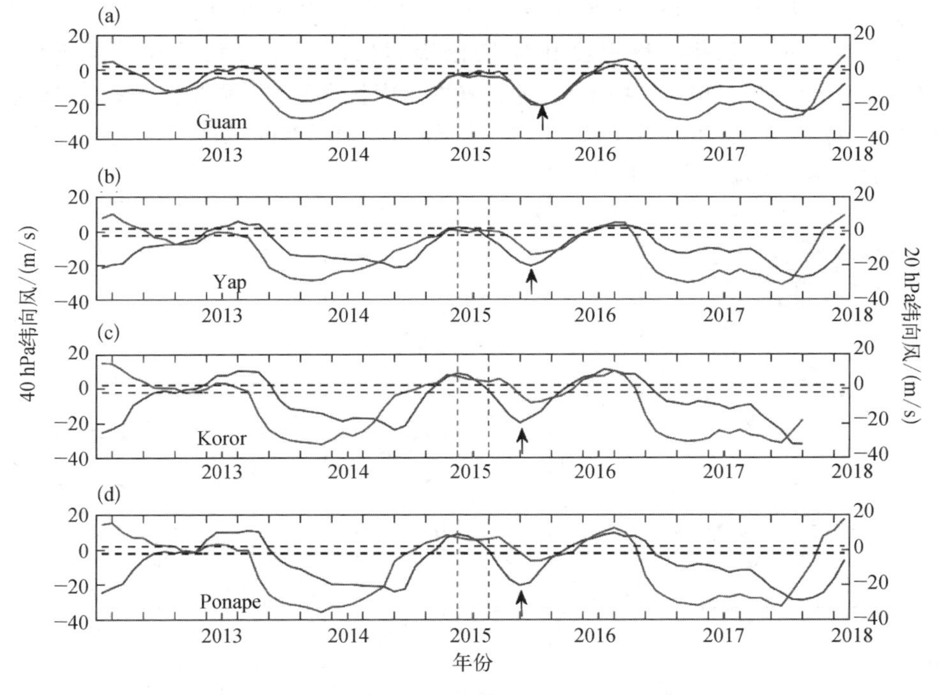

图 5.3　热带地区四个站点上空 20 hPa（右侧坐标轴）和 40 hPa（左侧坐标轴）纬向平均风的时间序列

5.3　速度图分析

5.3.1　准单色惯性重力波特征

以 2013 年 3 月 3 日关岛上空的廓线数据为例，来说明速度图分析的结果。

此次探测在对流层和平流层均能满足提取准单色 IGW 的条件,对流层中利用纬向风、经向风和温度扰动廓线进行 Lomb - Scargle 功率谱分析,求出的主导垂直波长分别为 4.33 km、5.28 km 和 3.67 km,平均值是 4.43 km。三个垂直波长与平均值的相对标准偏差分别为 2.23%、19.50%和 17.27%,都小于 20%的相对偏差[154],所以可以认为这是一个准单色 IGW,垂直波长为 4.43 km。用同样的方式计算平流层的垂直波长,纬向风、经向风和温度数据求出的垂直波长是一致的,均为 1.72 km,该值也作为平流层提取的 IGW 的垂直波长。再利用正弦波拟合的方法提取准单色 IGW 的振幅和相位[234],得到对流层和平流层谐波拟合的结果,如图 5.4 所示,其中虚线代表扰动廓线,实线代表拟合曲线。图 5.4(a)~(c)分别为对流层中纬向风、经向风和温度的扰动廓线及谐波拟合结果,(d)~(f)为平流层中的结果。

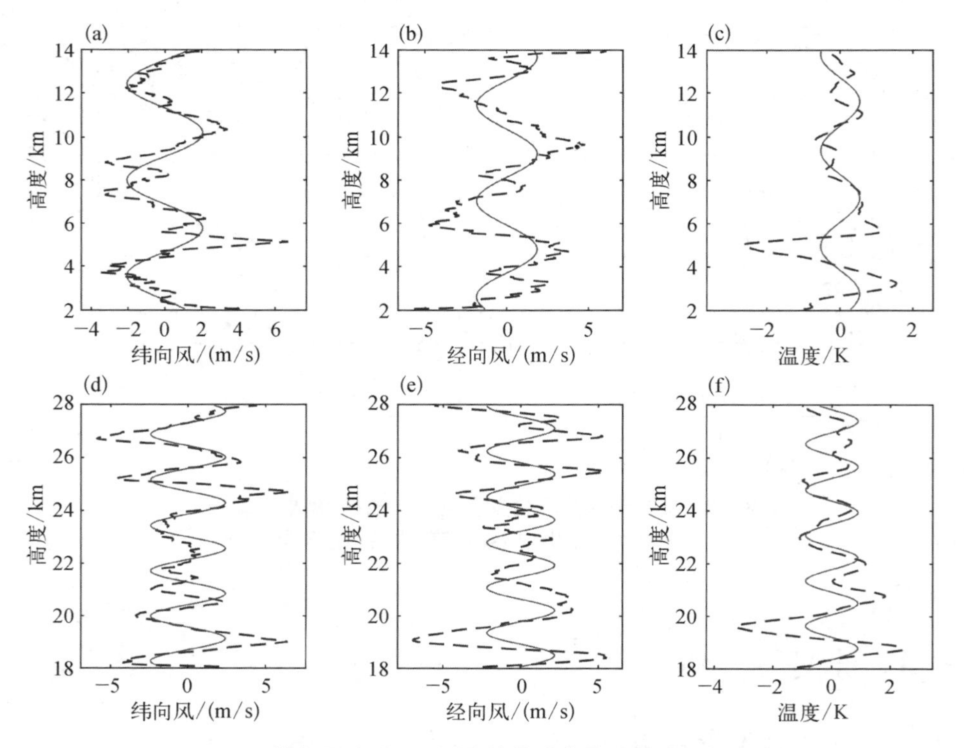

图 5.4 纬向风、经向风、温度的扰动廓线及谐波拟合结果

注:图(a)~(c)为对流层的结果,(d)~(f)为平流层的结果。

在对流层,纬向风与经向风相比有四分之一个周期的相位滞后,而在平流层相位滞后了二分之一个周期。对流层纬向风、经向风和温度拟合的振幅分别为 2.07 m/s、1.85 m/s 和 0.53 K,在平流层分别为 2.42 m/s、2.17 m/s、0.89 K。可以看出,平流层与对流层相比具有更好的拟合效果,对流层的扰动廓线包含更多不同尺度的波,说明对流层的波源与平流层相比更加复杂。

图 5.5 表示该次探测廓线在对流层和平流层中提取出的惯性重力波的速度图,其中(a)与(c)代表纬向风和经向风的扰动,(b)与(d)代表水平风和温度的扰动。由于实际速度图 (u', v') 和(u'_h,T') 并不是规则的椭圆,这里绘制经过正弦拟合后的速度图以方便观察。对流层[图 5.5(a)与(b)]中红色、蓝色和紫色点分别对应 2 km、3 km 和 4 km 的高度,平流层[图 5.5(c)与(d)]中则对应 18 km、19 km 和 20 km 的高度。从图中可以看出,无论是对流层还是平流层,纬向风和经向风的扰动分量随高度均是顺时针旋转,代表能量向上传播(后文均用能量传播方向代表重力波的垂直传播方向)。水平风和温度扰动随高度顺时针旋

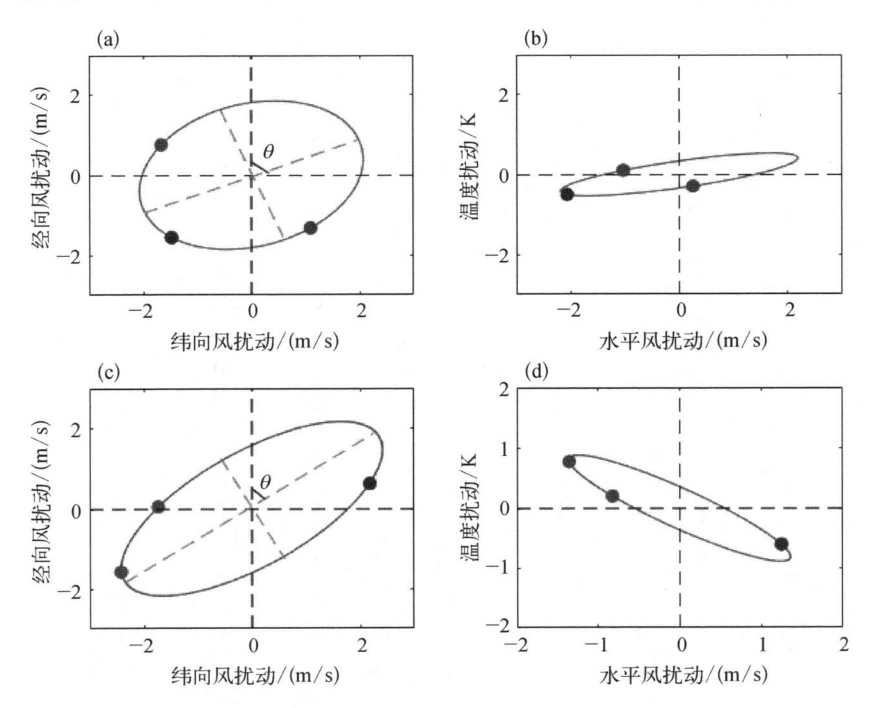

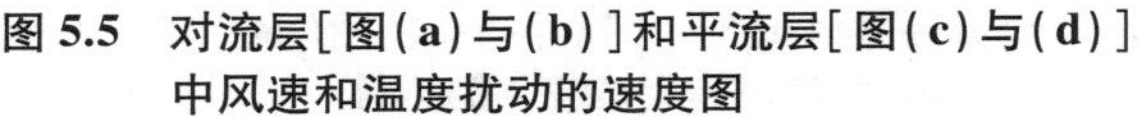

图 5.5　对流层[图(a)与(b)]和平流层[图(c)与(d)]中风速和温度扰动的速度图

转，说明实际传播方向和椭圆长轴的方位角 θ 一致。对流层（2～14 km）和平流层（18～28 km）重力波的水平传播方向分别为 58.8°和 49.5°。根据式（2.40），可以求出对流层 IGW 的固有频率为 4.31×10^{-5} rad/s，对应的固有周期为 40.5 h，平流层 IGW 的固有频率为 7.80×10^{-5} rad/s，固有周期为 22.4 h。

波的振幅和能量可以反映 IGW 活动的强弱，这里进一步对准单色波的扰动振幅特征进行统计分析。选取 2013～2018 年六年间关岛地区上空的探空廓线，根据正弦谐波拟合的方法得到纬向风、经向风和温度三个波分量的振幅，统计结果如图 5.6 所示。在对流层中，纬向风和经向风的振幅主要分布在 1～3 m/s 之间，温度振幅在 0.2～1 K 之间，三个波分量的平均振幅分别为 1.55 m/s、1.63 m/s 和 0.45 K。在平流层中，纬向风和经向风的振幅主要分布在 1～4 m/s 之间，温度振幅在 0.5～1.8 K 之间，三个波分量的平均振幅分别为 2.4 m/s、2.6 m/s 和 1.0 K。平流层的振幅的明显增加，反映了重力波向上传播过程中，由于大气密度的不断减小而导致重力波振幅不断增大的过程。

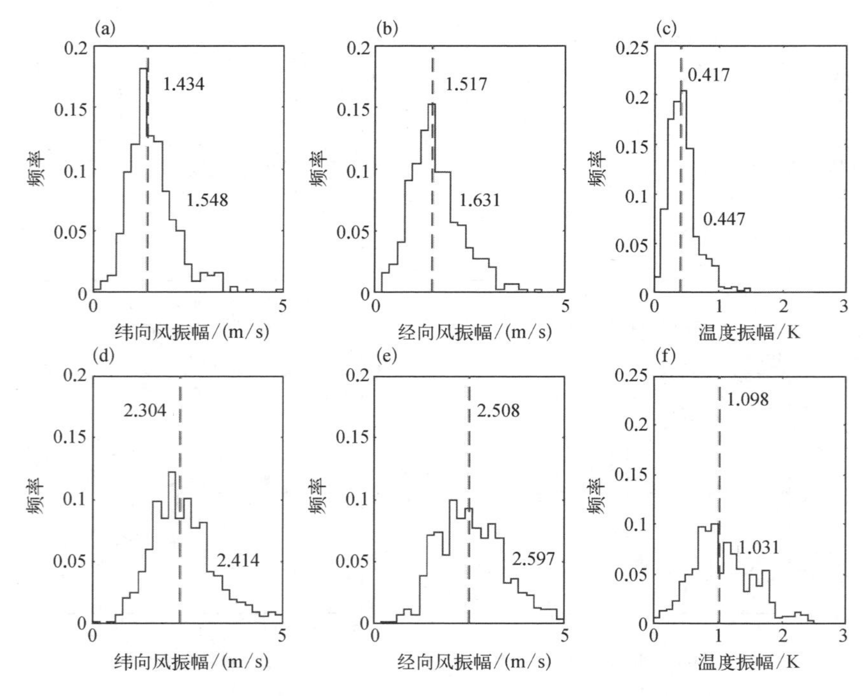

图 5.6 对流层［图（a）～（c）］和平流层［图（d）～（f）］IGW 的纬向风、经向风和温度扰动的振幅

5.3.2 垂直波数谱分析

本节利用均匀插值后的垂直步长为 6 m 的廓线，对温度的归一化扰动进行傅里叶谱变化，这样能够获取更高波数区域的谱特征，进而对关岛地区上空的重力波的频谱信息进行分析讨论。在对温度扰动数据进行傅里叶变换之前，先进行预白处理（相邻扰动值作差）以减少谱泄露。对得到的功率谱采用 Hanning 窗平滑，然后进一步补偿差分和余弦锥度窗口的影响[206,235]。重力波的谱特征可以通过谱振幅和谱斜率来定量描述，在 $3\times10^{-4}\sim1\times10^{-2}$ cycle/m 波数范围内在对数-对数（log - log）坐标系下进行一阶线性拟合，得到谱斜率。在拟合区间内采用“质心”波数对应的功率谱密度作为谱振幅[206]。在对流层（2~14 km）和平流层（18~28 km）计算每一条廓线上的功率谱，将六年的全部廓线按照季风前、季风、季风后和冬季取平均，求得四个时期的平均功率谱密度如图 5.7 所示，其中

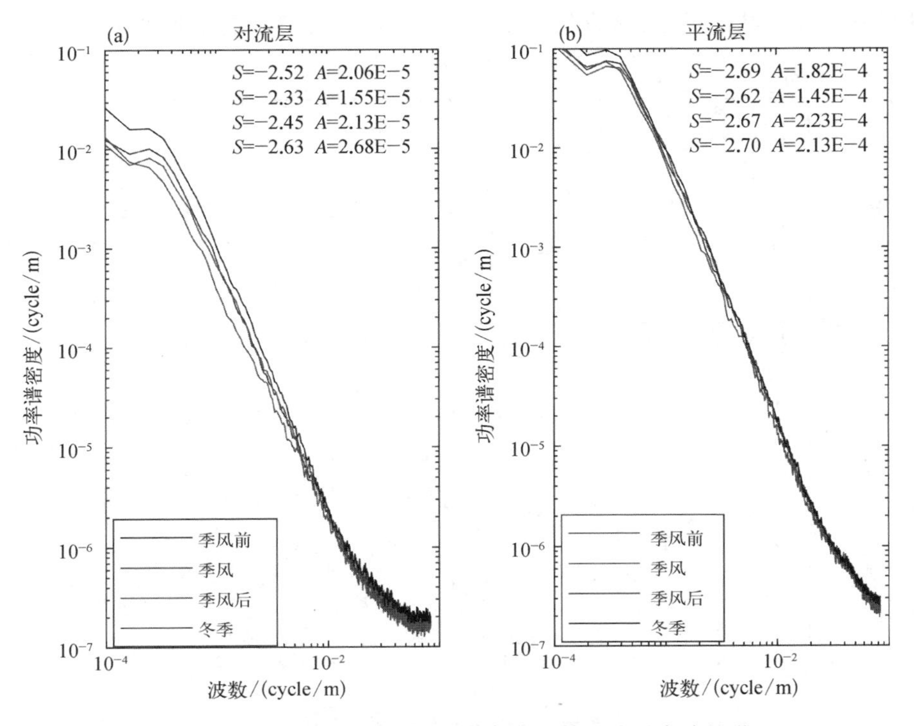

图 5.7 对流层和平流层按季节归类后的平均垂直波数谱

注：*S* 为谱斜率；*A* 为谱振幅。

左侧为对流层结果,右侧为平流层结果。在对流层,谱斜率和谱振幅均在冬季最大,在季风期最小,这一结果和对流层中的波能量一致。在平流层,四个季节的平均功率谱在图像上更加重合,谱斜率的差别不大,谱振幅的最小值在季风期,最大值在季风后。对流层中的谱拐点在 2.5×10^{-4} cycle/m,对应的主要垂直波长为 4 km;平流层中的谱拐点在 3.0×10^{-4} cycle/m,对应的主要垂直波长为 3.33 km。

为了进一步对谱特征随时间的演化特征进行分析,同样按照季节平均,将谱振幅和谱斜率按相邻月份取季节平均值(F、M、A 和 N 分别代表 1~3 月、4~6 月、7~9 月和 10~12 月的季节平均),结果如图 5.8 所示。在对流层,谱斜率具有明显的年际变化,最大值基本都在季风期,最小值在冬季,分别对应谱振幅的最小值和最大值,这和图 5.7 的结果一致。平流层中谱斜率的峰值并没有明显的年际变化,但是谱振幅的变化趋势基本和对流层一致。对于平流层,利用功率谱分析得到的谱能量具有明显的年际变化。这是因为平流层的准两年振荡的异常出现在纬向风场,这直接影响重力波动能的计算,而谱振幅的计算是基

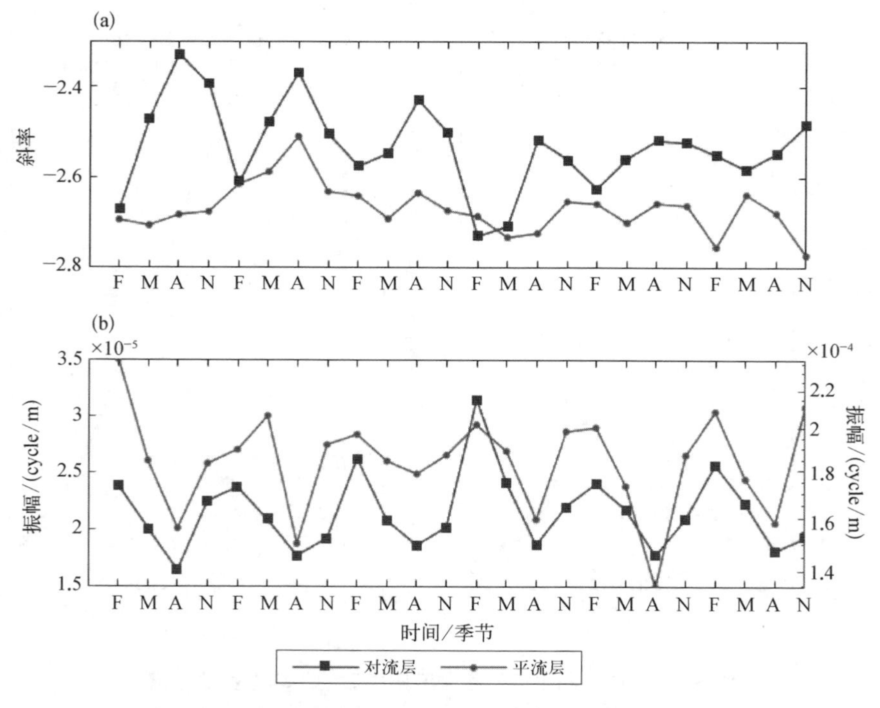

图 5.8 对流层和平流层中谱振幅和谱斜率随时间的演变

于温度场,这在平流层没有异常振荡的发生。与对流层相比,归一化温度扰动的功率谱密度在平流层的谱斜率更加偏负,谱振幅更大。这是因为重力波在向上传播的过程中,重力波的幅度随着大气密度的减小而呈指数增长,通过耗散和拖曳作用,重力波将能量泄露到周围,而功率谱和谱斜率通过变得“饱和”来保持整体的稳定性[236]。

5.4 斯托克斯参数法

5.4.1 速度图分析和斯托克斯参数法计算结果的对比

速度图分析的关键点是假设提取的是准单色惯性重力波,谐波拟合的结果会存在较大的不确定性,比如一些和正弦拟合频率相差较大的波动就被忽略掉。而斯托克斯参数法更偏向于利用一条廓线上的统计特征,可以更真实地反映实际大气中多色波的特征。为了对这两种方法的结果有个更加直观的评估,这里又对 Guam 站点的数据进行 IGW 参数的提取,结果如图 5.9 所示。图(a)~(d)为对流层的参数,依次是固有频率(和惯性频率的比值)、水平波数、垂直波数以及极化程度,图(e)~(h)为其在平流层的参数;图(i)~(j)分别为对流层和平流层中由斯托克斯参数计算的水平波数,垂直波数和固有频率随极化程度的变化;图(k)~(l)为对流层和平流层中由速度图法和斯托克斯参数法计算的水平波数、垂直波数和固有频率的差值随极化程度的变化。

两种方法最主要的区别在于垂直波数的获取,斯托克斯参数法采用的是波数带内的加权平均,体现的是多色波的特征,而速度图法采用的是谐波拟合求解主导垂直波长,体现的是单色波的特征。前者能得到整体偏大的垂直波数,意味着整体偏小的垂直波长。对流层和平流层中两种方法得到的频率整体分布趋势是比较吻合的,但同时由于分析方法的不同,垂直波数仍存在较为明显的差异,这也导致了水平波数的差异。斯托克斯参数法同速度图法相比较,更偏向获取具有更短的垂直波长和水平波长的 IGW。相比于平流层,对流层中更小的极化程度 d 表明观测到的事件中有一部分不是由重力波造成的。

这里将提取的 IGW 参数归类到不同的极化程度,得到水平波数、垂直波数和固有频率在对流层和平流层随极化程度的变化,分别如图 5.9(i)和(j)所示。在对流层随着极化程度的增加,水平波数和垂直波数增加,在平流层则相反。两种方法计算出的参数的差值如图 5.9(k)和(l)所示。

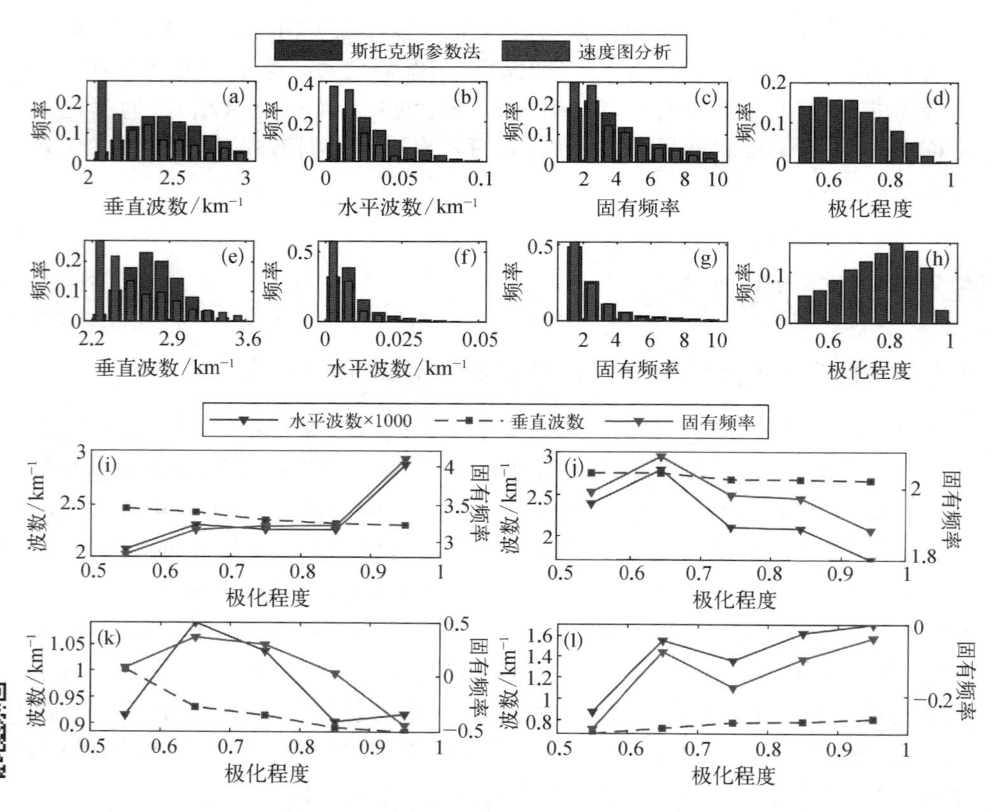

图 5.9 两种方法计算的 IGW 参数结果对比

对流层中高极化程度对应着高频波，而平流层中低极化程度对应着高频波。当使用斯托克斯参数法时，在波数带内进行加权平均以获取垂直波数，这导致了和基于准单色波的速度图分析所计算的波数值的偏离。随着固有频率的增加，偏差会减小，这是因为由速度图分析计算的高频波会得到更大的主导垂直波数，便会更接近和经过斯托克斯参数法加权平均后的波数值，两种方法得到的波特征为选择 IGW 的计算方式提供了参考。

5.4.2 IGW 参数的箱线图分析

为了对六个站点上空的 IGW 活动特性有一个更为清晰的认知，这里利用箱线图来反映各个参数的值分布情况，结果如图 5.10 所示。图中的参数包含固有

水平相速度 $\hat{C}_h$、固有水平群速度 $\hat{C}_{gh}$、水平波长 λ_h、垂直波长 λ_z、固有垂直相速度 $\hat{C}_z$ 以及固有频率 $\hat{\omega}/f$（用其与惯性频率 f 的比值来表示）的箱线图。随着横坐标序号的增加，纬度逐渐减小。序号 1～6 分别代表 Guam、Yap、Turk、Koror、Majuro、Ponape 站点。

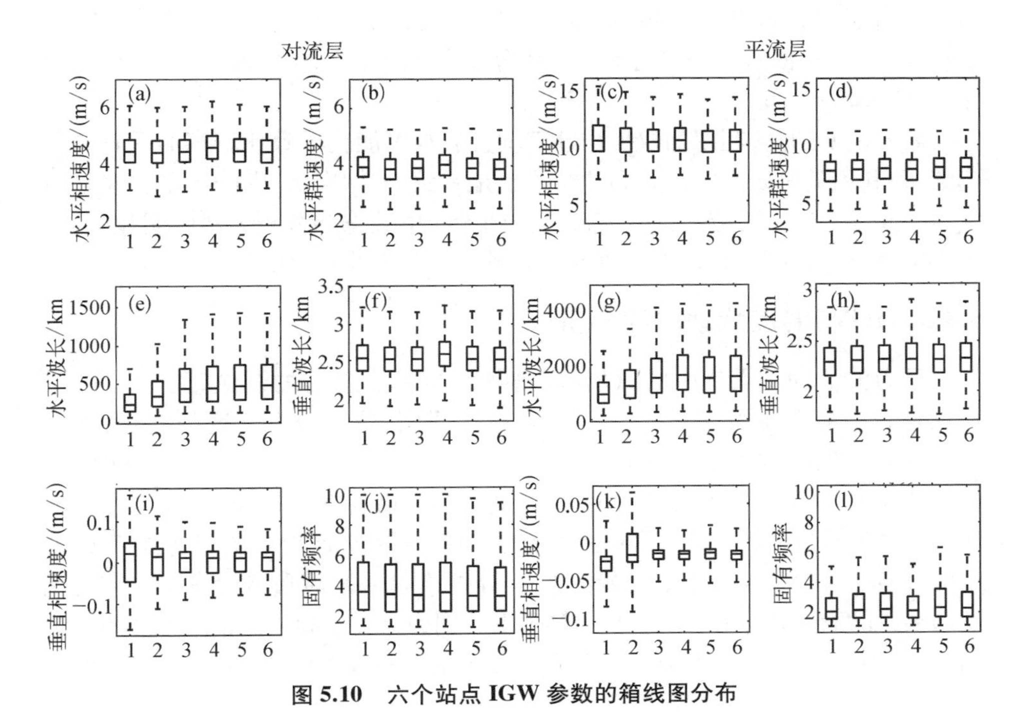

图 5.10　六个站点 IGW 参数的箱线图分布

固有水平相速度和固有水平群速度在六个站点上的分布都比较一致，在对流层中，固有相速度主要分布在 4～5 m/s 之间，固有群速度整体偏小一点，主体在 3.5～4.5 m/s 之间。在平流层，二者均显著增大，固有相速度在 9.5～12 m/s 之间占主导，固有群速度在 7～8.5 m/s 之间占主导。无论在对流层还是平流层中，水平波长都具有明显的纬度差异，考虑到水平波长来自耗散关系，而垂直波数和固有频率的纬度差异并不明显，所以可以推断，随着纬度的降低而增加的水平波长来自科氏力参数的减小。对流层的水平波长主体分布在 100～700 km 之间，而平流层的水平波长主体分布在 400～2 200 km 之间。对流层垂直波长主体分布在 2.4～2.7 km 之间，平流层的垂直波长相对更短，分布在

2.2~2.5 km 之间。固有垂直相速度在对流层分布相比平流层更加分散,且向下传播的IGW 比例稍微高于向上传播的IGW 比例,主体分布在-0.08~0.04 m/s之间。在平流层,IGW 基本向上传播,固有垂直相速度明显小于对流层,主体分布在-0.04~0.02 m/s 之间。平流层中的固有频率经过多普勒频移后值更低,因为对流层中大量西向传播的 IGW 在以东风为主的对流层中达到临界层而被吸收[237,238]。固有频率在对流层主体分布在 2.2f~5.8f之间,在平流层分布在 1.8f~3.2f之间。

需要说明的是,利用加权平均计算垂直波数可能会导致比较窄的垂直波长范围,和利用类似研究方法得到的结果也是一致的[39,147],其中的区别更多是由空间差异导致的。可分辨的垂直波长受到无线电数据和分析方法的明显限制,所以本章只讨论相对较短的垂直波长和较窄的垂直波长范围。

5.4.3 IGW 温度扰动的谱分析

重力波活动对大气中的风场、温度等结构具有显著的影响,而"普适谱"理论是其中最重要的特征之一,即不依赖于时间、位置或者高度的变化,水平风场或者温度的扰动的垂直波数谱具有几乎相近的结构[239]。这里采用温度归一化扰动的垂直波数谱进行 IGW 的谱振幅和谱斜率的计算,具体过程参考Dewan 等的研究[206]。对六个站点分别在对流层和平流层进行谱振幅和谱斜率的计算,再将六年数据按照季节平均,分别绘制谱振幅和谱斜率随季节变化的结果,如图 5.11 所示。左侧和右侧子图分别为谱斜率和谱振幅随季节的变化结果,其中蓝色曲线代表对流层,红色曲线代表平流层,黑色竖线代表每年的冬季 2 月。

从图中可以看到,对流层谱斜率具有明显的年际变化特征,季风季谱斜率最小,冬季谱斜率最大(忽略负号来讨论绝对值的大小),平流层谱斜率这一变化趋势相对较弱,没有明显的年际变化特征,但是谱斜率明显大于对流层,更接近-3 斜率,代表着更加稳定的谱结构。对流层和平流层的谱振幅变化趋势基本一致,在季风季谱振幅最小,在冬季谱振幅最强。平流层的谱振幅显著增加,谱斜率更接近-3,这是因为重力波在上传过程中通过耗散和拖曳作用将能量泄露到周围,而谱振幅和谱斜率通过"变得饱和"来保持整体的稳定性[236]。对于15/16D 期间(2015 年冬季),和其他年份同一时期最明显的差异来自对流层,对流层的谱斜率最大值和谱振幅最大值均出现在 15/16D 期间,这主要由于对流层增强的波源导致了更强烈的 IGW 向上传播。

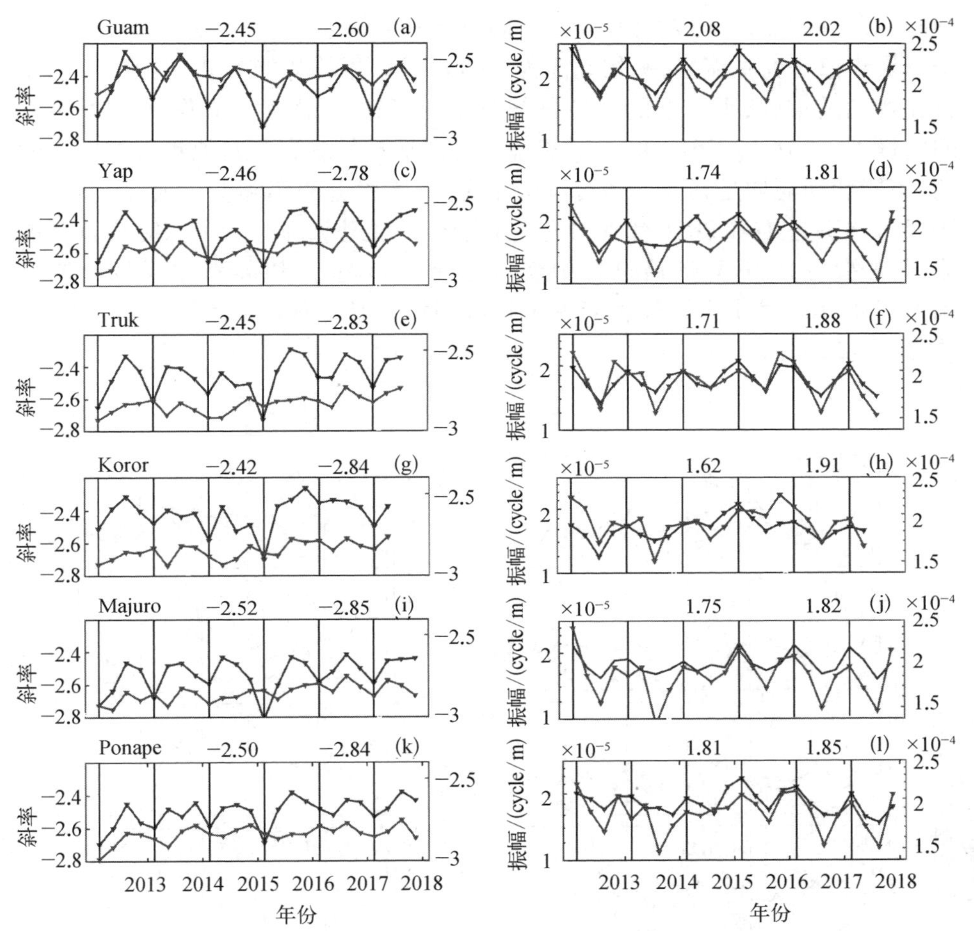

图 5.11　六个站点 IGW 的谱斜率和谱振幅随时间(季节)的变化

5.4.4　IGW 的能量和动量通量分析

图 5.12 为六个站点上空的 IGW 动能、势能和总能量随时间(月)的变化。左侧子图为对流层结果,右侧子图为平流层结果,紫色曲线代表势能 E_p,蓝色曲线代表动能 E_k,黑色曲线代表总能量 $E_p + E_k$。从图 5.12 中可以看出,对流层势能和动能都具有明显的年际变化特征,六个站点虽然所在西太平洋地区的具体位置不同,IGW 活动的变化趋势却是一致的。在对流层,六个站点的平均

动能为 3～4 J/kg，平均势能为 1～2 J/kg，动能和势能在冬季有最大值，在季风季有最小值。在平流层，平均动能为 8～11 J/kg，平均势能为 2～4 J/kg。由于风速扰动的增强，平流层的动能显著增加，它和温度扰动一起作为 IGW 活动的度量[209]。在 15/16D 期间，对流层重力波活动显著大于其他年份的同一时期，势能和动能均是如此。和对流层相比，平流层上的年际变化明显较弱，在 2015 年 8 月左右和 2016 年 8 月左右有动能的显著加强。为了探究其背后的原因，需要考虑 IGW 传播过程中受背景流的影响，所以将背景风场绘制如图 5.13 所示。其中上图代表 18～20 km 的月平均纬向风，下图代表 18～28 km 的月平均纬向风。

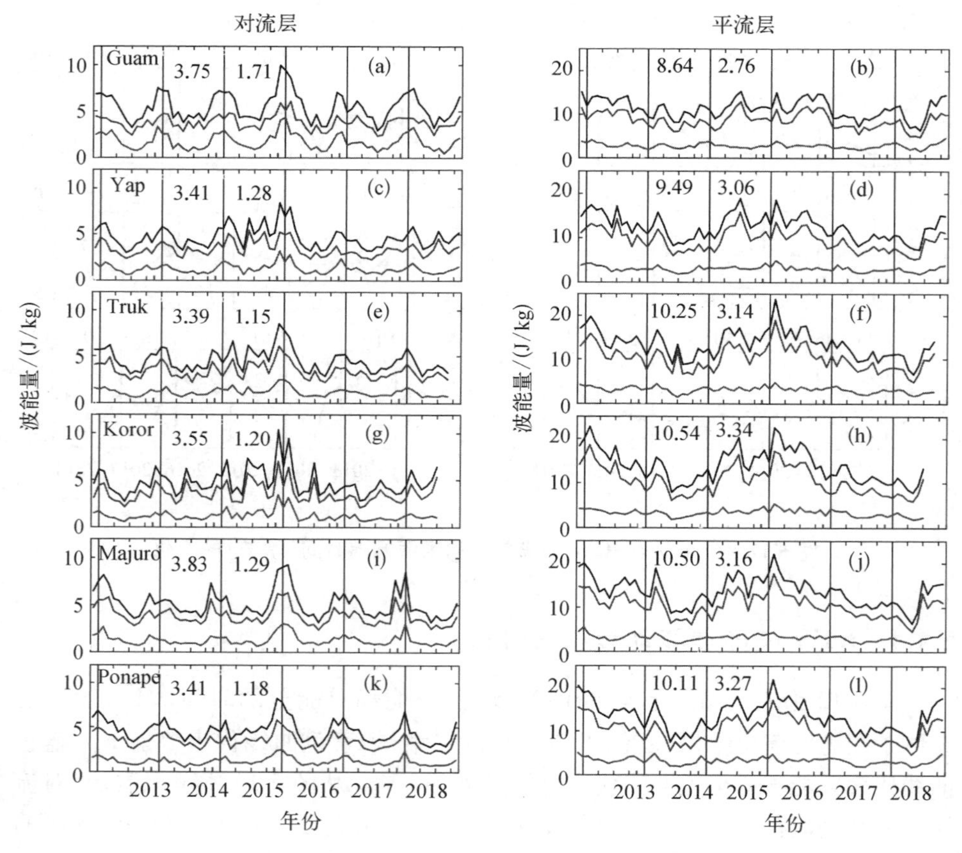

图 5.12 六个站点 IGW 的能量随时间(月)变化

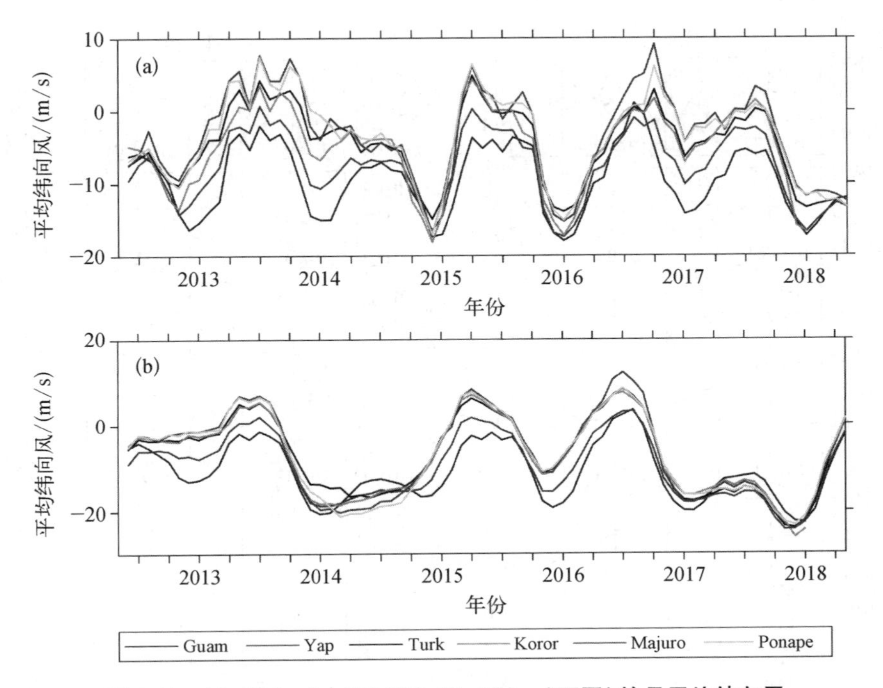

图 5.13 18~20 km(上图)以及 18~28 km(下图)的月平均纬向风

在平流层动能显著增强的时间段,刚好对应平流层低层的东风增强(图 5.13 上图)以及对流层能量的增强[图 5.12(c)、(e)、(g)],因此这一现象应该是由波源和波传播共同造成的。Kawatani 等[55]的研究表明,东半球在西风切变相位中产生的大多数向东传播的波直到 35 hPa 高度附近才遭遇西风(超过 10 m/s),而在本研究的实际观测中,由于西太平洋地区平流层盛行东风(图 5.13 下图)的存在,所以平流层中可以存在更多向东传播的 IGW,并继续向上传播到更高的高度。

六个站点平流层和对流层中的纬向动量通量、经向动量通量以及向上传播 IGW 的比例的时间(季节)变化如图 5.14 所示。其中左图为对流层结果,右图为平流层结果,蓝色曲线代表纬向动量通量,红色曲线代表经向动量通量,黑色曲线代表向上传播 IGW 的比例。左侧纵坐标刻度代表动量通量,右侧纵坐标刻度代表上传比例。这里只考虑向上传播的重力波,携带的动量通量通过重力波的耗散、破碎过程来影响背景大气。

在对流层,纬向动量通量和经向动量通量在同一量级水平,平均纬向动量通量和平均经向动量通量分别以正值和负值为主。在平流层,所有站点平均纬向动

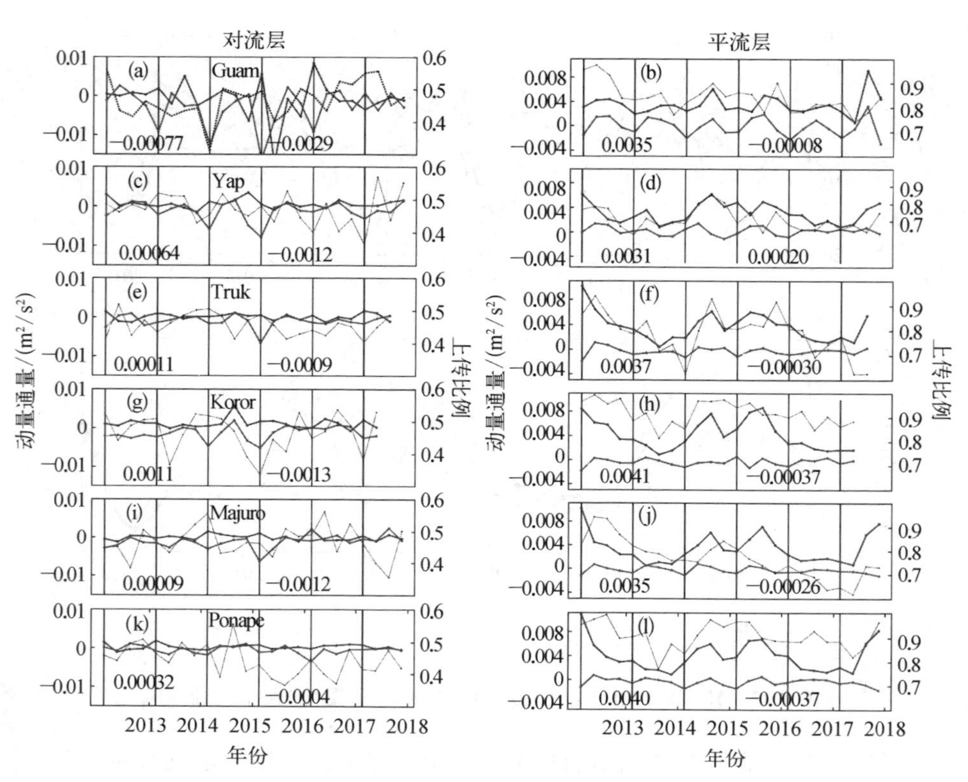

图 5.14 六个站点的动量通量随时间(季节)的变化

量通量都为正值,远高于经向动量通量。在 15/16D 期间,对流层中经向动量通量存在明显的极小值,而纬向动量通量的变化并不明显。在平流层,在 2015 年的季风季以及 2016 年的季风季,纬向通量存在“双峰结构”,伴随着 40 hPa 的东风最大值,这是由增强的东向传播的 IGW 造成的。在 2015 年和 2016 年季风期间平流层低层相对较强的东风可能导致了上传到平流层更高高度上的东向动量通量的增强。在对流层,向上传播和向下传播的 IGW 数量接近,六个站点上传 IGW 的比例分别为 46.4%、46.9%、46.7%、43.6%、45.1%和 50.4%,意味着对流层中的主要波源在 2~14 km 之间;在平流层,大部分 IGW 向上传播,上传 IGW 的比例分别为 84.2%、91.6%、77.2%、90.9%、80.1%以及 76.9%,意味着平流层中的波源仍然主要来自对流层,而部分平流层中向下传播的 IGW 可能来自更高高度上临界风场的垂直反射。同时,考虑到向上传播的 IGW 比例过高,残余的下行波也可以解释为测量和分析误差范围内的不确定性。

5.4.5　IGW 的频率、波长和传播特性分析

上述观测结果中，与 QBO 异常紧密相关的特征（如动量通量的“双峰结构”）在低纬度地区的四个站点（Truk、Koror、Majuro、Ponape）更为明显。并且通过箱线图的分析，表明这四个站点的参数分布特征是相近的，和较高纬度的两个站点（Guam、Yap）存在差异。为了排除纬度差异对结果带来的影响，这里只讨论低纬度四个站点的 IGW 参数累积后的统计特征。对流层 IGW 的固有频率、垂直波长、水平波长的统计特征如图 5.15 所示。

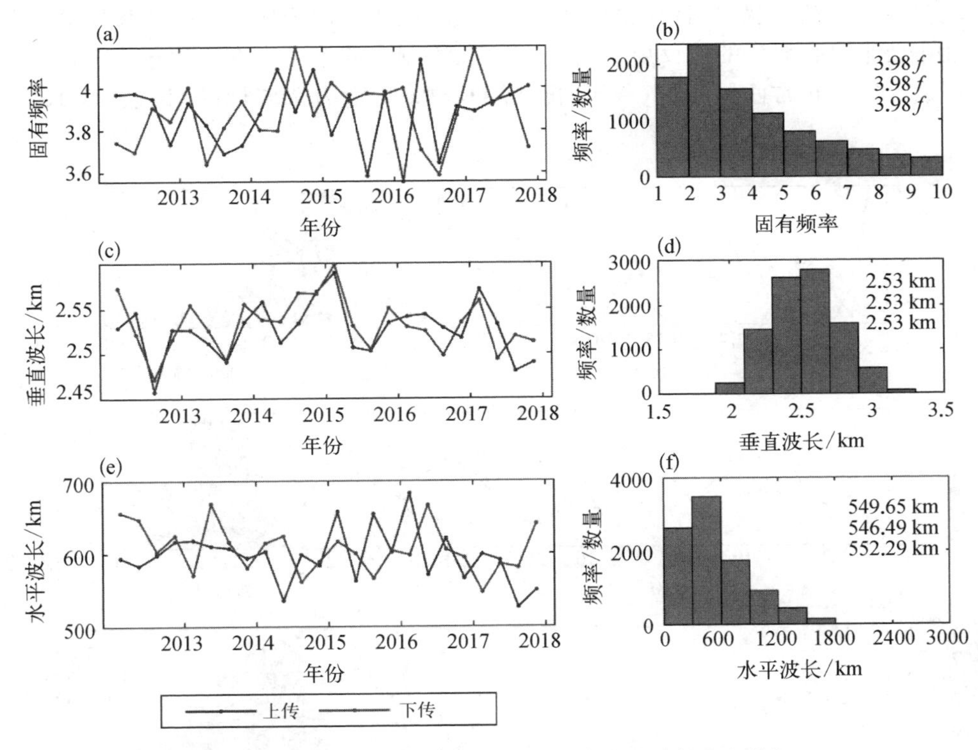

图 5.15　四个站点对流层中 IGW 的频率和波长分布特征

图 5.15 左图中的蓝色曲线代表上传波，红色曲线代表下传波，(a)、(c)、(e)分别为固有频率、垂直波长和水平波长随时间（季节）的变化，右图中(b)、(d)、(f)分别为三个参数的频率（数量）分布直方图，平均值在右上角标注出

来,黑色为全部 IGW 的平均值,蓝色为上传 IGW 的平均值,红色为下传 IGW 的平均值。对流层中上传 IGW 和下传 IGW 的固有频率和水平波长存在明显差异,说明在对流层影响重力波产生的因素更为复杂(积云对流、风切变等),存在不止一种波源。上传 IGW 和下传 IGW 的固有频率、垂直波长以及水平波长的平均值基本相同,平均值分别为 3.86 f、2.53 km 以及 630 km。

平流层中的 IGW 的频率和波长分布特征如图 5.16 所示。在平流层中,上传和下传的 IGW 固有频率、垂直波长以及水平波长的变化趋势基本一致,说明上传波和下传波很可能有相同的波源。尽管大部分平流层的 IGW 产生于对流层(上传波),且平流层中下传波的数量远小于上传波,在四个站点累积后的平均参数中依然能观测到相似的趋势。可以认为,平流层中向下传播的 IGW 很可能主要来自临界层的波反射[240,241]。进而,绘制出四个站点在季风前、季风、季风后、冬季,正常西风相位(WQBOP,以 40 hPa 高度为选取标准)以及 15/16D

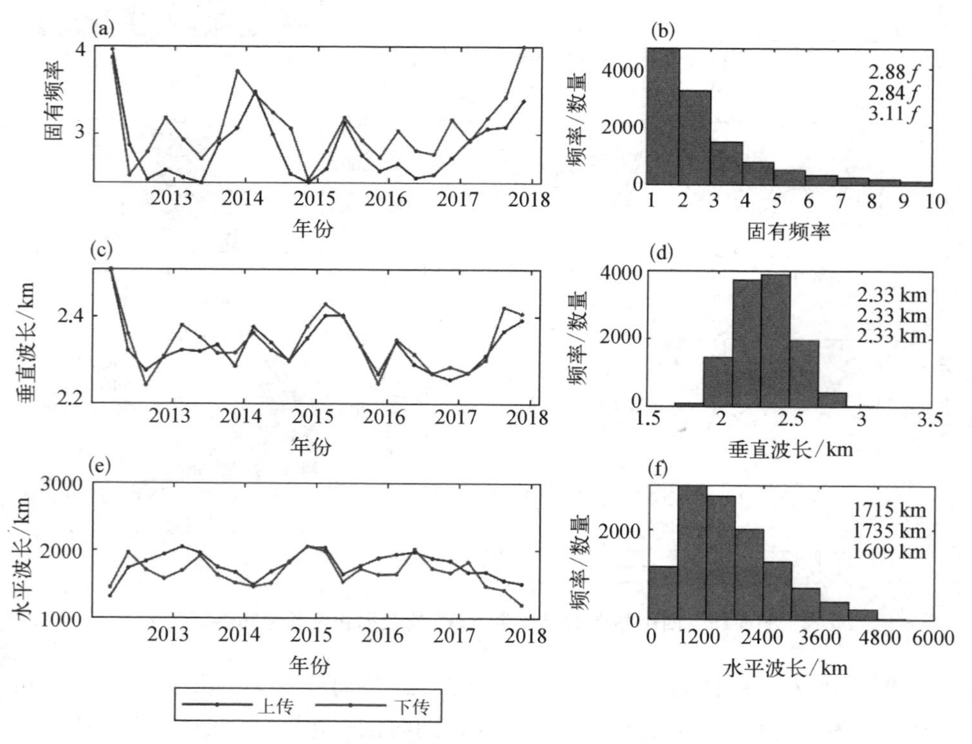

图 5.16 四个站点平流层中 IGW 的频率和波长分布特征

期间平均纬向风场的垂直廓线，如图 5.17 所示。四个站点平流层上空随着高度逐渐增强的东风预示着在分析高度之上波反射发生的可能。

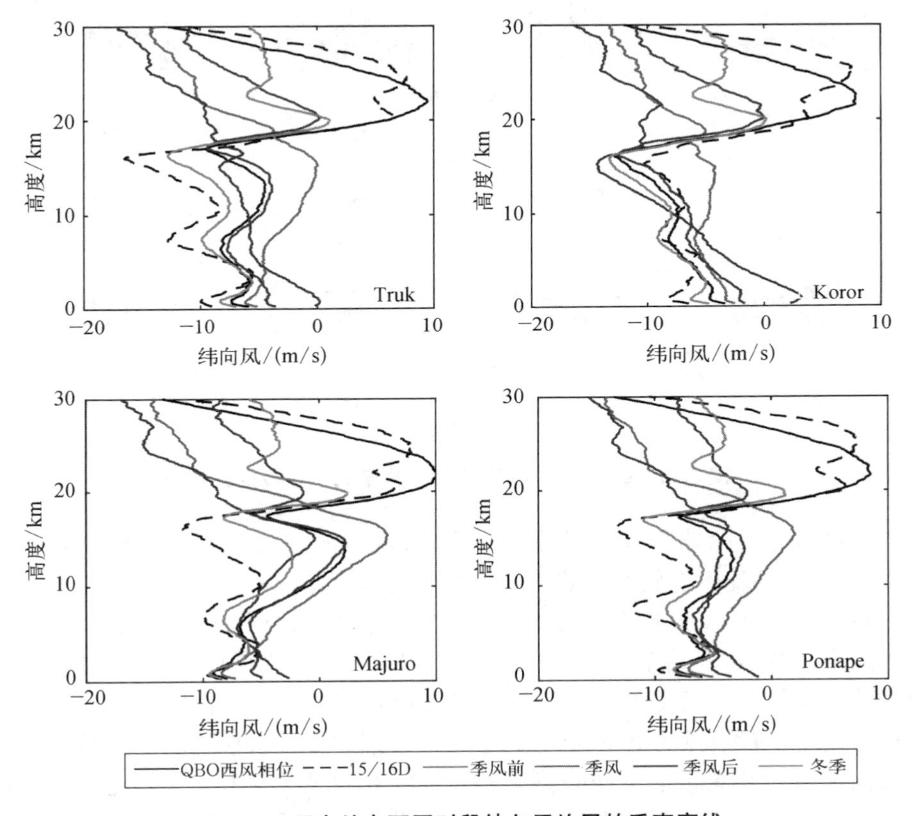

图 5.17　四个站点不同时段纬向平均风的垂直廓线

固有频率和垂直波长的平均值低于对流层，分别为 2.82 f 和 2.33 km，水平波长的平均值远高于对流层，平均值为 1 920.8 km。在平流层中，上传 IGW 的固有频率略低于下传 IGW，这可能因为水平波长比垂直波长增加得更为显著。在 15/16D 期间，对流层上传 IGW 的垂直波长和水平波长都有极大值，在平流层，上传 IGW 和下传 IGW 也是如此，对应于固有频率的极小值。

不同季节中对流层和平流层的 IGW 的水平传播方向如图 5.18 所示，传播方向分为 30°的间隔，0°代表正北方向。图 5.18(a)~(d)代表对流层，(e)~(h)代表平流层。

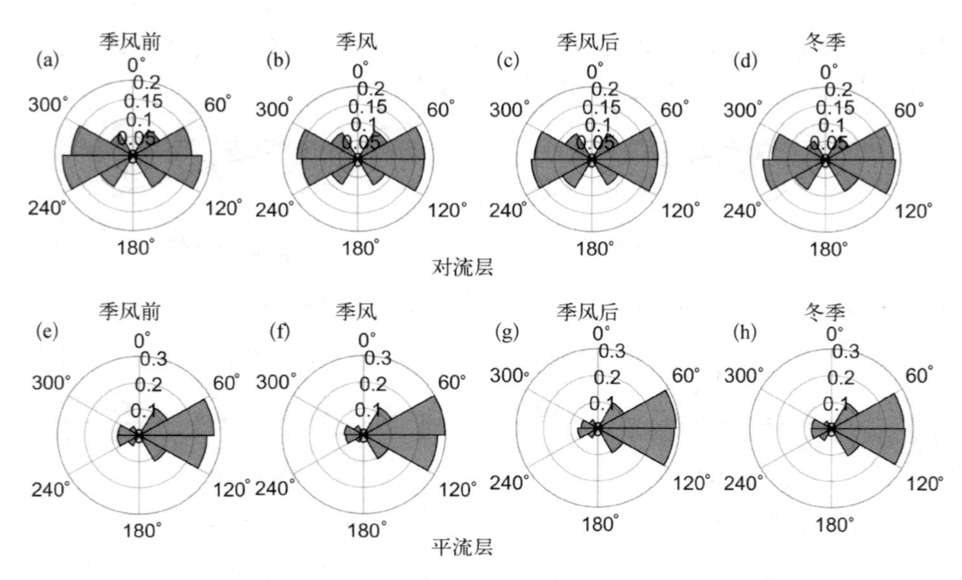

图 5.18　四个站点 IGW 在四个季节的水平传播方向

可以看到无论是在对流层还是平流层,重力波的传播都更偏向于东西方向,只有较小的比例有较明显的南向或者北向的传播。

对流层中,IGW 既向东向传播,也向西向传播,两个方向的比例基本相同;平流层中,IGW 主要向东传播。四个站点在前季风期、季风期、后季风期以及冬季的纬向风的垂直廓线在平流层中(高于 18 km)东风显著加强(图 5.13),由于传播方向小于背景风的 IGW 更有利于向上传播[39],所以平流层中滤掉了大部分西向传播的 IGW。正常 QBO 西风相位期间 IGW 在对流层和平流层中的传播方向如图 5.19 所示。其中左图为对流层,右图为平流层。

即使在正常西风 QBO 相位期间,平流层中依然是以东向传播为主的 IGW,其中低相速度的 IGW 被弱西风吸收掉而显著减少。基于超压气球,Vincent 等[242]在赤道西太平洋地区捕捉到两个惯性重力波的波包,并且发现西向传播的波包在 20 km 附近遭遇临界层而耗散,而东向传播的波包能上传到 30 km。考虑到他们研究的地区和本研究具有类似的背景风场趋势以及地理位置,并且所捕捉的重力波波包的周期(几天)和垂直波长(几千米)和本研究结果相近,所以他们的个例分析正好可以佐证本研究中基于垂直廓线所得到的统计分析结果。即上传到平流层上层的 IGW 以东向传播为主,而西向传播的 IGW 在上传到平流层后,便开始向背景大气耗散动量和能量。

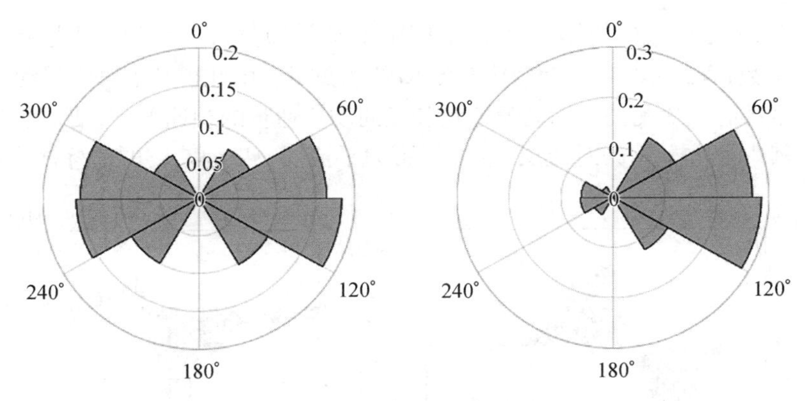

图 5.19 四个站点 IGW 在 WQBOP 的水平传播方向

与 Gadanki 上空强烈的东风急流(40 m/s 的量级)不同[142],西太平洋地区上空对应高度的东风明显较弱(只有 10~20 m/s),但是依然能滤去绝大部分上传的西向 IGW,说明 IGW 传播速度也具有明显的地区差异性[209]。西太平洋地区 IGW 的传播相速度低于印度洋地区,这可能是波产生机制对传播速度产生的影响[243]。值得注意的是,局部观测到的 IGW 活动也可能和再分析数据中解析的结果不同,比如 Kang 等[224]利用 MERRA2 再分析数据在北半球冬季平流层得到了以西向传播为主的 IGW,这可能是由于方法、数据、地理位置等的差异造成的。

5.5 惯性重力波对背景风场的强迫

5.5.1 动量通量的水平相速度谱

以动量通量-相速度函数为输入的谱参数化是一种基于理论假设建立的重力波源参数化模式[37],但是重力波的源谱模型具有明显的区域差异,目前观测对波源参数输入的约束还是非常有限的[244]。根据站点的纬度分布特征,这里将 Truk、Koror、Majuro、Ponape 近似为同一纬度地区,利用统计结果来分析热带西太平洋地区的动量通量相速度谱:

$$F(c_i) = \frac{\sum_{n=1}^{n=N} F_n(c_i)}{N_{\mathrm{up}}} \tag{5.1}$$

其中,$F_n(c_i)$ 是第 i 个相速度区间 $[c_k + (i-1) \times \Delta_c < c \leqslant c_k + i \times \Delta_c$, Δ_c 为相

速度宽度，c_k 为常数］的第 n 个上传 IGW 的动量通量；N 为该区间内所有上传 IGW 的个数；N_{up} 为四个站点全部上传 IGW 的数量。由此得到了对流层和平流层中包含全部有效探测的纬向动量通量和经向动量通量的相速度谱,结果如图 5.20 所示。其中上方子图为对流层,下方子图为平流层，N_{up} 和 Δ_c 的值标注在图中。

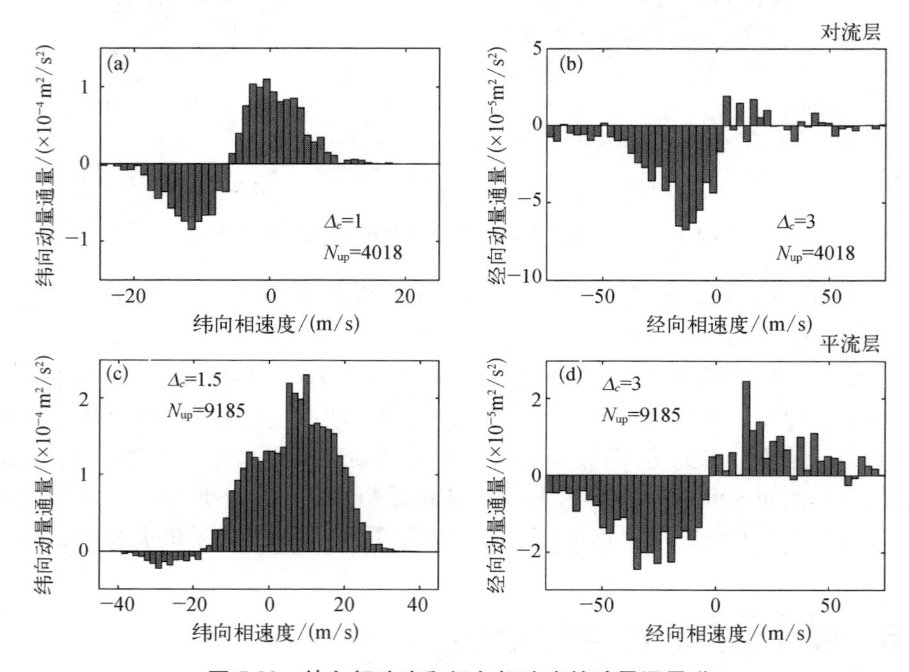

图 5.20 纬向相速度和经向相速度的动量通量谱

纬向动量通量谱具有明显的高斯分布,尽管同时也具有各向异性。谱形主要由波源和背景风场中的传播特性决定[244]。在对流层,纬向动量通量谱东西向的峰值和谱宽差别不大,说明对流层并没有较强的急流产生。西向传播的 IGW 中心相速度绝对值大于东向传播的 IGW,这是因为对流层中普遍的东风产生的多普勒效应(图 5.17)。在平流层中,东向的动量通量谱宽度明显宽于西侧,峰值要大得多。这是因为在 IGW 向上传播的过程中,大部分向西传播的 IGW 被滤除,所携带的动量被背景流吸收。在 IGW 向上传播过程中(从对流层到平流层),东向动量通量增加,而由于背景大气的过滤作用,大部分西向动量通量被吸收。平流层的波源比对流层的波源更简单,IGW 的单色性更强。

相比之下,经向动量通量谱的高斯分布并不明显,且峰值远小于纬向动量通量谱,说明南北向的IGW活动对更高高度上的大气产生的潜在动量强迫远小于东西向。为了探究IGW的经向传播受背景流的影响,这里绘制四个站点不同时段经向平均风的垂直廓线如图5.21所示。由于IGW主要向东或向西传播,因此临界层的滤波作用与经向风和经向相速度之间没有明显的关系,这里便不再额外讨论。动量通量-相速度谱的东西向峰值在对流层大致相同,而平流层的西向峰值远小于东向峰值。东西向的峰值表现出较大的差异,因为大多数向西传播的IGW被东风吸收并将动量沉积到平流层低层的背景大气中。平流层东风急流的多普勒效应也引起动量通量谱向西移动。

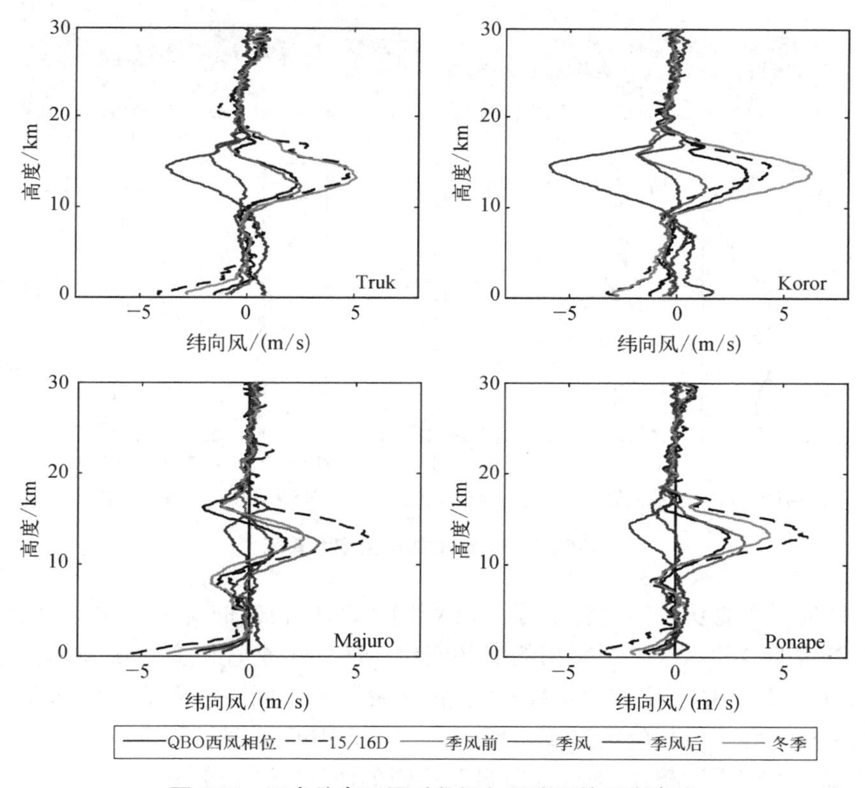

图5.21 四个站点不同时段经向平均风的垂直廓线

5.5.2 15/16D期间的背景场特征

以Ponape站点为例,对15/16D期间的IGW活动进行了进一步探究。将月平均纬向风和经向风的垂直切变、浮力频率、温度的时间高度截面图,正常的西风 QBO 相位和 15/16D 的纬向风、经向风及其垂直切变、浮力频率的垂直廓线及风分量的误差棒(1 倍标准差: 1σ)绘制如图 5.22 所示。

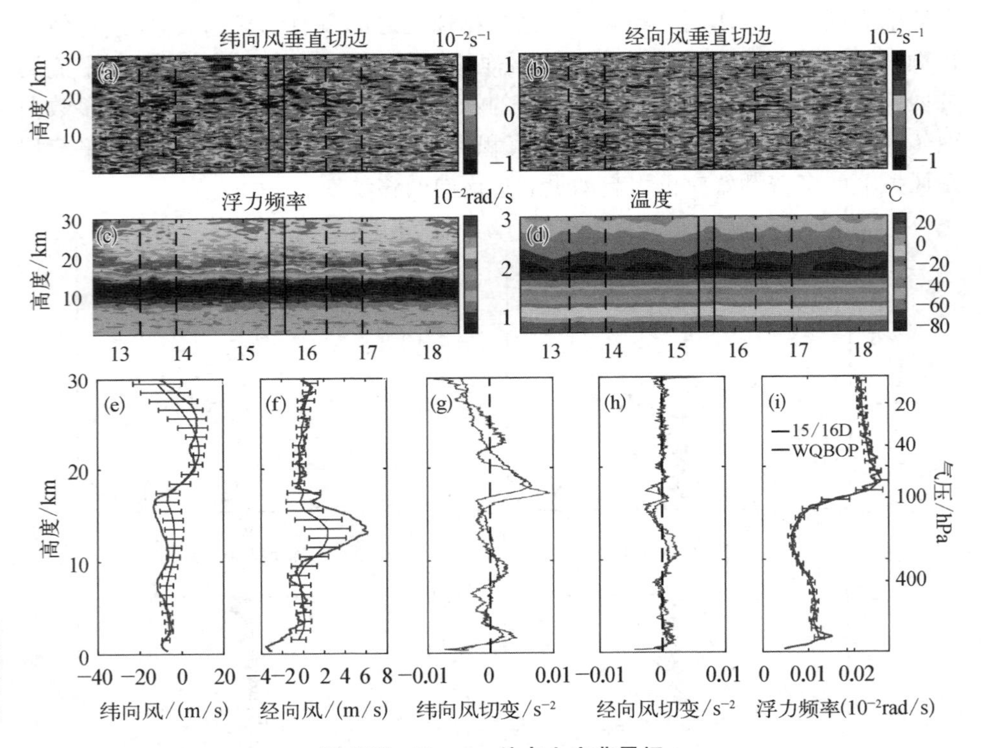

图 5.22 Ponape 站点上空背景场

纬向风垂直切变的交替下降源自 QBO 东西风相位的交替变化,而经向风没有产生明显的东西风切变相的交替变化。纬向风垂直切变的量级和新加坡(1.4°N,104°E)的历史数据量级相同,伴随着平流层低层中大的东风切变出现在西风相位和东风相位的过渡时期[220]。在 15/16D 期间,25~30 km 之间东风切变被西风切变所替代,对应此时显著增强的西风。浮力频率随着高度的增加先减小后增大,在 10~14 km 之间达到浮力频率的最小值,在 18~19 km 达到浮力频率的最大值。10~14 km 之间静力稳定性最小,对应着弱风切变,被认为是由对流产生 IGW 的主要源区之一[142]。对流层的温度的年际变化非常微弱,在平流层表现出明显的年际振荡,在冬季有温度的极小值。

与 WQBOP 相比，在 15/16D 期间，22 km 附近的纬向风明显偏低（1σ），而 25 km 附近纬向风偏高（0.5σ）。这一结果与向下传播的东风切变在 25 km 左右中断并转化为西风切变有关。异常东风出现在 40 hPa 附近的西风 QBO 相位之间，主要由行星波的耗散触发引起[245]，形成其下方的负垂直风切变和上方的正垂直风切变。与 WQBOP 相比，15/16D 期间的温度和浮力频率没有明显差异。纬向风的差异主要来自对流层上层的东风增强、平流层 40 hPa 的西风减弱，以及平流层 20 hPa 的西风增强。对于经向风，这种差异是由对流层中明显增强的南风引起的。这些差异在其他探测站点也很明显（图 5.17 和图 5.21）。

5.5.3　15/16D 期间的 IGW 活动特征

考虑到对流层背景风场主要呈现年际变化特征，而平流层背景风场呈现准两年振荡特征，所以对 Ponape 站点上空 15/16D 期间的 IGW 分别与对流层冬季和平流层 WQBOP 期间的 IGW 活动进行对比分析，结果如图 5.23 所示。图 5.23（a）~（f）为对流层的分析结果，（g）~（l）为平流层的分析结果。

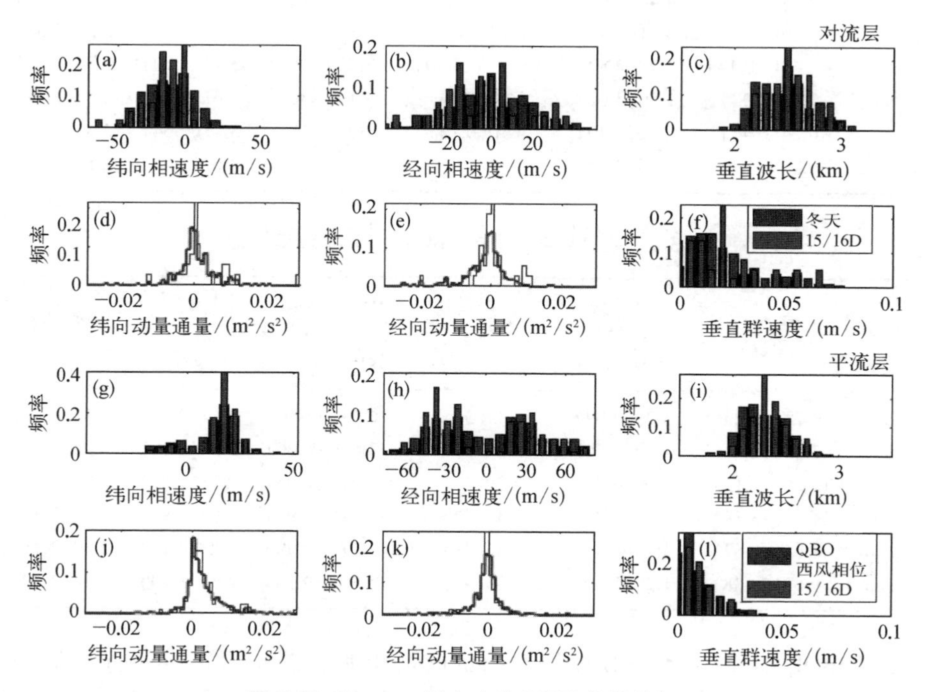

图 5.23　Ponape 站点上空 IGW 参数特征

同时，为了使对比结果更加全面可靠，六个站点上空的对应参数平均值都被计算出来，结果如表 5.1（对流层）和表 5.2（平流层）所示。在对流层，15/16D 期间 IGW 的水平相速度更偏负值，表明对流层存在增强的西向传播的 IGW。纬向动量通量的均值有正有负，但峰值明显高于冬季，反映出更强的 IGW 活动，这也和之前的研究一致。在平流层，15/16D 期间的 IGW 和 WQBOP 相比，东向传播的 IGW 具有更大的水平相速度、更长的垂直波长、更低的频率以及更小的垂直群速度，并伴随着更大的东向动量通量。值得注意的是，在 15/16D 期间零相速度附近的 IGW 几乎消失，这很可能是西风 QBO 相位中发展的东风所伴随的上方（下方）的正（负）垂直风切变导致了低相速度的波发生破碎。

表 5.1　对流层冬季（15/16D）IGW 参数平均值

站 点	相速度/（m/s）	垂直群速度/（$\times10^{-2}$ m/s）	纬向动量通量/（$\times10^{-4}$ m^2/s^2）	经向动量通量/（$\times10^{-4}$ m^2/s^2）	固有频率/（w/f）	垂直波长/m
Guam	0.03（0.61）	4.44（5.27）	−3.68（−3.56）	−38（22）	3.63（4.10）	2.50（2.56）
Yap	−0.19（−0.10）	3.31（3.49）	2.17（11）	−32（−70）	3.78（3.89）	2.55（2.58）
Truk	−0.47（−0.14）	2.70（2.89）	6.75（−5.50）	−27（−48）	3.84（4.00）	2.56（2.59）
Koror	−2.56（0.28）	2.50（3.02）	2.90（0.14）	−19（−31）	3.61（4.26）	2.59（2.58）
Majuro	−0.24（0.45）	2.42（2.40）	0.10（0.13）	−23（−48）	3.71（3.54）	2.32（2.35）
Ponape	−0.26（−1.64）	2.35（2.37）	7.57（12）	−21（−12）	3.67（3.66）	2.53（2.59）

表 5.2　平流层冬季（15/16D）IGW 参数平均值

站 点	相速度/（m/s）	垂直群速度/（$\times10^{-2}$ m/s）	纬向动量通量/（$\times10^{-4}$ m^2/s^2）	经向动量通量/（$\times10^{-4}$ m^2/s^2）	固有频率/（w/f）	垂直波长/m
Guam	4.78（4.72）	1.99（2.09）	33（34）	−6.58（−14）	2.14（2.21）	2.28（2.27）
Yap	7.45（9.19）	1.62（1.44）	36（55）	−3.61（−6.26）	2.34（2.18）	2.32（2.33）
Truk	11.26（14.13）	1.05（0.83）	39（42）	−4.42（−3.95）	2.15（1.89）	2.30（2.36）
Koror	11.51（13.39）	1.04（0.95）	37（47）	−6.31（−7.93）	2.07（1.94）	2.31（2.35）
Majuro	8.65（10.62）	1.16（1.07）	26（37）	−3.77（−1.99）	2.28（2.11）	2.30（2.35）
Ponape	9.63（13.38）	1.20（1.09）	36（42）	−5.39（−9.10）	2.35（2.14）	2.30（2.39）

WQBOP 期间和 15/16D 期间的动量通量相速度谱如图 5.24 所示，15/16D 期间，对流层的相速度谱的结构更向西偏移，东向和西向峰值均增大，平流层西

向峰值减弱，东向峰值增强。为了排除时间不同采样所带来峰值差异的可能，又绘制了 2013/2014 冬季（和 15/16D 月份数相同，同时处于 WQBOP 期间）的动量通量谱，如图 5.25 所示。相速度谱的结构基本和 WQBOP 时期的结果一致。研究表明，赤道向传播的温带罗斯贝波是造成 15/16D 期间 QBO 中断的主要原因之一[78,246]，本研究的结果也表明 IGW 活动在其中是起到正反馈作用的。在 15/16D 期间，来自对流层向上传播的 IGW 携带更多的能量。具有高相速度（速度大于平均流）的 IGW 在到达平流层时继续向上传播，而其他 IGW（速度小于平均流）在那里消散，并产生增强的负的波强迫。在 WQBOP 和 2013/2014 冬季，向东传播的 IGW 的谱峰两侧对称分布，而在 15/16D，谱峰左侧的动量通量要低得多，表明 IGW 耗散较多。由于西风切变在较高高度（23 km 附近）因下方

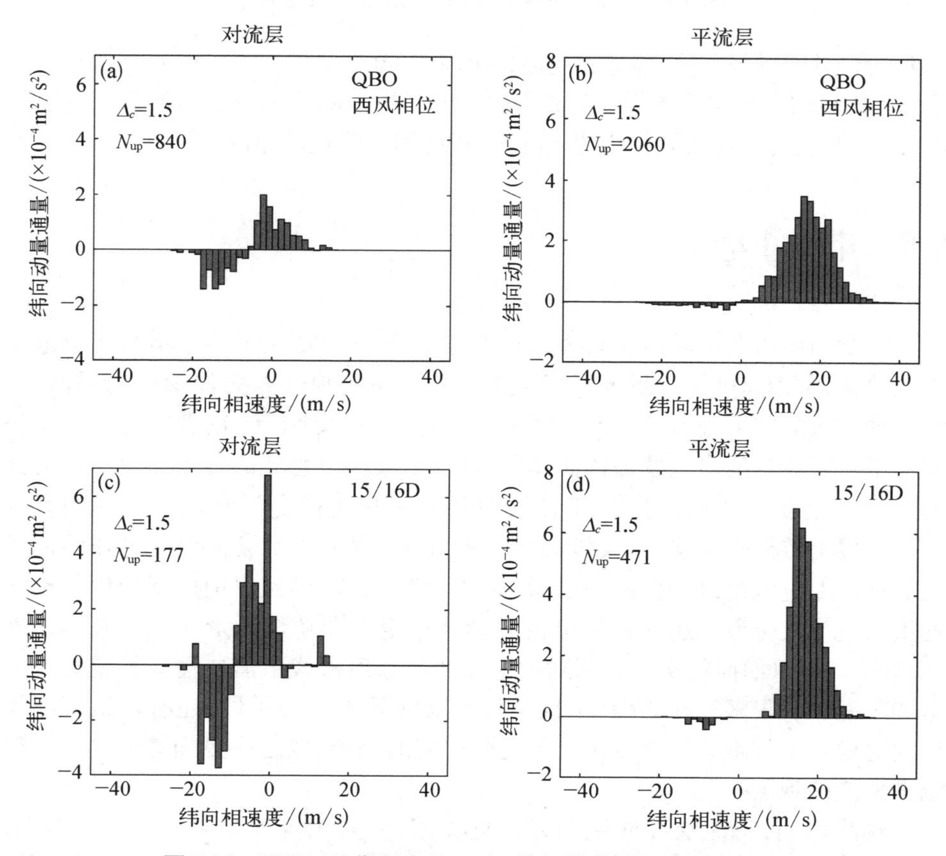

图 5.24　WQBOP 期间和 15/16D 期间的动量通量相速度谱

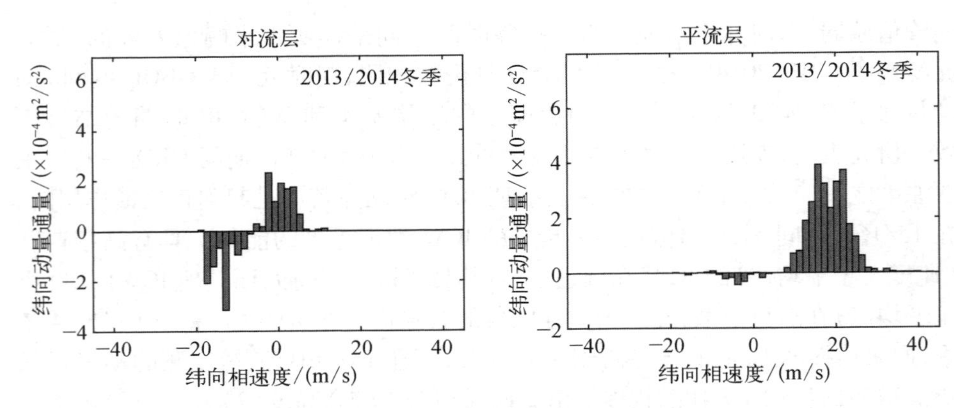

图 5.25 2013/2014 年冬季的动量通量相速度谱

异常的东风而增强,这可能导致更多的 IGW 在该处消散。考虑到 GW 通量可以决定 QBO 的周期和振幅[247],在 15/16D 期间,更快的波携带的动量通量会显著增加,这可能是导致西风相快速下降和 QBO 周期缩短的原因之一。

5.6 本章小结

本章利用西太平洋地区六个站点上空从 2013~2018 年共六年的无线电探空仪数据,利用速度图分析和斯托克斯参数法进行惯性重力波参数的提取,并将两种方法的结果进行了对比。两种方法的主要区别在于,前者能更好地反映叠加了不同频率的多色波的特征,而后者主要反映单色波的特点。相干性更强的 IGW 具有更长的垂直波长,对流层中 IGW 的极化程度弱于平流层,说明 IGW 从对流层上传到平流层,小尺度高频波被滤掉,剩下的是极化程度更强的低频波。理论上应该是以多色波的活动更接近实际大气,但是目前广泛应用于模式的重力波参数化方案还是基于单色波的波稳定性和动量通量守恒的基本物理原理[35]。所以如何将实际观测到的重力波与数值模式中需要输入的重力波强迫相匹配还有很多工作要做,不仅是优化观测重力波的手段,还有从机理框架层面对模式中的重力波参数化方案进行相应的完善,以适应更加逼近真实大气的重力波的观测。

观测表明,平流层纬向风场越接近赤道,西风相位和东风相位相应增强,15/16D 期间 20 hPa 附近西风向上位移和 40 hPa 附近西风中断的现象越明显,

40 hPa 处的西风相位逆转时期越前移,在此之后又恢复为正常的准两年振荡。利用箱线图对各站点上空的 IGW 参数整体分布情况进行了描述,显示出明显的纬度差异,纬度接近且靠近赤道的 Turk、Koror、Majuro、Ponape 四个站点的 IGW 参数特征比较接近。利用功率谱分析计算归一化温度扰动的垂直波数谱,结果表明对流层的谱斜率和谱振幅具有明显的年际变化特征。在季风期谱斜率最小,谱振幅最小,而冬季谱斜率最大,谱振幅最大。平流层具有显著增大的谱振幅,且变化趋势和对流层相似。对流层中,IGW 的动能和势能在冬季有最大值,季风季有最小值;平流层动能变化占主导,在每年冬季前后都有可分辨的极大值(至于极大值是否显著可能与对流层上传的 IGW 受背景风场的耗散程度有关)。

除此之外,在 2015 年和 2016 年平流层东风相位向西风相位转变期间,也有明显增强的 IGW 的动能。考虑到 Truk、Koror、Majuro、Ponape 四个站点的参数分布较为一致,对其频率、波长和水平传播方向进行了统计分析。对流层中上传 IGW 和下传 IGW 的固有频率、水平波长差异较明显,而平流层中它们的变化趋势基本一致,说明对流层的波源特性更为复杂,平流层的波源更单一。在对流层中 IGW 东向传播和西向传播的比例相当,东向传播的数量略高于西向,由于东风急流的滤波作用,平流层的重力波主要是向东传播。通过对西太平洋地区 IGW 动量通量相速度谱的观测可以为重力波参数化方案中相关波源参数的约束提供有价值的参考。对动量通量谱进行分析,发现 IGW 在经向产生的动量通量远低于纬向,且纬向动量通量谱在对流层和平流层由于多普勒频移效应均产生向西偏移。在对流层东向和西向 IGW 的谱峰值相当,在平流层西向 IGW 谱峰值显著减小。

本章还讨论了 15/16D 期间的 IGW 活动特征,并将其与 WQBOP 期间作对比。在平流层,和 WQBOP 相比,15/16D 期间 IGW 具有更高的相速度和更低的频率,由对流层上传的 IGW 活动强度也明显强于其他年份对应时期,伴随着更大的纬向动量通量。在平流层中,西风相位中出现的异常东风,减弱了临界层风速,更多相速度小于平均流的 IGW 在此耗散动量,施加额外增强的西向强迫(和 WQBOP 相比)。同时东风上下分别出现增强的西向风切变和东向风切变,这可能导致 15/16D 西风相位的内部滤掉了更多零相速度附近的 IGW。IGW 首先受背景风场的影响而产生变化的特征,之后反过来又对西风相位产生减速效果,进一步促进西风相位向东风相位的转换。在西风相位中断中,IGW 施加的增强的西向强迫也被 MERRA2 数据所证实[224]。本章首次从观测的角度展现了西太平洋地区的惯性重力波在 15/16D 中的活动特征,可以作为各种模式和再分析数据对更大尺度的赤道波对准两年振荡贡献的讨论[74,219,223,233,248,249]的参考。

同时,需要指出的是,这里只讨论了惯性重力波受 QBO 异常的影响及其产生的反馈效应,包括罗斯贝波、混合罗斯贝波和开尔文波等在内的多尺度波动和惯性重力波之间也存在相互作用,共同对背景大气施加影响。本章从实际观测出发,先是分析了惯性重力波的统计特征和传播特性,为后续进一步有针对性地开展气候模式中的对流重力波参数化方案的改进提供有价值的观测结果。然后分析讨论了重力波活动在 15/16D 期间的异常活动特点及其与背景大气的相互作用机制,考虑到在变暖的气候中 QBO 中断事件还有可能继续发生[250],需要从多种角度出发(模式、再分析资料以及观测数据等),进一步理解 QBO 的结构异常。为提升模式对大气环流准两年振荡现象的模式效果,值得进一步开展更多的相关工作。

第六章　天气尺度行星波的准共振放大与极端高温

6.1　引言

近年来,极端高温对人类的生产生活造成了极大的影响,甚至造成生命和财产损失。2022 年夏季,北半球中纬度地区遭受了广泛、强烈的热浪袭击,这比气候学家所警告的热浪爆发来得更加迅速。包括中国、北美以及欧洲在内的大部分北半球国家都受到了极端高温的严重影响。在这之前,一系列夏季极端高温也冲击了北半球中纬度,包括 2003 年的欧洲热浪[251]、2010 年的俄罗斯热浪[252],以及近几年在中纬度的不同地区更加密集发生的热浪[253-257]。这些极端酷暑天气对生态系统和社会产生了巨大的影响,威胁着人类的生命健康,并造成了大量的经济财产损失。同时,研究还表明,在全球变暖的背景下,这些极端天气也将发生得越发频繁[258-262]。

然而,目前的认识远远不足以阐明极端天气背后的物理机制及其在气候变化中的发展规律。包括热力学效应、温带急流和罗斯贝波活动在内的动力过程都对北半球夏季极端天气的发生具有促进作用[263-268],并且量化它们的相对贡献也是极具挑战的[254,266]。目前,由于无法考虑到所有影响热浪的因素,并且对极端事件缺乏足够的观测时间长度,气候模式不能完全准确地预测未来的极端高温天气[269,270]。了解极端高温打破纪录的程度以及高温事件的成因,有助于地方政府更好地应对不久的将来可能出现的极端天气。

罗斯贝波这一大气模式在整个地球上空形成蜿蜒的蛇形,容易形成停滞的天气形势,从而造成极端高温[271]。Petoukhov 等[103]指出,在北半球中纬度地区,特定情形下的温带风会形成能够捕获纬向波数为 6~8 的准正压行星尺度波的波导,使外力推动的强迫波和波导内的自由波之间发生共振,导致波振幅的显著增加,这被称为准共振放大(QRA)机制。简单来说,这类似于外力频率接近于固有频率时的强迫振荡器,通过发生共振增强振幅。

短波长的行星尺度波的放大(QRA 引起的共振波)能够反映北极变暖造成的人为强迫效应[272],并且可以解释北半球和南半球的极端天气事件[104,159,161]。基于气候模式预估的结果,Mann 等[273]提出了 QRA 事件在未来增加的可能性。然而,QRA 对极端天气的影响程度仍然是一个悬而未决的问题[274-276]。在不同的定义下,准共振放大与热事件的结合需要更多的研究,QRA 理论应用于观测的结果也需要进一步验证[272,277]。本章重点关注这些问题,因为对极端事件背后的行星波活动加深理解可以帮助评估未来波活动的潜在社会和经济影响。

6.2 近年来准共振放大事件与极端高温的关系

6.2.1 2022 年夏季的准共振放大事件

首先,利用 ERA5 再分析数据,将 QRA 理论应用于 2015 年、2018 年、2019 年和 2022 年夏季发生的热浪事件,试图找到它们与大气背景流之间的联系,结果如图 6.1 所示。

图 6.1(a)为 2022 年夏季(6~8 月)的结果:左侧子图为阻塞指数和极端高温的霍夫默勒(Hovmöller)图,深红色和浅红色分别表示强阻塞事件(阻塞指数大于 4)和弱阻塞事件(阻塞指数小于 4)。黑色散点代表极端高温,由每个经度上全部数据集的第 98 个百分位阈值定义为下限值,该阈值是基于研究时段的 15 天滑动平均的线性去趋势后的每日温度异常求得,因此保留了与行星波变化相关的局部信号,同时避免了长期趋势的影响。橙色曲线表示 100 hPa 纬向平均涡流热通量 $[v^*T^*]$(加粗的曲线对应于 QRA－HPA 事件前后涡流热通量的减小)。中间子图为 6~8 月由 15 天平均后的 300 hPa 经向风计算得到的纬向波数 $m=6$(黑色)、$m=7$(红色)和 $m=8$(蓝色)的天气尺度行星波的振幅(后文用 WN6、WN7 和 WN8 表示)。垂直虚线表示超过 1980~2022 年气候态平均波振幅 1.5 个标准差的水平,实心矩形点表示 QRA 理论波振幅[一系列满足 QRA 条件的天数里的振幅平均值,由式(2.46)计算得到]。黑色、红色和蓝色矩形填色框分别代表 WN6、WN7 和 WN8 在 QRA 机制起作用时对应的波导位置。右侧子图表示经过 15 天滑动平均后的 300 hPa 纬向平均纬向风的纬度-时间截面图,三个子图共用最左侧的 y 轴坐标刻度。图(b)~(d)与图(a)的表现要素一致,但是分别是 2019 年、2018 年以及 2015 年的结果。

图 6.1　四次热浪事件中共振波与背景大气之间的联系

注：纵坐标轴为日期（月.日）。

2022 年夏季，北半球中纬度地区受到广泛而强烈的热浪的影响，热浪发展程度比气候学家预期的要快[278]。6 月中旬的中纬度环流配置满足 QRA 条件，纬向波数 k 接近 8 的天气尺度自由波被捕获在中纬度波导内，导致 QRA 的发生（称为 WN8 QRA 事件）。7 月初，WN7 QRA 事件也开始发生，并持续近半个月。在 WN8 QRA 事件发生 3 天后，出现了峰值振幅（HPA，高于气候态平均值 1.5 倍标准差）。对于 7 月的 WN7 QRA 事件，预测的 QRA 振幅也接近观测到的 HPA，预测峰值振幅滞后观测峰值振幅 5 天。于是，这里将 QRA - HPA 事件定义为 QRA 机制形成于 HPA 事件发生前的 2 周内或与 HPA 事件几乎同时发生[104]，即 QRA - HPA 事件意味着天气尺度行星波振幅的异常增强和准共振放大机制密切相关。

6.2.2　重叠波导

为了更全面地分析各种尺度的波振幅情况，又绘制纬向波数为 $m=1\sim5$ 的行星波振幅以及 2022 年夏季三次共振时间的波导分布，如图 6.2 所示。

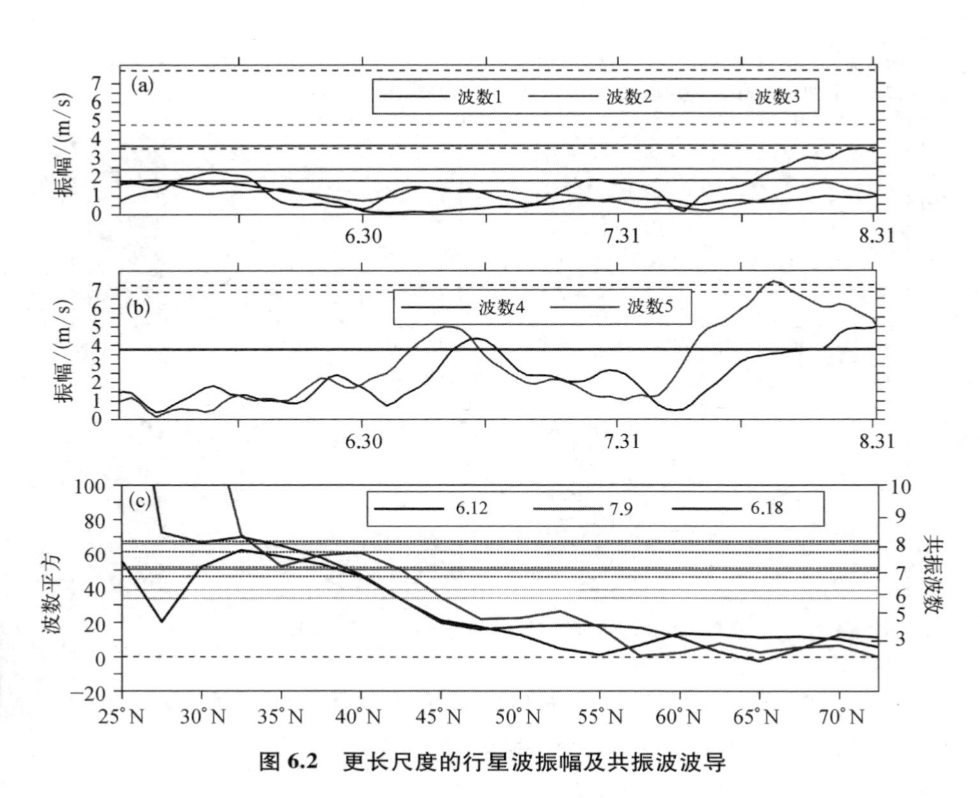

图 6.2 更长尺度的行星波振幅及共振波波导

图 6.2(a)为纬向波数 $m=1\sim3$ 的行星波振幅随时间的变化,图 6.2(b)为纬向波数 $m=4\sim5$ 的行星波振幅随时间的变化,实线代表气候态平均值,虚线代表气候态平均值以上 1.5 倍标准差。图 6.2(c)为无量纲准静止波波数的平方 $K_s^2a^2$(对应左侧 y 轴,三条曲线分别对应三次 QRA 事件)和 QRA 事件对应得纬向共振波数 k(对应右侧 y 轴,水平直线)。红色曲线代表 WN7 QRA 事件,中心日期为 7 月 9 日;蓝色曲线代表 WN8 QRA 事件,中心日期为 6 月 18 日;黑色曲线代表发生波导重叠的情况,中心日期为 6 月 12 日,波导内捕获了波数 6 和波数 7 行星尺度波(黑色、红色和蓝色虚线分别代表 $k=6\pm0.2$、$k=7\pm0.2$ 和 $k=8\pm0.2$)。水平蓝色实线表示 $k=8.11$,水平红色实线表示 $k=7.10$,由 $K_s^2a^2=(la)^2+k^2$, $l=0$ 计算得出。

需要说明的是,在确定 QRA 事件时,必须完全排除不同波数 m 所形成的波导重叠,因为这会导致波导中不同 m 波之间的非线性干扰,破坏高反射边界的形成[104]。虽然本章的结果严格基于这一准则,但同时也应该注意,重叠波导中的非线性相互作用也可能促使波振幅的增强。例如，在 2022 年 6 月 15 日前后，纬向波数 $m=6\sim8$ 的波振幅均同时增加，而较小波数（$m=1\sim5$）的波幅减弱不明显[图 6.2(a)与(b)]。这很可能不是由波与波之间的相互作用引起的，因为在主要波数之间没有发现振幅的振荡传输[279]。即使在重叠波导中，由于非线性反射的作用，波振幅仍然可能发生放大增强[280]。对于 2022 年 6 月，虽然波数 8 共振只持续了几天，但在波数 8 事件发生之前，重叠波导中仍然存在波振幅的放大，并且波放大的实际周期远长于 QRA 机制起作用的时间。

本章所选择的满足 QRA 的时间段并不包括不同波数的准共振放大同时发生的时间段（即波导重叠时段），因此需要注意的是，波导的实际存在时间要比图 6.1 中绘制的阴影区域长得多，并且绘制在图中的波导可能比观测到的 HAP 晚几天，但实际上，在 HPA 发生之前，波导已经形成。不同波数下的准共振放大已经同时发生。此外，通过严格排除不同波数（或波导重叠）同时共振的情况，可以避免不同波数对结果的混淆，从而使探究某一波数对极端高温的响应更加准确。

6.2.3　近几年的共振波事件及其背景流的配置

为了描述极端高温在不同地区的发生情况，将中纬度按经度划分，区域划分结果如图 6.3 所示。

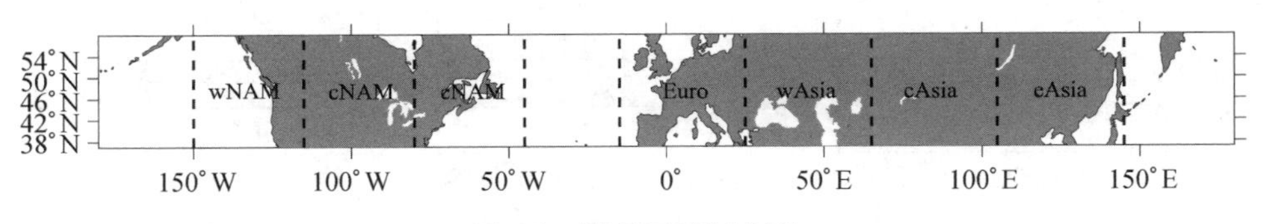

图 6.3　地理区域划分图

中纬度地区被划分为以下区域（不包括海洋）：北美西部（wNAM，150°W～115°W）、北美中部（cNAM，115°W～80°W）、北美东部（eNAM，80°W～45°W）、欧洲（Euro，15°W～25°E）、西亚（wAsia，25°E～65°E）、中亚（cAsia，65°E～105°E）和东亚（Asia，105°E～145°E）。

为了进一步佐证局部高温结果的正确性，又将区域平均后的地表温度异常（未去趋势）的月平均结果绘制如图 6.4 所示，用以和图 6.1 中的极端高温发生区域进行互相印证。图中左侧、中间和右侧子图分别代表 6 月、7 月和 8 月的月平均值。区域平均值包括整个纬圈（ML）、北美西部（wNAM）、北美中部（cNAM）、北美东部（eNAM）、欧洲（Euro）、西亚（wAsia）、中亚（cAsia）和东亚（Asia）。这里保留了温度变化的长期趋势，以观察不同地区随着时间推移的变暖程度，红色圆圈表示温度异常高的月份（高于气候态平均值以上1.5倍标准偏差）。

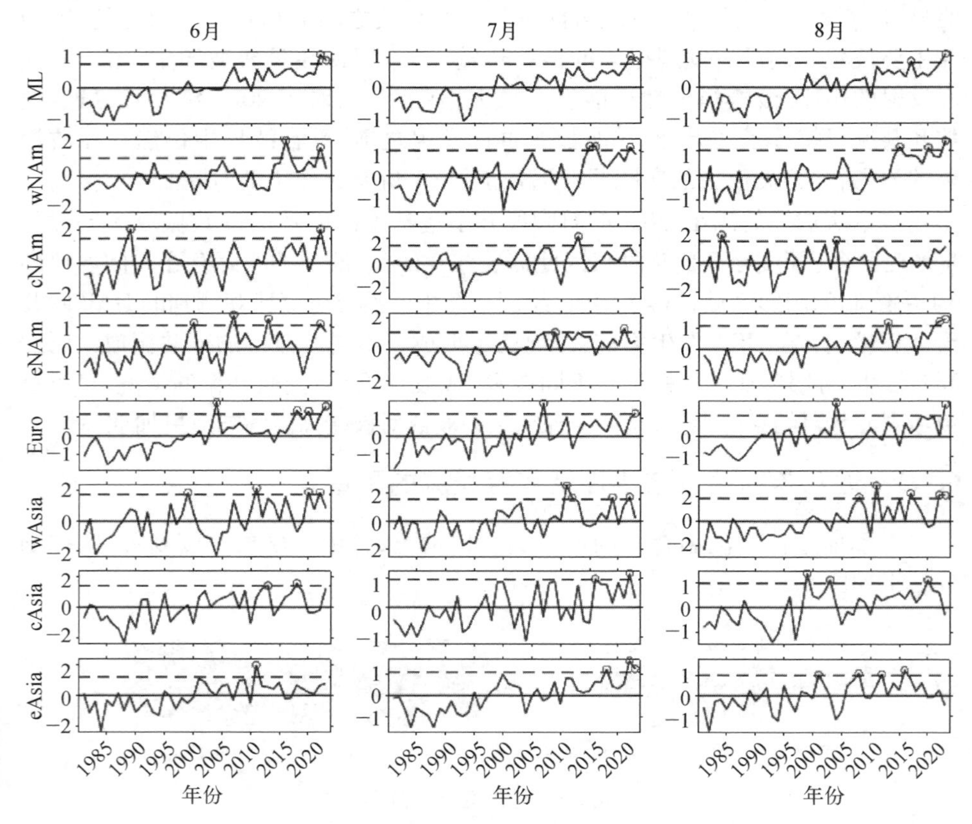

图 6.4 1980～2022 年区域月平均地表温度异常的时间序列

2022年6月，与WN8 QRA－HPA事件相对应的极端高温事件发生在北美中部、欧洲和中亚。2022年7月，持续的极端高温影响了欧洲和东亚，正好与持续约半个月的WN7 QRA－HPA事件相对应。从区域月平均地表温度异常也可以看出局部的极端高温（图6.4）。8月上半月的欧洲和8月下半月的北美西部同样存在较为密集的极端高温事件，此时对应有波数7的峰值振幅以及波数5的峰值振幅，但是并没有QRA事件的发生。说明此时由其他机制驱动了高振幅的中纬度行星波，如Branstator机制[99]、厄尔尼诺-南方涛动[281]、北大西洋涛动[282]等。

2015年6月和7月，北美西部和中部、欧洲以及亚洲西部和中部发生了极端高温事件，并伴随着 WN7 和 WN8 的 QRA－HPA 事件。8 月，北美中部、欧洲以及中亚发生了极端高温事件，与 WN6、WN7 和 WN8 的 QRA－HPA 事件相对应。2018 年，WN6 QRA－HPA 事件主要发生在 7 月底和 8 月初，极端高温袭击了北美西部、欧洲和中亚。2019 年 6 月至 8 月的北美西部和欧洲，以及 6 月的中亚出现了极端高温。WN7 QRA－HPA 事件在 6 月下旬首先发生，然后 WN8 和 WN6 QRA－HPA 事件在 7 月接连发生。计算得到的 QRA 理论波振幅与观测波振幅吻合较好，所有偏差都不大于 1 m/s。图 6.1 中的橙色曲线表示 100 hPa 纬向平均涡流热通量，当 QRA 机制生效时，对流层内捕获天气尺度波，阻止其能量逃逸到平流层，导致相对较弱的向上传播的行星波（橙色粗体曲线）。结果表明，QRA 在北半球通常对应双急流结构，与更偏向南的强而窄的副热带急流相关，这可能是位势涡场的强阶梯梯度造成的[283]。

将急流核所在纬度位置与波导第一个转向点（TP）的纬度位置之间的散点图绘制如图 6.5 所示。图中（a）为 $m=6\sim8$、（b）为 $m=6$、（c）为 $m=7$、（d）为 $m=8$

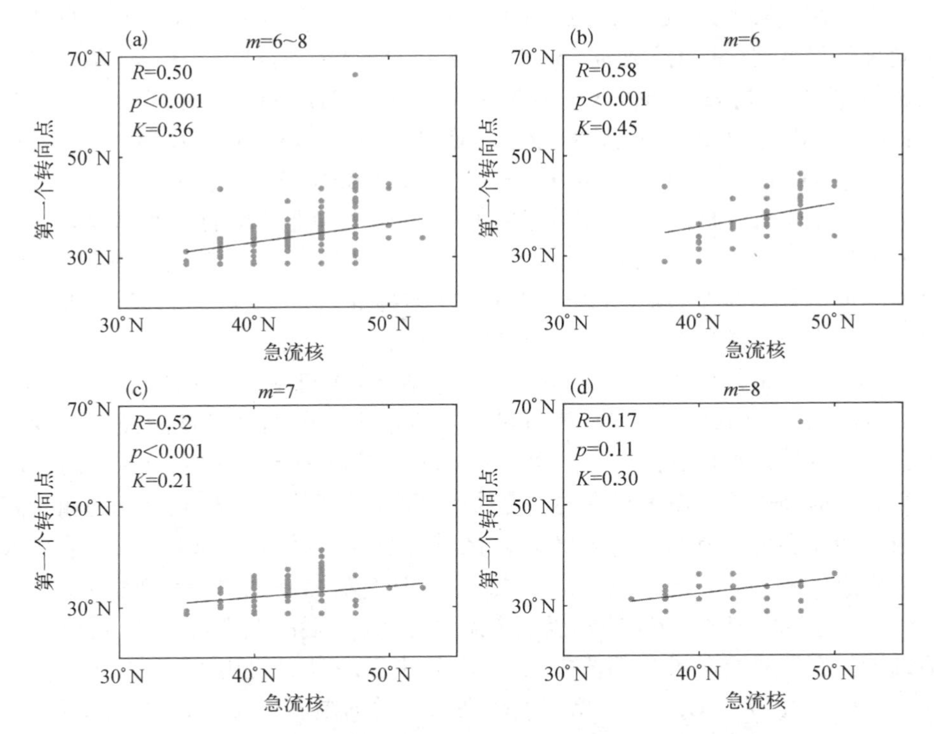

图 6.5　波导的首个 TP 点与副热带急流核的位置散点图

的分类统计结果，R 为相关系数，K 为线性拟合斜率，p 为统计显著性水平，均标注在图中。与 WN8 相比，两个变量在 WN7 和 WN6 表现出更显著的正相关（$p<0.001$）。

从图 6.5 可以看出，波导位置与副热带急流核之间存在明显的正相关关系。随着急流核位置向北移动，第一个转向点的位置也更加偏北。QRA 的发生往往伴随着大气阻塞的增强和行星波能量向平流层逃逸的减弱。双急流结构和增强阻塞的结合共同促进了行星波的放大和持续[255]，延长了热浪的持续时间。

6.3 共振波在极端高温中的作用

6.3.1 对不同类型高振幅波的地表温度响应

为了探究共振波和非共振波对中纬度地区极端高温事件的具体影响以及不同天气尺度波（纬向波数 $m=6\sim8$）对极端高温件的不同响应，将与 QRA 相关以及与 QRA 不相关（nonQRA－HPA）的高振幅波对应的时段分别归类为 6 个簇：WN6 QRA－HPA 事件、WN7 QRA－HPA 事件、WN8 QRA－HPA 事件、WN6 nonQRA－HPA 事件、WN7 nonQRA－HPA 事件和 WN8 nonQRA－HPA 事件。为避免混淆结果，排除上述六种分类中两个或两个以上类型的高振幅波同时存在的情形。考虑到温度异常可能滞后于波振幅异常 1～2 天[98]，这里选取了满足高峰值振幅的时段（高于平均水平的 1.5 倍标准差）以及后续的三天，来讨论行星波放大引起的极端高温，结果如图 6.6 所示。

其中，图 6.6 左侧子图为 1980～2022 年伴随 QRA 机制的纬向波数为（a）$m=6$、（c）$m=7$、（e）$m=8$ 的高峰值行星波对应地表平均温度异常的经度纬度截面，以及没有 QRA 机制的纬向波数为（g）$m=6$、（i）$m=7$、（k）$m=8$ 的高峰值行星波对应地表平均温度异常的经度纬度截面。使用学生 t 检验来识别和非高峰值波相比温度异常显著（$p<0.05$）的区域，黑色散点代表在满足 5%显著性水平的格点。右侧子图与左侧子图分类一致，但表示的是近 20 年（2002～2022）与更早的 20 年（1980～2001）的极端高温百分比（极端高温超过第 90 百分位阈值的天数在所研究时段全部值中的占比，其中极端高温使用 15 天长度的中心窗口，基于所研究时段的每个格点上线性去倾后的温度异常确定）之差，18%的比例用红色等值线绘制。

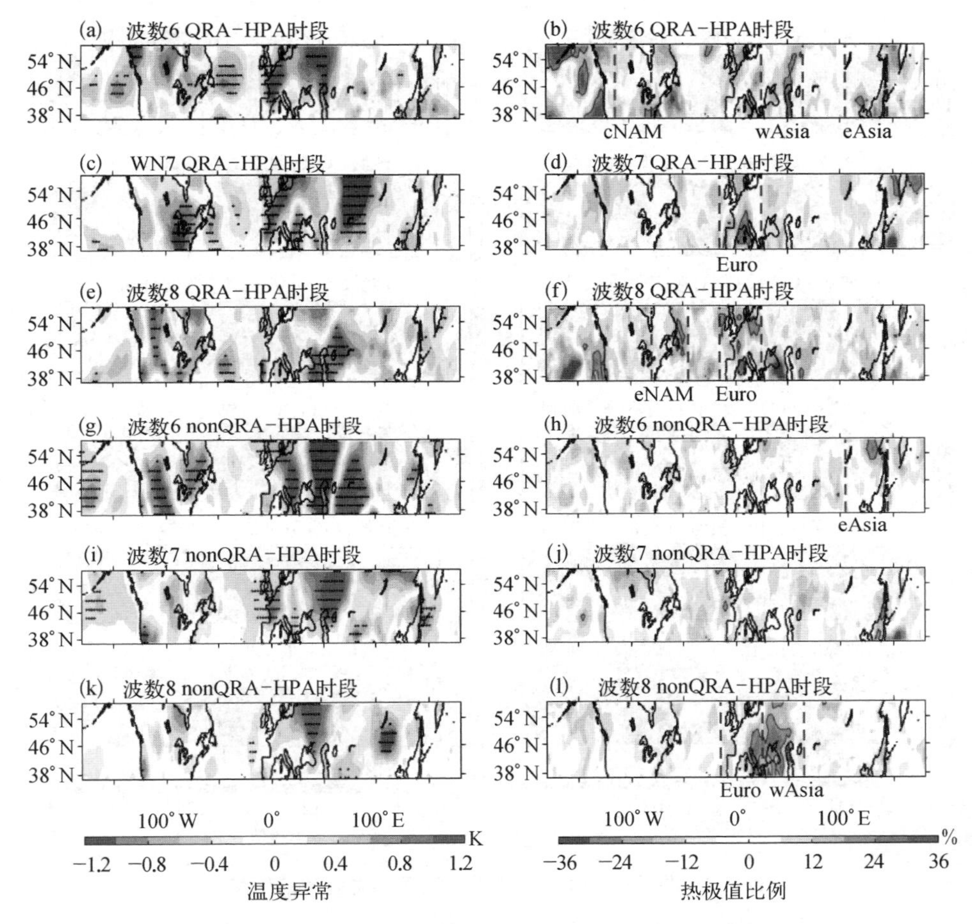

图 6.6　1980~2022 年地表温度对不同类型波的响应

作为比较，将 2002~2022 年地表温度对不同类型波的响应绘制如图 6.7 所示。左侧子图表示形式和图 6.6 一致，右侧子图表示为 2002~2022 年极端高温百分比的分布情况。

对于某一类型的 HPA，当 20 余年（1980~2001）的极端高温百分比与前 20 年（2002~2022）相比差异显著（差异大于 18%），且相应区域的 18%等值线覆盖区域面积增加时，表明近年来极端高温的发生频率增加。通过这种对比，便可以确定极端高温频率增加的情况。这里主要关注的是陆地极端高温频率的增加，因为它与人类生产和生活的关系更密切，有更可靠的观测数据。

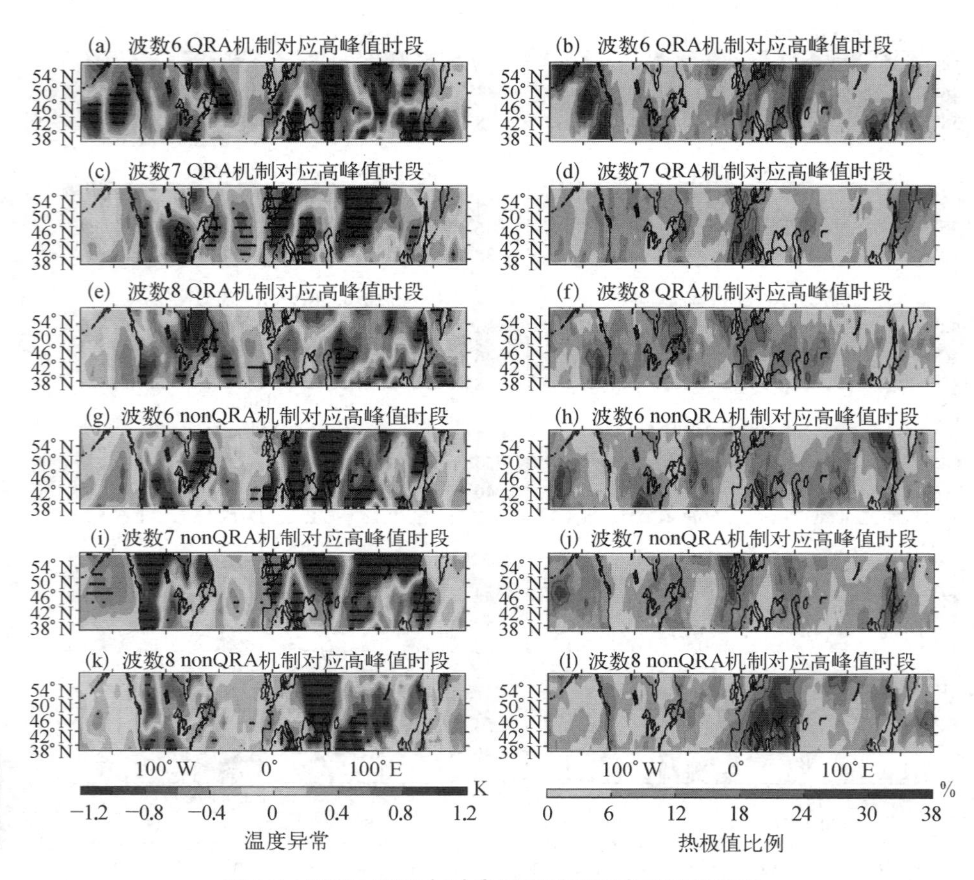

图 6.7 2002~2022 年地表温度对不同类型波的响应

某些区域对不同波型的表面温度响应既可能导致正异常,也可能导致负异常(图 6.6 左侧)。具有显著正温度异常的区域很好地对应于六个簇中的高极端高温百分比(超过 18%),如图 6.7 所示。共振波和非共振波都具有导致极端高温发生的地理位置倾向性,例如大陆的西海岸,这与海洋和陆地之间的地形和热力差异有关。由共振波和非共振波引起的极端高温倾向于发生在相同的地区,特别是在欧洲。这一结论也通过波数 7 的相速度概率密度分布在 QRA 时段和气候态时段中呈现出相似的单峰值结果所证实[161]。为了说明 QRA 探测机制的稳健性,将这一识别方法应用于 MERRA2 再分析数据,结果如图 6.8 所示。图中展示了 1980~2022 年期间每年 6~8 月两组数据集探测到的 QRA 天数和 QRA－HPA 天数,二者结果吻合较好。在极个别年份,QRA(QRA－HPA)天数存在比较明显的差异。这是因为两组数据对应时间段的纬向风场偏差较大,在一组数据上可以形成波导,而在另一组数据上不能形成波导。图 6.6 右侧子图中用蓝色虚线标记的区域表示,与 1980～2021 年相比,2002～2022 年的极端高温百分比显著增加(图 6.7)。

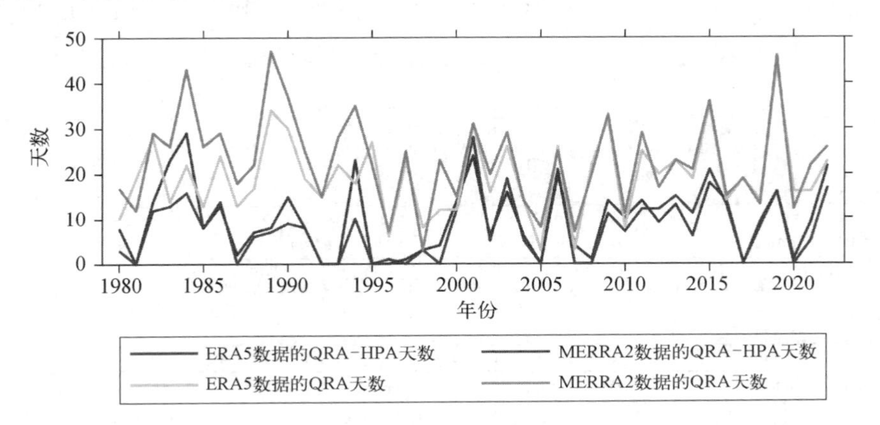

图 6.8　两个数据集中不同年份满足 QRA 条件的天数

6.3.2　中纬度极端天气指数

中纬度极端天气指数(MEX)可以量化地表极端天气的发生范围[式(2.47)]。正 MEX 越大,对应区域同时发生的极端事件就越多[157]。利用 MEX 概率密度分布的 Kolmogorov-Smirnov(KS)统计检验来确定极端高温事件发生的空间范围是否显著增加,结果如图 6.9 所示。这里将 $p<0.001$、$p<0.05$ 和 $p<0.1$ 分别视为非常高的统计显著性、高统计显著性以及低统计显著性。彩色柱状为特定区域、特定波类型的频率分布,黑色实线为对应区域气候态的频率分布。KS 检验的统计量 k 和对应的 p 值标注在图中。

为了识别近年来受高振幅波天气尺度波($m=6\sim8$)影响,与气候态相比极端高温的发生范围在增加的区域,这里首先选择在 QRA－HPA 与 nonQRA－HPA 期间和气候态相比 MEX 分布显示出显著($p<0.10$)正向偏移的簇[图 6.9(a)～(o)],然后又从中挑选出满足在近二十年和更早二十年相比 MEX 显示出统计显著性($p<0.10$)正偏移的簇[图 6.9(p)～(u)],图中只显示了通过 KS 检验的结果。

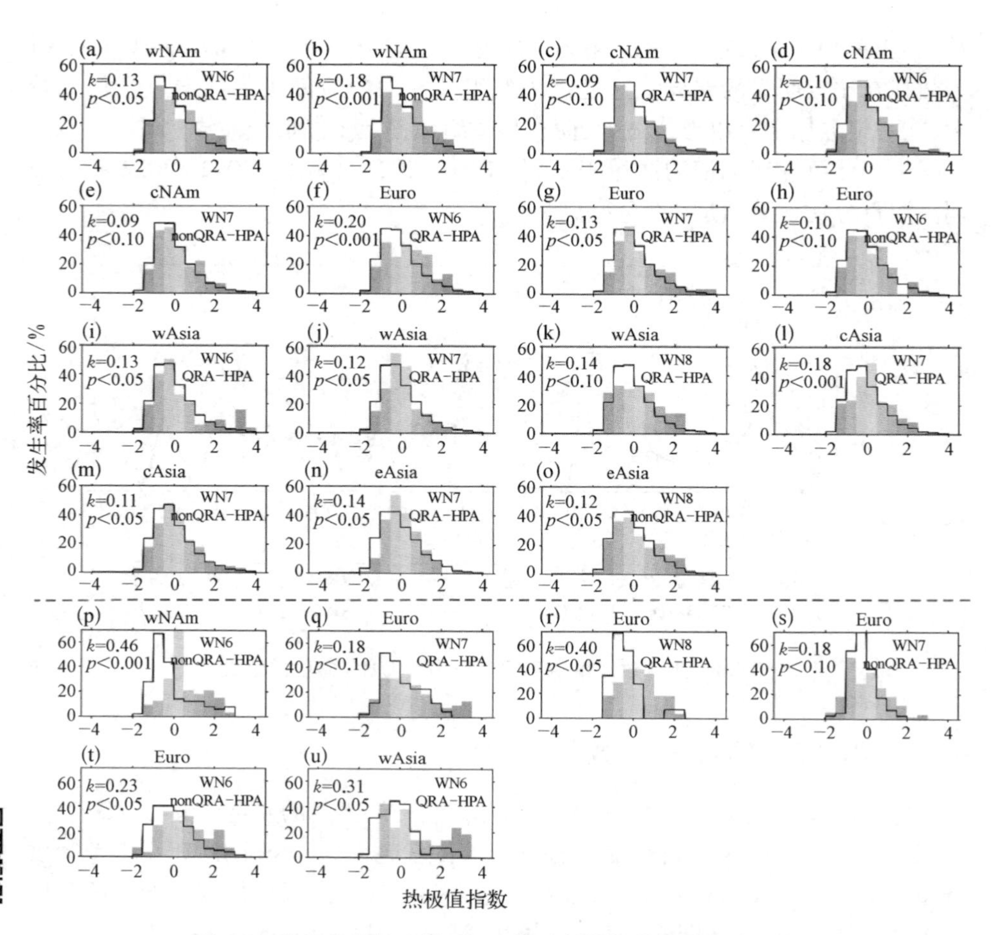

图 6.9　所有分类簇中通过 KS 检验的热极值指数频率分布

注：图中的纵坐标均为发生率比例(%)，横坐标均为热极值指数。

全部情形下的分布结果在表 6.1 和表 6.2 中。其中表 6.1 为 6 个分类簇下 1980~2022 年 MEX 分布和气候态相比(37.5°N~57.5°N 区间)的统计显著性水平，根据如下七个区域进行划分：北美西部(wNAM，150°W~115°W)、北美中部(cNAM，115°W~80°W)、北美东部(eNAM，80°W~45°W)、欧洲(Euro，15°W~25°E)、西亚(wAsia，25°E~65°E)、中亚(cAsia，65°E~105°E)和东亚(Asia，105°E~145°E)。每种情况下气候态和特定簇分布的 p 值和中值在表中给出。p<0.10 以红色凸出显示。当特定分类簇下的中位数(中位数 2)高于气候态中

表 6.1　1980~2022 年间高振幅波和气候态的 MEX 统计分布

地区	WN6 QRA+HPA *p* (中位数 1/中位数 2)	WN7 QRA+HPA *p* (中位数 1/中位数 2)	WN8 QRA+HPA *p* (中位数 1/中位数 2)	WN6 nonQRA+HPA *p* (中位数 1/中位数 2)	WN7 nonQRA+HPA *p* (中位数 1/中位数 2)	WN8 nonQRA+HPA *p* (中位数 1/中位数 2)
wNAM	0.52 (−0.23/−0.19)	0.01 (−0.23/−0.27)	0.71 (−0.23/−0.20)	0.007 (−0.23/−0.08)	1.45E−5 (−0.23/0.20)	0.004 (−0.23/−0.37)
cNAM	0.21 (−0.21/−0.38)	0.10 (−0.21/−0.11)	0.88 (−0.21/−0.25)	0.08 (−0.21/−0.05)	0.09 (−0.21/−0.11)	0.55 (−0.21/−0.27)
eNAM	0.65 (−0.18/−0.18)	0.39 (−0.18/−0.15)	0.46 (−0.18/0.00)	0.16 (−0.18/−0.31)	0.26 (−0.18/−0.18)	0.24 (−0.18/−0.32)
Euro	1.76E−4 (−0.19/0.29)	0.004 (−0.19/0.04)	0.59 (−0.19/−0.02)	0.07 (−0.19/0.003)	0.53 (−0.19/−0.23)	0.11 (−0.19/−0.05)
wAsia	0.03 (−0.20/−0.13)	0.01 (−0.20/−0.13)	0.07 (−0.20/0.13)	0.26 (−0.20/−0.11)	0.94 (−0.20/−0.17)	0.21 (−0.20/−0.10)
cAsia	8.11E−5 (−0.19/−0.49)	9.88E−6 (−0.19/0.14)	0.02 (−0.19/−0.39)	0.06 (−0.19/−0.22)	0.02 (−0.19/0.01)	0.53 (−0.19/−0.23)
eAsia	0.60 (−0.19/−0.31)	0.002 (−0.19/−0.04)	0.007 (−0.19/−0.55)	0.65 (−0.19/−0.22)	0.24 (−0.19/−0.16)	0.008 (−0.19/−0.02)

表 6.2　高振幅波在近 20 年和前 20 余年的 MEX 统计分布

地区	WN6 QRA+HPA *p* (中位数 1/中位数 2)	WN7 QRA+HPA *p* (中位数 1/中位数 2)	WN8 QRA+HPA *p* (中位数 1/中位数 2)	WN6 nonQRA+HPA *p* (中位数 1/中位数 2)	WN7 nonQRA+HPA *p* (中位数 1/中位数 2)	WN8 nonQRA+HPA *p* (中位数 1/中位数 2)
wNAM	0.28 (−0.14/−0.05)	0.71 (−0.31/−0.27)	0.49 (−0.33/−0.25)	3.6E−8 (−0.43/0.42)	5.6E−5 (0.51/0.01)	0.01 (−0.20/−0.55)
cNAM	0.07 (−0.22/−0.53)	0.44 (−0.08/−0.09)	0.59 (−0.18/−0.15)	0.42 (−0.06/−0.04)	0.63 (0.06/−0.06)	0.22 (−0.33/−0.34)
eNAM	0.18 (−0.01/−0.28)	0.004 (0.02/−0.31)	0.58 (−0.23/0.16)	0.06 (−0.25/−0.46)	0.12 (0.06/−0.21)	0.84 (−0.23/−0.40)
Euro	0.09 (0.45/−0.14)	0.07 (−0.16/0.27)	0.003 (−0.55/0.12)	0.07 (0.04/−0.001)	0.09 (−0.27/−0.03)	0.02 (−0.10/0.50)

续 表

地 区	WN6 QRA+HPA p (中位数 1/中位数 2)	WN7 QRA+HPA p (中位数 1/中位数 2)	WN8 QRA+HPA p (中位数 1/中位数 2)	WN6 nonQRA+HPA p (中位数 1/中位数 2)	WN7 nonQRA+HPA p (中位数 1/中位数 2)	WN8 nonQRA+HPA p (中位数 1/中位数 2)
wAsia	0.008 (−0.17/0.29)	1.3E−4 (0.04/−0.21)	0.98 (−0.30/0.15)	0.67 (−0.12/−0.26)	0.23 (0.02/−0.12)	0.01 (−0.17/0.25)
cAsia	0.02 (−0.65/−0.22)	0.16 (0.02/0.21)	0.51 (−0.24/−0.60)	0.22 (−0.19/−0.29)	0.06 (0.10/−0.07)	0.59 (−0.15/−0.24)
eAsia	0.10 (−0.07/−0.61)	0.01 (0.23/−0.13)	0.49 (−0.44/−0.58)	6.98E−4 (−0.34/0.19)	0.99 (−0.19/−0.14)	0.003 (0.10/−0.47)

位数(中位数 1)时,以加粗的方式表示,表明与气候态相比,该区域的极端高温和气候态相比能发生得更为广泛。气候态、WN6 QRA − HPA、WN7 QRA − HPA、WN8 QRA − HPA、WN6 nonQRA − HPA、WN7 nonQRA − HPA 以及 WN8 nonQRA − HPA 情形下的样本量分别为 3 956、118、197、85、167、194 和 203。表 6.2 和表 6.1 的表现形式一致,但表示的是近 20 年(2002~2022)对应于 6 个簇的高振幅波与更早的 20 余年(1980~2001)对应的 6 个簇的高振幅波的热极值指数分布情况。WN6 QRA − HPA、WN7 QRA − HPA、WN8 QRA − HPA、WN6 nonQRA − HPA、WN7 nonQRA − HPA 以及 WN8 nonQRA − HPA 情形下的近 20 年(更早的 20 年)样本量分别为的样本量分别为 1980~2001(2002~2022)76(42)、88(109)、29(56)、101(66)、83(111)和 148(55)。

当极端高温发生频率的增加(图 6.6 右侧子图中蓝色虚线所示区域)和发生范围的增加[图 6.9(p)~(u)]都得到满足时,可以认为这种类型的高峰值波对相应区域的热浪增强有重要的促进作用。基于上述前提,本章发现与波数 7 和波数 8 相关的共振波导致了欧洲近些年增加的极端高温,使欧洲变暖加快,而与波数 6 相关的共振波主要导致西亚地区近些年增强的热浪。相比之下,非共振波对极端高温频率和范围增加的影响相对较弱,并且没有非共振波被筛选出来。上述结果进一步证明,高振幅天气尺度波($m = 6 \sim 8$)根据不同的波类型(是否发生准共振放大),对中纬度地区的极端高温会产生不同的影响。

6.3.3 波流相互作用的机理分析

本节总结了共振波导致极端高温的机制及其伴随的动力条件，如图 6.10 所示。

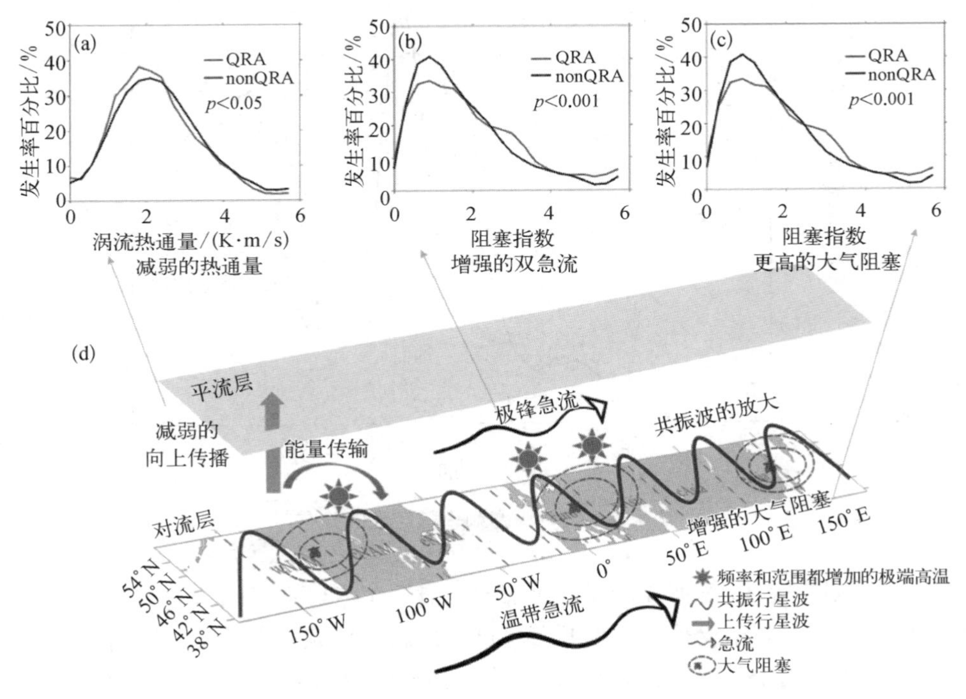

图 6.10 共振波机制图及其伴随的动力条件

图 6.10 中，(a)为共振波(红色曲线)和非共振波(黑色曲线)的纬向平均涡流热通量概率分布图，(b)为纬向平均纬向风随纬度的分布，(c)为阻塞指数的概率分布图，(d)为共振波发生示意图，图中标记的太阳图标反映了该区域的热浪发生受共振波影响显著，阻塞高压的位置对应于阻塞频率较高的经度。行星波通过与背景流相互作用产生准共振放大，从而能对北半球的广泛区域造成影响，促使热浪的生成。需要说明的是，图 6.10 中对于阻塞发生区域的判断来自不同情形下阻塞频率随经度的分布情况，具体情形如图 6.11 所示。黑色实线、红色虚线以及蓝色虚线分别代表气候态、共振波和非共振波情形下的大气阻塞

频率随经度的分布。可以看到,阻塞发生频率较高的地区集中在欧洲和西亚、东亚和西太平洋地区。

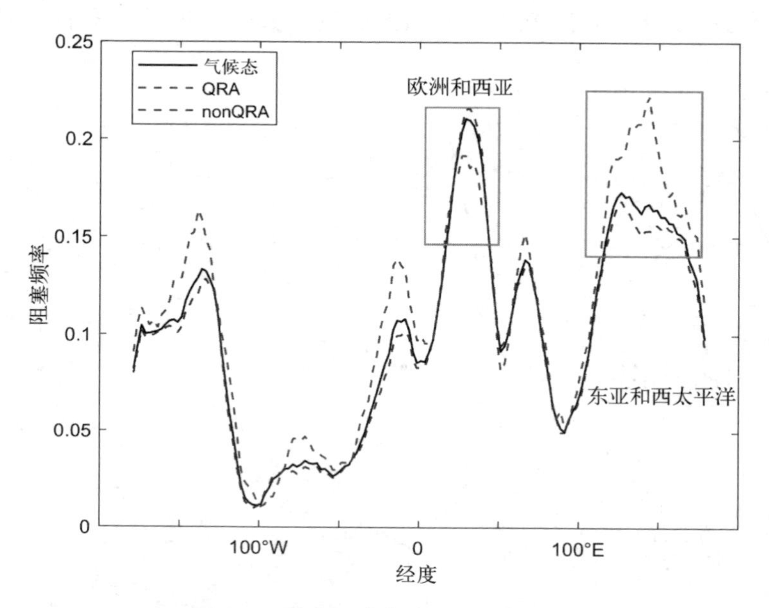

图 6.11 大气阻塞频率随经度的分布

已有研究表明,欧洲和俄罗斯西部的对流层阻塞倾向于增强行星波向上传播,而西太平洋和东亚地区的阻塞会反过来抑制行星波向上传播[284]。因此,在QRA期间,欧洲和西亚上空的大气阻塞频率降低,东亚和西太平洋上空的大气阻塞频率的增加(两个区域用黄色矩形框标出),都导致了向上传播的行星波的减弱[285]。

1980~2022年6月到8月的所有天数被分为两组,有QRA条件和没有QRA条件。与nonQRA相比,在QRA期间,纬向平均涡流热通量的概率密度分布具有高统计显著性($p<0.05$)的负向偏移[图6.10(a)],大气阻塞指数的概率密度分布具有非常高的统计显著性($p<0.001$)的正向偏移[图6.10(c)]。图6.10(b)表明副热带急流和极锋急流在QRA期间都显著增强,且副热带急流更偏南。以上统计结果进一步验证了6.2节中的个例分析(图6.1)。

共振波的产生机制如图6.10(d)所示。共振波的发生得益于双急流结构的增强,这很可能来自北极海岸线上热力差异的增强[286]。双急流结构对应于一个更强更窄的副热带急流,显示出更强的波导性,来捕获和放大天气尺度的行星波[282]。同时,结果也表明共振波可以增加大气阻塞强度,这在较短波长的波中更容易发生[287,288],双急流内较弱的纬向平均背景流也促进了局部区域阻塞高压的维持,让阻塞系统能在一个区域维系更长的时间。以上这些动力因素的组合,更有利于右尾(upper tail)温度事件的发生,即极端高温,而当极端高温发生时间连续,且覆盖区域超过一定区范围,便会进一步导致热浪的发生。

一个有趣的现象是,共振波的出现伴随着向上传播的行星波的减弱。在QRA期间,欧洲和西亚上空的大气阻塞频率减少,而东亚和西太平洋上空的大气阻塞频率增加(图6.11),这种对流层阻塞的独特配置可以抑制行星波向上传播。此外,通过波-流相互作用,放大后的共振波更容易遭遇"临界层",并在穿透平流层之前被吸收耗散[285,289]。

通过严格筛选,发现WN7和WN8共振波可能在欧洲变暖中发挥了重要作用,而西亚极端高温事件的增加与WN6共振波密切相关。欧洲作为热浪发生的热点地区,近年来西欧热浪加速发展的趋势引起了广泛关注[286,290]。QRA机制在近20年里确实比前20年在极端高温中的作用更加明显。更准确地说,近年来由QRA机制引起的高振幅行星波有所增加,主要是由于满足QRA+HPA条件的天数增加(图6.8)。纬向波数$m=6\sim8$的QRA事件增加加剧了近年来欧亚大陆的变暖,这为全球变暖背景下热浪的加剧提供了新的分析视角和可能解释。

6.4 共振波的趋势分析

6.4.1 再分析资料中共振波的趋势分析

尽管明确指出QRA机制对极端事件的贡献程度是比较困难的,但是其在夏季(6~8月)对极端天气的影响是得到了支持的[159,161],或者说,由共振导致的放大行星波能够产生更有利于极端天气发生的条件[98]。Petoukhov等[103]也指出,大气条件可能已经发生了一定程度的变化,以至于所考虑的准共振波放大可能会相当频繁地发生。然而,这依然是一个开放的问题。这里便将QRA理论应用于1980~2022年夏季的日平均再分析数据,获取了QRA机制在近40年的发生情况,如图6.12所示。图中(a)代表通过遍历1980~2022年夏季6~8月的日平均数据,获取的纬向波数$m=6$(黑色)、$m=7$(红色)、$m=8$(蓝色)对应的QRA事件(空心矩形)以及QRA-HPA事件(实心矩形)的统计结果;(b)1980~2022

年每年纬向波数 $m=6$（黑色曲线）、$m=7$（红色曲线）、$m=8$（蓝色曲线）满足 QRA+HPA 的天数；(c) 1980~2022 年每年的 HPA（紫色曲线）以及 HPA+QRA（青色曲线）事件的数量，这里将相邻波峰间隔事件大于 2 周的 HPA 事件区分为不同事件，当有多个连续峰值出现且峰值对应时间间隔小于 2 周时，将其归类为一个 HPA 事件。

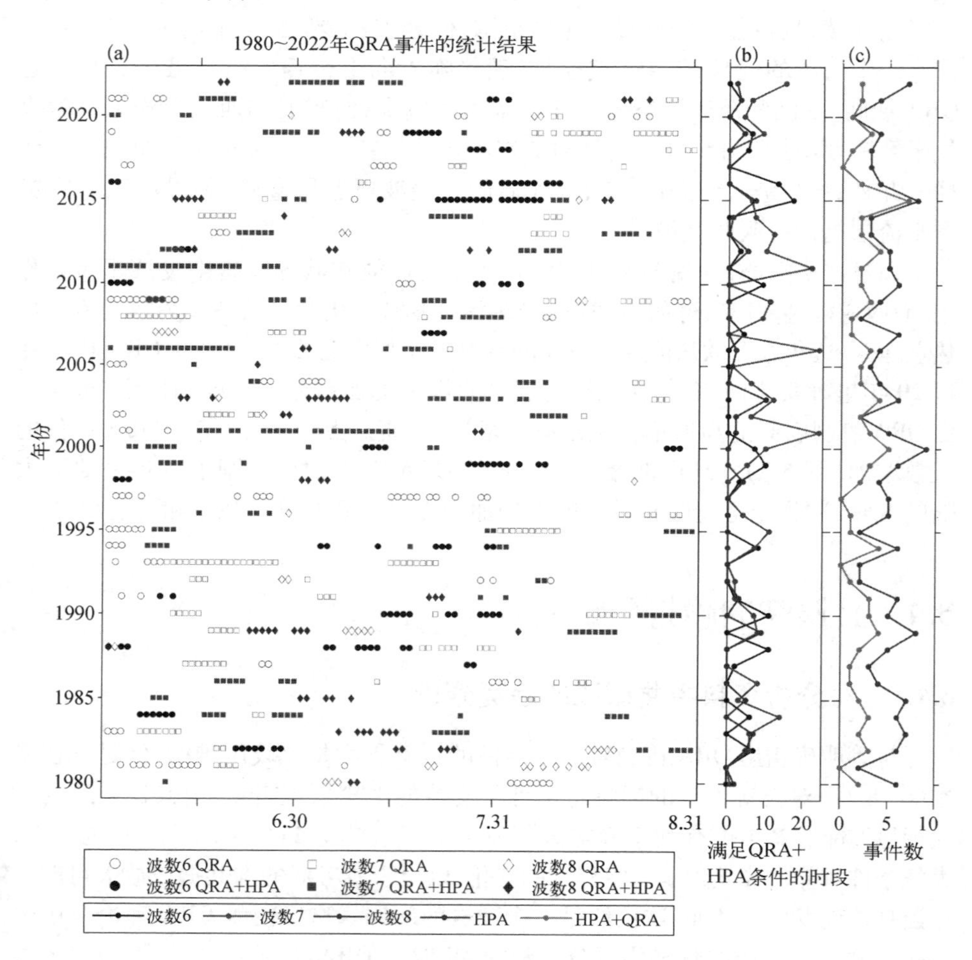

图 6.12 QRA 机制在近 40 余年的发生情况

这里将本章关于共振波的统计结果（图 6.12）和之前研究的异同点进行讨论，以说明结果的可靠性。关于 Petoukhov 等的结果[104]：2012 年 6 月的波数 6

事件和波数 8 事件、7 月初和 7 月底的波数 8 事件、8 月的波数 7 事件均被较好地识别，而 8 月的波数 6 事件并没有被识别出来；2013 年 6 月的波数 7 事件、8 月的波数 7 事件被识别，7 月的波数 6 和波数 7 事件并没有被识别出来。

关于 Kornhuber 等的结果[161]：2004 年 8 月的波数 7 事件、2001 年 7 月的波数 7 事件、1986 年 6 月的波数 7 事件、1994 年 7 月底以及 8 月初的波数 6 和波数 7 事件、2006 年 6 月的波数 7 事件，以及 2001 年 7 月的波数 7 事件在本章的结果中均被很好地捕捉到。而在 2015 年 7 月底的波数 7 事件在本章结果中替换成了波数 6 事件。2003 年 7 月中旬到 8 月初的波数 7 和波数 6 事件，2009 年 6 月的波数 8 事件，在本章的结果中全部被识别为波数 7 事件。

关于以上个别结果的差异，主要来源是波导的形成差异造成的，背后的原因可能包括纬向风数据来源的差异以及数据更新、计算 $K_s^2a^2$ 时纬向风导数的处理方式、QAR 条件设定的严苛程度、计算过程中数据的平滑等。但是基本上共振发生事件都能较好地吻合，并不影响对由共振产生的天气极端事件的分析。

波数 7 的 QRA 事件发生最多，其次是波数 6，波数 8 发生得最少[图 6.12(a)]。近 20 年(2002~2022)和更早的 20 余年(1980~2001)相比，QRA 发生得确实更加频繁，主要是波数 7 的发生频率增加[图 6.12(b)]，并且与 QRA 机制有关的 HPA 事件的占比从 32%上升到 52%[图 6.12(c)]。考虑到纬向波数 6~8 的高峰值振幅随着时间推移并没有显著增加，所以将准共振放大机制表述为造成高峰值振幅事件的一个有利因素会更为合理。而这里也将考虑通过模式数据进行多方面的复现和验证。在北半球，在急流的向极侧存在一个转向纬度(反射点)是常见的，但是在靠近赤道一侧的转向纬度的形成，却对满足 QRA 机制的第一个条件至关重要[161,282]，这和准纬向温带风在等效正压水平(EBL)上的纬向形状的特定变化相关。考虑到波和背景流的分离是一个棘手的问题，究竟是双急流导致高振幅波，还是波自身导致双急流结构，目前还存在争议[100,161,275,276,291]，而本章这里能确定的只是急流波导到准稳态罗斯贝波的因果联系看起来肯定是可信的。所以，这里在确定 QRA－HPA 事件时，并没有强调二者谁是另外一个的结果，而是将二者的共存作为导致极端高温的一种动力结构配置。

6.4.2　CMIP6 模式中共振波的趋势分析

考虑到共振波在过去 40 年中逐渐增加，于是希望探索这种趋势是否会在未来几十年内继续下去。首先，需要确认气候模式对共振波的历史模拟能力究竟如何。在这里，使用参与 CMIP6 的 14 个气候模型（表 2.4），基于历史试验（historical 试验）来检验历史结果（1980~2014）和基于高等辐射情景 SSP5－8.5（SSP585 试验）结果来评估后续几十年（2015~2054）共振波的潜在发生。每个模型输出数据以与 ERA5 相同的分辨率插值到网格点（2.5°×2.5°），模式层数据在 250 hPa 和 500 hPa 的结果均进行计算。因此，这里对 15 天滑动平均后的日均数据利用同样的 QRA 机制探测方法来获取模式中共振波发生的情况。对于再分析数据，本章利用的是 300 hPa 气压层上的计算结果，而对于 CMIP6 模式数据，相邻可获得的气压层为 250 hPa 以及 500 hPa，于是分别对两个气压层上的模式数据进行 QRA 机制的探索。

在判断是否为 QRA－HPA 事件时，所遵循的判据为：将 QRA－HPA 事件定义为 QRA 机制形成于 HPA 事件发生前的 2 周内或与 HPA 事件几乎同时发生，其中 HPA 事件定义为高于气候态的 1 倍标准差。首先分析 250 hPa 气压层上的共振波模拟结果，如图 6.13 所示。

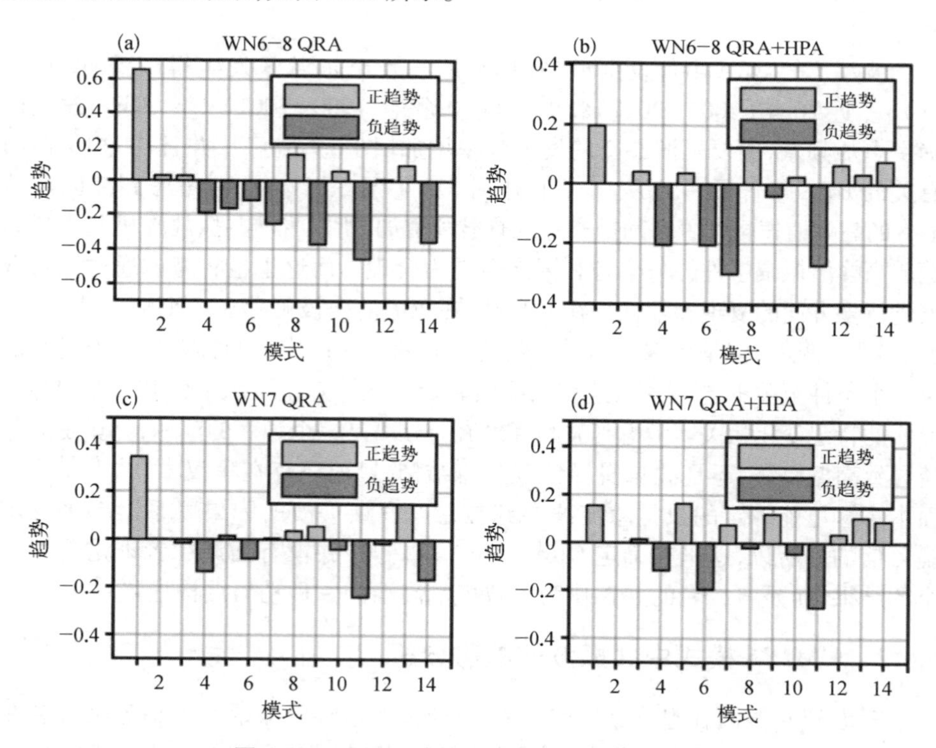

图 6.13 250 hPa 高度上模式对共振波的模拟

图 6.13(a)和(c)分别为纬向波数 $m=6\sim8$ 及纬向波数 $m=7$ 情形下在 1980~2014 年计算得到每一年的 6~8 月 QRA 机制生效的天数通过线性拟合后的斜率(趋势);(b)和(d)分别为纬向波数 $m=6\sim8$ 及纬向波数 $m=7$ 情形下在 1980~2014 年计算得到每一年的 6~8 月份满足 QRA+HPA 条件的天数通过线性拟合后的斜率(趋势)。纵坐标代表斜率值,横坐标代表来自 CMIP6 的 14 个气候模式,分别为:1-CESM-WACCM、2-CMCC-CM2-SR5、3-ACCESS-CM2、4-ACCESS-ESM1-5、5-CanESM5、6-FGOALS-g3、7-IITM-ESM、8-MIROC6、9-MPI-ESM1-2-LR、10-MPI-ESM1-2-HR、11-MRI-ESM2-0、12-NorESM2-LM、13-NorESM2-MM 和 14-TaiESM1。

此外,还计算了这 14 个模式在 500 hPa 气压层上的共振波模拟结果,如图 6.14 所示,表现形式和图 6.13 一致。因为前期通过不同再分析数据的计算,均说明准共振放大(QRA)在历史中的增加趋势,这里以增加趋势作为模式模拟的理想结果,分析不同模式遵循 QRA 探测机制来模拟共振波的效果。

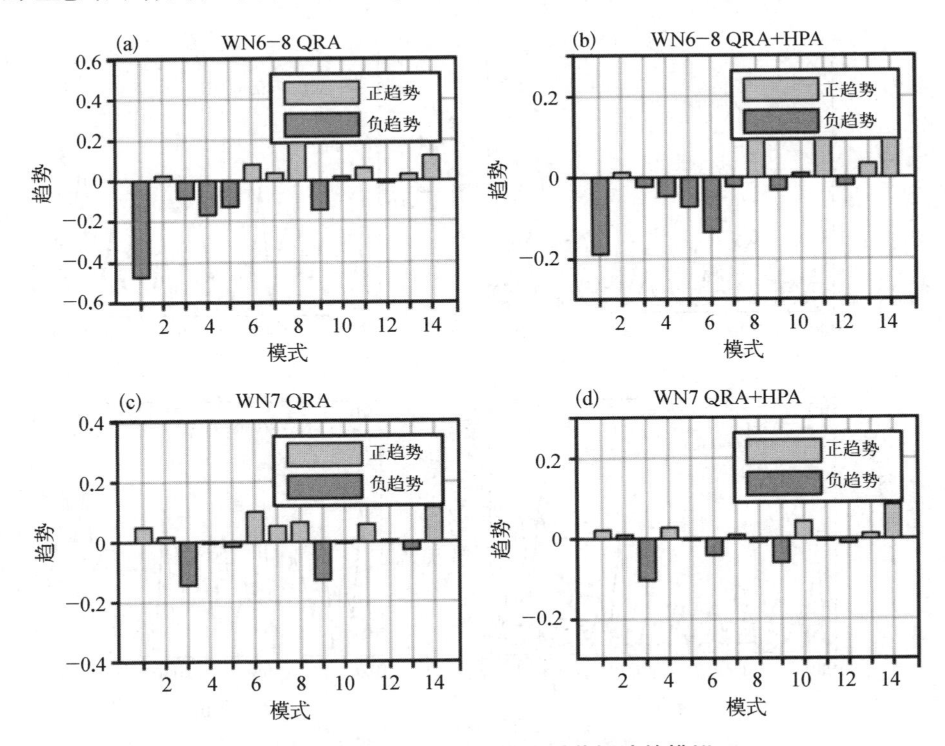

图 6.14　500 hPa 高度上模式对共振波的模拟

在 250 hPa 气压层上,整体而言,模式对 QRA+HPA 事件的模拟效果要好于 QRA 事件。考虑波数 $m=6\sim8$ 时,有 8 个模式显示出共振波的增加,只考虑波数 $m=7$ 时,也有 8 个模式显示出共振波的增加,并且有 6 个模式在以上两种情况下均能模拟出共振波的增加。在 500 hPa 气压层上,模式对 QRA 事件的模拟效果要好于 QRA+HPA 事件。以考虑波数 $m=6\sim8$ 为例,CESM - WACCM 模式在 250 hPa 气压层上显示出显著增加的共振波,而在 500 hPa 气压层上显示出显著减少的共振波。在 250 hPa 上,四种情况下均能模拟出共振波的增加趋势的是 CESM - WACCM 和 NorESM2 - MM;在 500 hPa 上,四种情况下均能模拟出共振波的增加趋势的是 TaiESM1。

这里以 TaiESM1 模式结果为例,将其在不同年份四种情形下的满足天数分布绘制如图 6.15 所示。可以看出,满足增加趋势的共振波主要为波数 7 事件。且无论是在 QRA 条件下,还是 QRA+HPA 条件下,波数 7 的增加趋势均明显,斜率分别为 0.09 和 0.12。

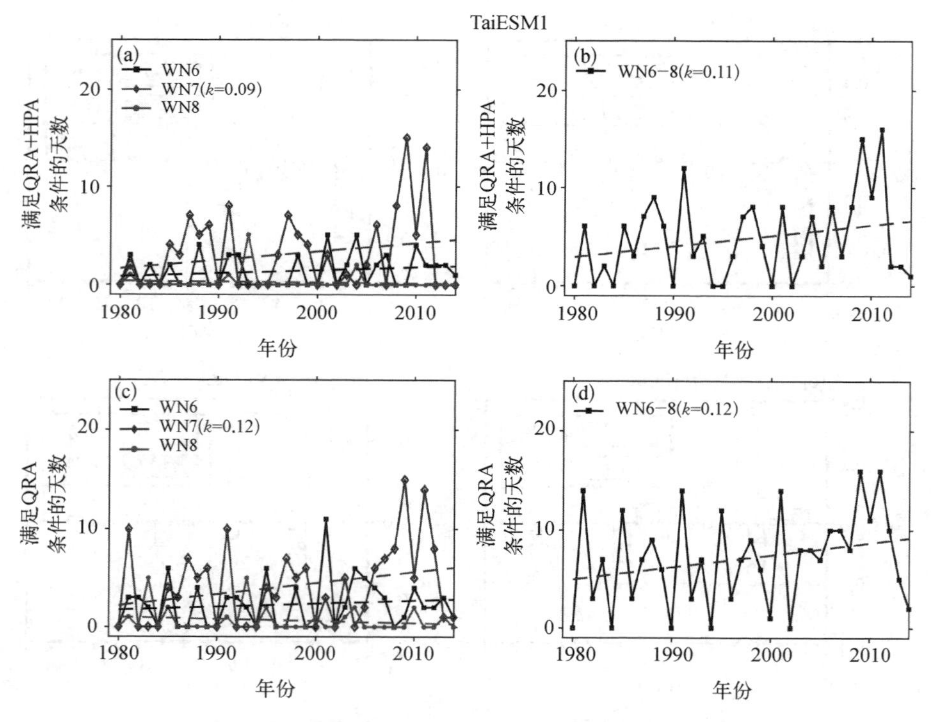

图 6.15 TaiESM1 模式在 500 hPa 的历史模拟结果

图 6.16 展示了 14 个模式的未来高排放情景(SSP585)下的共振波模拟结果，(a)和(b)代表 250 hPa 气压层上纬向波数 $m=6\sim8$ 总共的 QRA 事件和 QRA+HPA 事件的拟合斜率(趋势)，(c)和(d)为500 hPa气压层上的结果。尽管 TaiESM1 模式 500 hPa 气压层上的历史结果展示出较好的共振波模拟效果，其在 SSP585 中对应气压层上显示出减少的趋势，而在 250 hPa 气压层上展现出增加的趋势。

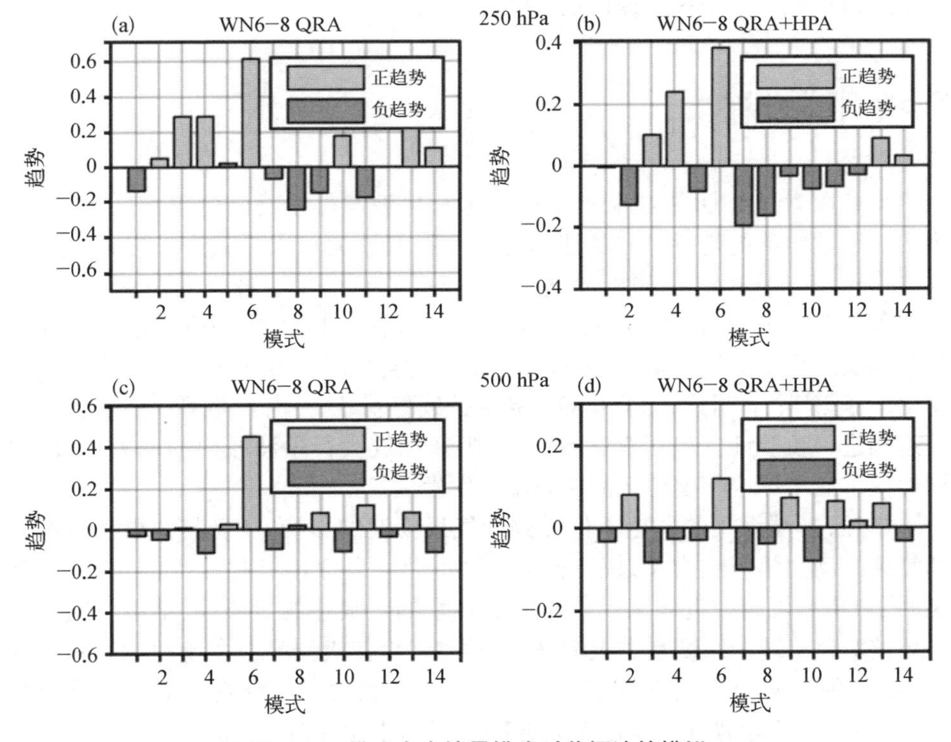

图 6.16　模式未来情景模式对共振波的模拟

比较遗憾的是，通过对不同模式的模拟能力比较，这里并不能得到一致的结果。不论是在 250 hPa 气压层还是在 500 hPa 气压层上，一部分模式在历史结果中对共振波的模拟表现出增加的趋势，而另一部分模式对它的模拟则变为减少的趋势。之所以能造成如此大的差异，是因为 QRA 的识别非常依赖于背景纬向流的经向分布，这一结构在独特条件下能形成捕获中纬度天气尺度行星波的波导。参考式(2.43)，具体来讲即纬向平均纬向风的二阶偏导 $d^2U/d\varphi^2$ 在不同模式中存在较大差异。即使 U 中细微的模型偏差，也可能在两次连续微分后变成相当大的偏差，这使得即使是最先进的气候模型也难以正确模拟 QRA 事件的数量。Mann 等[273]也指出这一问题，说明利用气候模式直接模拟 QRA 事件的困难。作为替代，他们提出了一种利用经向地表温度廓线间接识别 QRA 事件的方法[292]。但同时，这也引入了新的问题，即利用温度梯度识别的波导，是否能归因于共振波的效果，还是仅仅是北极放大产生的结果[96,293]。这说明后期还值得进一步去深入探讨这一问题。

6.5 本章小结

本章探索了由 QRA 机制产生的共振行星波与热浪之间的潜在联系，而其中的一个重要前提是行星波的纬向延伸和振幅放大可以导致中纬度地区的热浪[98,294]。基于 ERA5 再分析数据，这里分析了一个相对较长的历史记录（43 年），并着重探究了近年来的几次典型热浪事件。研究结果表明，近年来 QRA 机制确实产生得更加频繁，这很可能是由于更有利于波导形成的环流条件生成得更加频繁[103]。当然，随着观测记录的持续更新，这种增长趋势仍然值得持续跟进和进一步验证。包括双急流、大气阻塞和放大行星波在内的动力配置，共同促使了北半球中纬度地区极端高温的发生。

当然，极端天气的发生不仅受到天气尺度波的影响，还受其他更长尺度波和复杂的动力学与热力学过程的影响[96,295,296]。基于准共振放大的角度，本章说明了 QRA 机制在近年来发生得更加频繁的热浪中的重要性，结果表明共振行星波对北半球中纬度夏季极端高温的影响（促使极端高温发生的频率和范围的增加）在增强，特别是在欧亚大陆。包括与共振波同时存在的双急流结构和大气阻塞[168]等随着气候变化而改变的大气动力学条件，可能是其主要驱动因素之一[98,286]。而上传至平流层的行星波能量的减弱可能归因于伴随准共振放大的独特环流和阻塞条件。总体而言，在考虑极端事件背后的动力因素时，行星波共振放大所起到的作用值得关注。

此外，考虑到行星波对极端事件产生的重要影响，评估未来的波变化趋势是值得进一步开展的工作。本章对历史情景以及共享社会经济路径高排放情景（SSP585）下的共振波发展趋势进行了模拟，仅有一半左右的模式能模拟出历史中增加的共振波趋势，这也对未来波趋势的评估带来了挑战。说明需要用替代的间接方式来识别共振波的发生，当然，这一判断标准需要进一步的验证和完善。

第七章　准静止行星波的赤道向传播与 QBO 中断

7.1　引言

赤道地区的准两年振荡（QBO），最早由 Ebdon[297] 和 Reed 等[298] 通过探测得到。后续的研究也进一步表明 QBO 的维持依靠着垂直传播的开尔文波、混合罗斯贝波以及小尺度重力波，并且各种赤道波在驱动 QBO 振荡中的具体作用也通过大量的研究而被熟知[31,218,219]。利用这一大气环流现象的周期性规律，可以开展与气候预测、全球变暖、环境治理等相关的一些影响人类生活和地球生态的工作[299,300]。

然而，这一周期性的风场振幅现象自 1953 年以来在 2015/2016 年 QBO 西风相位期间发生了首次周期性振荡的中断，伴随着 40 hPa 附近东风的形成和 20 hPa 附近向上传播的西风[78,301]，这被称为 2015/2016QBO 中断（15/16D）。这一异常现象被认为和北半球赤道向传播的罗斯贝波增强的西向动量有关[78]。Coy 等通过 MERRA2 再分析数据揭示了 2015/2016 冬季显著增强的波强迫，这被认为是来自于北半球的罗斯贝波造成的[223]。Barton 等认为 2016 年早期亚热带减弱的东风急流促使了中纬度罗斯贝波向赤道传播，并最终在赤道破碎[302]。Li 等证明了 2016 年 2 月 40 hPa 处增强的罗斯贝波活动起源于温带以外局部的行星波[233]。

更令人惊讶的是，在 15/16D 发生几年后，2020 年 1 月 QBO 西风相位再次被 40 hPa 附近的东风所中断，被称为 2019/2020QBO 中断（19/20D）。Kang 等对 19/20D 中各种赤道行星波和参数化重力波进行了详细分析，并和 15/16D 进行了对比[224,303]，结果表明 19/20D 中强烈的罗斯贝波活动主要集中在 2019 年 6～9 月，这可能与 2019 年南半球的小型平流层爆发性增温（SSW）有关[68,69]。Anstey 等利用 ERA5 再分析资料对两次事件进行了分析，结果表明，两次事件的强烈波强迫分别来自北半球和南半球经向传播的波,并且两次中断都发生在亚热带风有利于赤道向行星波传播的时期,具有显著强于气候态的经向动量通量[304]。上述研究结果有助于对 QBO 事件背后的行星尺度波活动进一步加深认识。

已有研究表明,来自中纬度的行星波是造成两次 QBO 中断事件的主要原因之一,但是关于中纬度的行星波活动影响赤道上空 QBO 的具体过程,还没有明确结论。并且这两次中断事件背后来自中纬度地区罗斯贝波的具体传播和耗散过程,也值得进一步探究。在第四章中,已经对惯性重力波在 QBO 中断中的特征进行了分析,本章将关注环绕地球的准静止行星波(波数 1~3)在其中的作用,探究两次中断事件中来自中纬度行星波携带的偏大动量通量是如何产生的,以及两次中断背后由行星波活动造成的影响有什么异同。基于此,这里利用 Aura/MLS 卫星数据探究来自中纬度地区的行星波活动是如何影响这两次 QBO 中断事件的。

7.2 两次 QBO 中断期间的异常行星波活动

7.2.1 行星波的气候态特征

为了更加直观地获取 QBO 中断事件发生的行星波活动特征以及对应时间段的气候态特征,将高度为 46 hPa 和 10 hPa 的波振幅、纬向平均纬向风、经向 EP 通量以及 EP 通量散度绘制如图 7.1 所示。同时,将 2010/2011 年冬季的行星波个例也单独拿出来进行对比说明,因为在这一时期热带低平流层也具有增强的动量通量散度,甚至大于 2015/2016 年,但是在冬季并没有发生 QBO 西风相位的逆转[223]。考虑到高纬和低纬之间要素值的显著量级差异,为了有助于更好地观察低纬度区域的曲线,又在振幅和 EP 通量耗散的子图中绘制了对应的局部放大图(包含最末端四个点的数据)。每一个子图的左侧柱为 12 月至次年 3 月北半球的平均值,右侧柱为 6~9 月南半球的平均值,分别用来反映 15/16D 和 19/20D 的行星波活动对赤道纬向风逆转产生强烈作用期间的参数的纬度分布特征。每一个子图的上方两个图为 46 hPa 高度上的参数分布,而下方两个图为 10 hPa 上的高度分布。红色实线代表气候态(2005~2022)平均值,红色阴影代表 1 倍标准差的误差范围($\pm1\sigma$)。

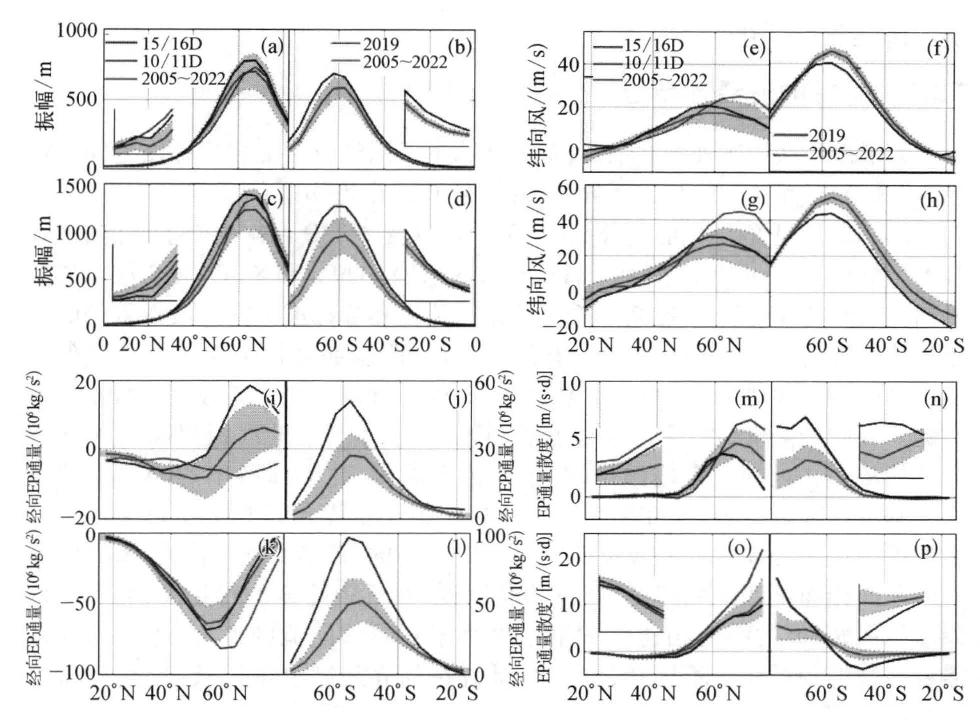

图 7.1　行星波参数在 46 hPa 和 10 hPa 气压层随纬度的变化

关于两次 QBO 中断事件，能看到相应行星波活动的一些直观的共同特征。比如，与气候态相比，在中高纬地区 10 hPa 和 46 hPa 都具有显著增强的波振幅（接近或高于 1 倍标准差），在低纬地区，46 hPa 的纬向风都更加偏东，相应的 10 hPa 高度的纬向风更偏西，10 hPa（46 hPa）在低纬对应显著小于（大于）平均值的经向 EP 通量绝对值，说明赤道向的行星波在 10 hPa 上更多被限制在亚热带，而在 46 hPa 则更多地进入到热带。

对于 2010/2011 冬季西风 QBO 相位期间，在 10 hPa 和 46 hP，高纬度上的行星波振幅较强，在中纬度地区开始变弱，在低纬度上，波振幅在两个气压层上都是大于 15/16D 的。10 hPa 气压层上，15/16D 和 19/20D 期间高纬度强于气候态的波振幅在低纬度变成了小于气候态，于是这里推断在低纬度存在行星波的破碎和耗散，并且向背景流施加了显著增加的额外强迫。这一波振幅的变化在 2010/2011 期间并未观测到，说明除了行星波赤道向传播过程中的正常耗散过程，还存在别的强迫机制加速了行星波振幅的减弱，使背景流获得额外的强迫,促使 QBO 中断的形成。

7.2.2 异常的波活动特征

为了搜寻这一额外的波强迫,首先计算了不同气压层上相邻纬度区间的行星波振幅的时间序列的相关系数,结果如图 7.2(a)和(b)所示。

(a)和(b)中的黑色曲线分别为 15/16D 以及 2019D 两次中断事件前后(12月1日至次年3月30日、6月1日至9月30日)10 hPa 和 8 hPa 气压层上皮尔逊相关系数随纬度的变化,每一个相关系数值由相邻纬度上前三波振幅的时间序列计算得到。红色曲线为气候态的平均值,阴影部分代表1倍标准差的范围。当行星波从高纬向低纬正常传播时,相邻纬度间的相关系数逐渐减小。虽然随着纬度的降低,波振幅迅速递减,但是不同纬度上的波振幅随着时间的变化趋势是相近的。有趣的是,对于气候态而言,北半球冬季的相关系数极小值基本在赤道附近,而在南半球冬季这一极小值点出现在赤道以北。相关系数极小值所处纬度的差异可能和行星波破碎的“临界纬度”有关,即纬向平均风和波相速度匹配的纬度[305]。换句话说,对于中纬度的行星波,当其向低纬度传播时,波的纬向相速度如果不再小于背景纬向流的速度,赤道向的传播将会被抑制。而在不同条件下,行星波在临界纬度上可以被吸收、反射以及超反射[306]。

在 2015/2016 冬季的 10 hPa,2019 年夏季的 8 hPa 上存在相关系数异常低值[图 7.2(a)和(b)]。当然,这一低值在相邻气压层也存在,因为波振幅的异常耗散会发生在一定的高度区间内,这里只是选取了相关系数偏离气候态最为明显的气压层。此外,又将平流层整个高度上的行星波振幅在相邻纬度上的相关系数分布绘制如图 7.3 所示,左侧为 15/16D 及气候态的相关系数分布情况,右侧为 2019D 及气候态的相关系数的分布情况,覆盖气压层为 8~38 hPa。可以看出,在 15/16D 期间,这一波耗散(偏离气候态的异常相关系数)存在的高度区间更为广泛,从 8~18 hPa 上均存在,而对于 2019D 期间,这一相关系数存在于更高的高度区间(8~10 hPa)。

同时,针对相关系数异常低值对应的纬度,分别绘制了在 27.5°N/22.5°N[图 7.2(c)和(e)]和 17.5°S/12.5°S[图 7.2(d)和(f)]之间的位势高度异常的时间经度截面,以探究其背后的行星波活动的异常。这里将超过气候态 1.0 倍标准差的异常值认为通过统计显著性检验,在图中用黑色圆点凸显。从图 7.2(c)中可以看出,在这一纬度区间 15/16D 在 10 hPa 存在三支明显的东移波(标

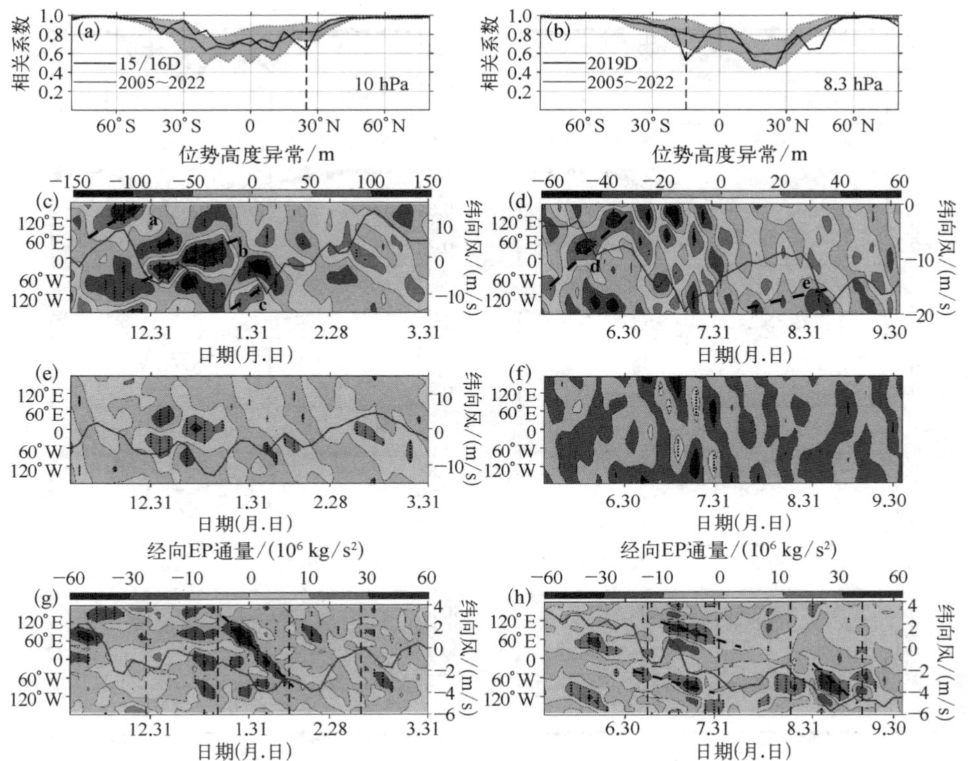

图 7.2　特定气压层上行星波振幅的相关系数、位势高度异常和经向 EP 通量的时间经度截面

注为 a 波、b 波和 c 波），a 波和 c 波在南移过程发生了破碎，b 波振幅也发生明显的耗散，这两个纬度上的相关系数的显著降低主要来自这三个波振幅的突然变化而导致的振幅趋势的变化[图 7.2(a)]。图 7.2(d)中，在 19/20D 期间 8 hPa 上，17.5°S 纬度附近存在两支明显的东移波（标注为 d 波与 e 波），到了 12.5°S 附近，东移波消失，转变为普遍的西移波。根据线性波理论，赤道向传播的罗斯贝波在遭遇临界纬度时（相速度达到背景风速），会在附近发生耗散。考虑到在赤道地区，西风急流核存在于这两次 QBO 中断中，所以在相应的亚热带地区存在伴随弱西风的临界纬度带，能使具有东向相速度的罗斯贝波耗散动量。东移波破碎发生的时间都对应该高度上显著增强的东风，意味着更加有利于亚热带行星波影响赤道 QBO 的时期[305]。

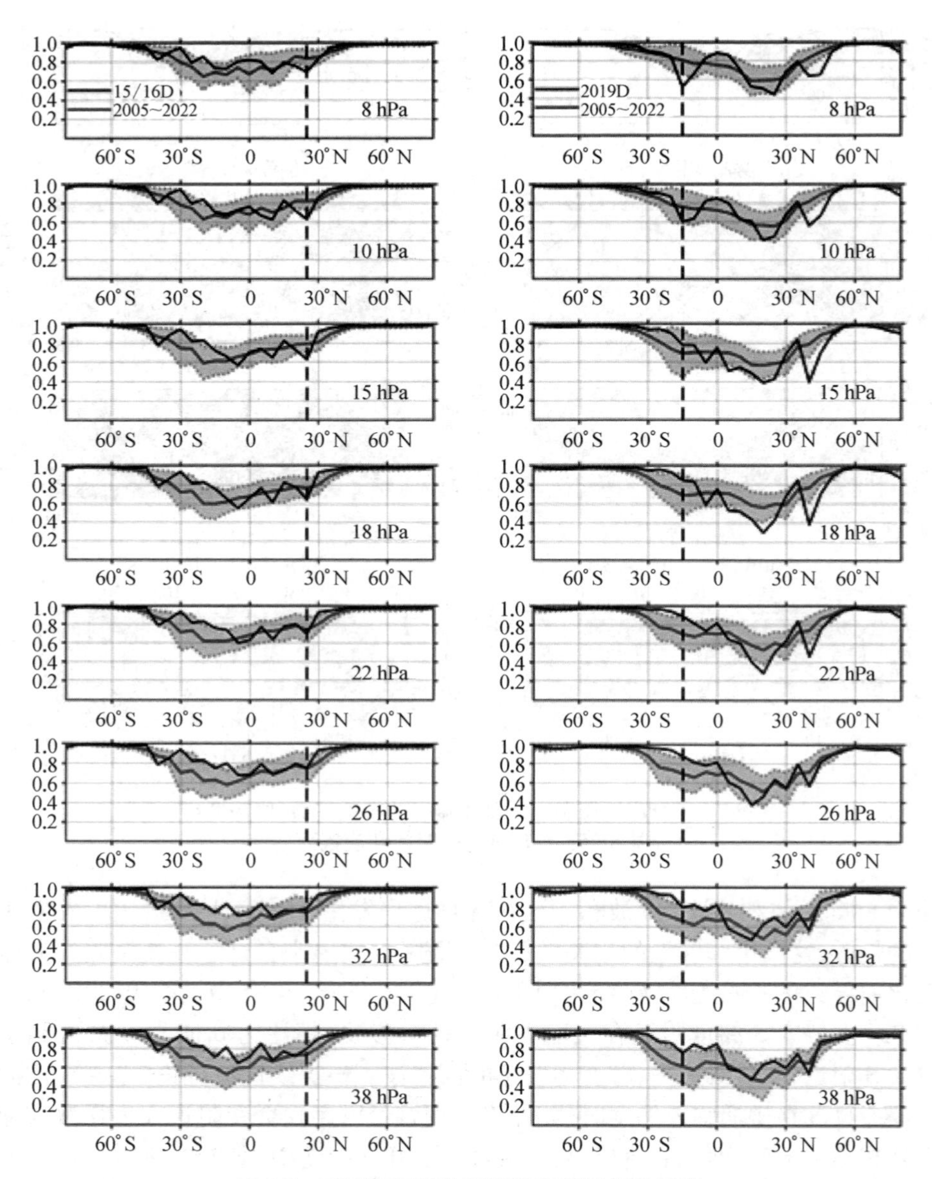

图 7.3　不同气压层上行星波振幅的相关系数

注：图中的纵坐标均为相关系数；左侧图中的黑色曲线代表 15/16D，右侧图中的黑色曲线代表 2019D，红色曲线均为 2005～2022。

为了探究从中纬度进入赤道地区的行星波的情况，将两次中断事件期间的经向 EP 通量在靠近赤道地区(17.5°N、17.5°S)的时间经度截面绘制如图 7.2(g)和(h)所示。此时在平流层低层多个气压层都具有相对较强的经向 EP 通量，这里给出了 38 hPa 的结果。将中心值大于(小于)40(−40)×10^{-6} kg/s^2 的波包认为是强烈的波包，并且随时间向西移动的强烈波包用黑色粗虚线标注在图 7.2(g)和(h)中。EP 通量显著(超过气候态的一倍标准差)的区域用黑色圆点标出。而黑色细虚线将图 7.2(g)和图 7.2(h)划分为 6 个时段，分别为 T1(12 月 29 日至次年 1 月 21 日)、T2(1 月 22 日~2 月 14 日)、T3(2 月 15 日~3 月 9 日)以及 T4(7 月 8 日~7 月 31 日)、T5(8 月 1 日~8 月 24 日)、T6(8 月 25 日~9 月 11 日)，用于后续的绘图分析。在 15/16D 的 2 月初，低纬度 38 hPa[图 7.2(g)]出现了强烈的赤道向的行星波活动，并且是一支西移波，相速度近似为 12 m/s(根据波中心轴线的斜率得到)。巧合的是，Lin 在 4.5°N 处同样发现了一支以 12 m/s 西向运动的波包，出现的时间段相近[307]，说明这很可能是同一支来自中纬度地区的波包，随着时间逐渐南移，最终达到西风急流核内。相比之下，19/20D 在 17.5°S[图 7.2(h)]中显示出更加分散的西移波，较为强烈的波包有三处(三条黑色虚线)，其中又以 9 月份波包的经向传播最强。两次 QBO 中断期间造成纬向风逆转的行星波活动是存在差异的，15/16D 平流层低层强烈的西移波包集中在 2 月，而 19/20D 强烈的西移波包在 7 月和 9 月均存在，产生更加持久的向西强迫。在 Anstey 等的研究中[304]，19/20D 的经向强迫覆盖较长的周期，极小值在 9 月，而 15/16D 的峰值强迫集中在更短的周期，在 2 月达到最强，也和本章的结果能很好地吻合。

图 7.4 为 10 hPa 上(a) 15/16D 的 17.5°N 和 22.5°N、(c) 19/20D 的 17.5°S 经向强迫趋势随时间的变化，以及 38 hPa 上(b) 15/16D 的 17.5°N、(d) 19/20D 的 17.5°S 经向 EP 通量随时间的变化，其中超过气候态的一倍标准差用虚横线标出。对于 15/16D 而言，波耗散实际发生在 27.5°N 与 22.5°N 之间，所以在图(a)中也绘制出 22.5°N 处的经向 EP 通量散度。显然，17.5°N 处对应 b 波和 c 波位置的经向 EP 通量和 22.5°N 处相比更加偏离气候态平均值。除对于图 7.2 中出现的 b~e 四个东移波，在图 7.4 中可以看到，10 hPa 上的经向 EP 通量散度在其破碎后都出现增强，并且这些额外的负强迫对应着 38 hPa 增强的赤道向的经向 EP 通量。a 波没有产生负强迫，是因为它的东移速度略大于背景西风，而其余东移波均在背景东风中破碎，对 QBO 东风相位的下传产生瞬时增强的抑制作用。红色虚线框代表没有东移波破碎时 10 hPa 上的增强负强迫和 38 hPa 上的增强经向 EP 通量对应的时刻。

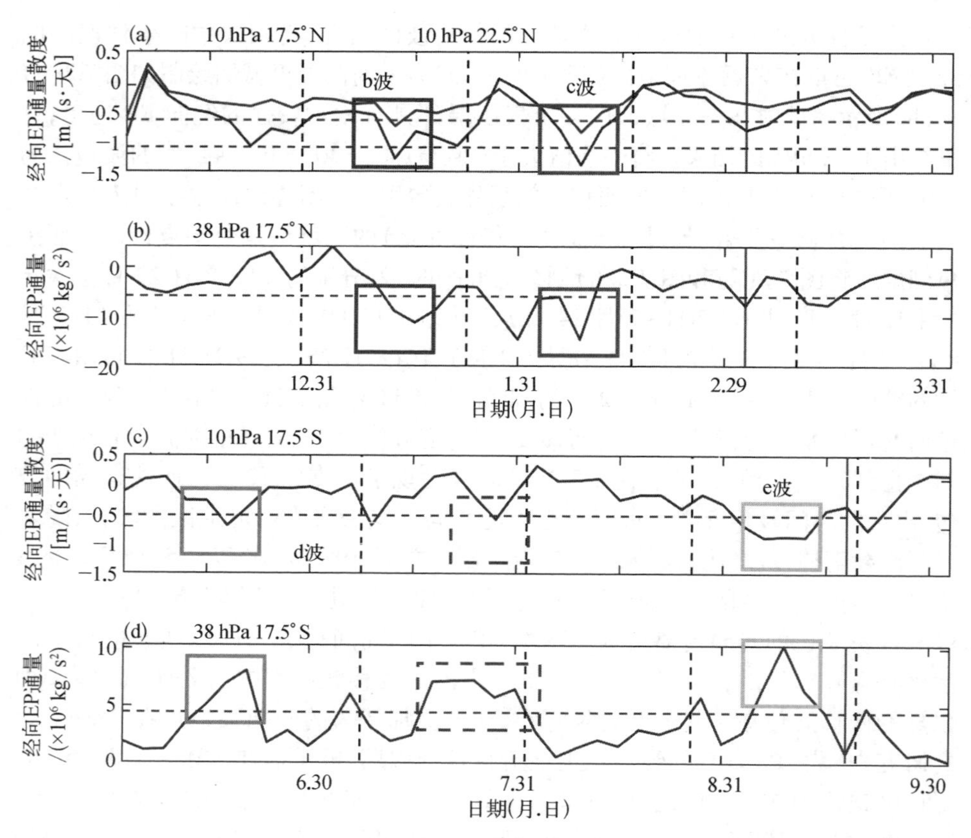

图 7.4 两次 QBO 中断期间特定气压层经向 EP 通量散度和经向 EP 通量随时间的变化

7.3 异常行星波的传播和耗散

7.3.1 不同时段的波强迫和传播

为了探究范围更广的高度和纬度上的行星波行为,这里分别将两次 QBO 中断事件按照图 7.2(g)和(h)中的黑色虚线划分的三个时间段(后面用 T1、T2、T3、T4、T5 和 T6 指代)来探究行星波在对应时段的传播和耗散有何异常。图 7.5 为 15/16D 在(a) T1、(b) T2、(c) T3 时段,19/20D 在(e) T4、(f) T5、(g)T6 时段的波驱动 DF(填色阴影区)以及 EP 通量 F(向量箭头)的纬度高度截面,以及(d) 12~2 月 17.5°N 处、(h) 7~9 月 17.5°S 处的经向 EP 通量散度(红色曲线及阴影表示气候平均以及±1σ 偏差,黑色细实线表示 15/16D 与 19/20D)和纬向平均风(黑色粗实线)的垂直廓线。后续在进行垂直方向的处理时(涉及垂直方向上的求导等计算),将 MLS 数据中的原始气压层(261 hPa 至 0.1 hPa,共 36 个气压层)插值到等间距的对数气压值上(lg P 从 2.4 至−1,即 251 hPa 至 0.1 hPa,共 18 个气压层)。(a)~(c)以及(e)~(f)中的五角星代表 17.5°N(S)处的 38 hPa 高度,红色曲线代表纬向平均纬向风。与气候态相比,波驱动散度 DF 显著(高于气候态的 1 倍标准差)的区域用黑色散点表述,而相对于气候态显著的 EP 通量的矢量箭头被保留在图中,不显著的矢量箭头并没有标注出来。蓝色矩形框标注了在靠近赤道地区(17.5°S、17.5°N)EP 通量显著的区域,意味着强烈的赤道向传输的行星波。

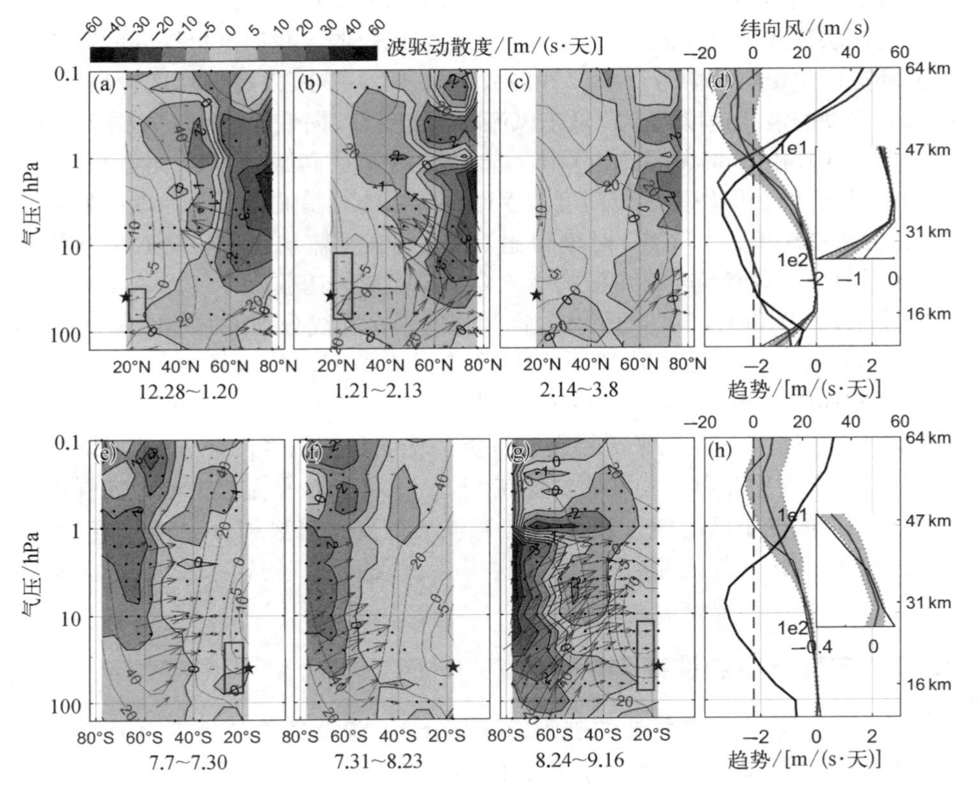

图 7.5 两次 QBO 中断期间行星波的传播和耗散特征

对于15/16D，当平流层低层低纬度存在赤道向的强烈经向强迫时（T1、T2时段），在平流层顶附近存在较为强烈的EP通量辐合[小于-5 m/(s·天)]，并且发生显著波耗散（打点的蓝色区域）的区域延伸至低纬度，这在T3时段并没有发生，说明平流层高层在对应时段有较为明显的波耗散发生。在T2时段对应平流层低层17.5°N处最强的经向强迫，在中纬度地区从对流层上传至平流层的行星波活动明显增强（更多和气候态相比显著的矢量箭头）。达到T3时段时，行星波的赤道向传播显著减弱（没有出现和气候态相比显著的矢量箭头），低纬度的经向EP通量也随之变小。对于19/20D，在T4和T6时段，低纬度平流层的低层均存在赤道向的强烈经向强迫（打点的蓝色区域），但是在平流层高层，T6时段有着更加广泛且强烈的EP通量辐合区，也对应着中纬度地区明显增强的行星波活动（更多和气候态相比显著的矢量箭头）。

Charney的研究表明[308]，行星波扰动从中纬度向赤道向的传播更倾向于发生在对流层顶和平流层低层，因为这一区域东风较弱。我们这里探究的对热带纬向环流产生影响的温带行星波纬向波数较小（1～3），为超长尺度行星波，只有向西移动的波相速度大于背景东风流时，才能继续向低纬传播。在图7.5中，对于15/16D，和T3时刻相比，T1和T2时刻在平流层高层（10 hPa附近）具有增强的东风，这便会促使更多该高度上赤道向传播的行星波被吸收而在此处耗散能量；对于2019D，和T1、T2时刻相比，T3时刻在平流层高层也具有增强的东风，同样促使了背景流对行星波的吸收以及波能量的耗散。

将15/16D和19/20D的平均经向强迫的垂直廓线分别绘制如图7.5(d)和图7.5(h)所示（黑色曲线），2010/2011年冬季对应时段绘制作为对比（蓝色曲线）。15/16D在10 hPa到100 hPa之间的赤道向经向强迫基本在标准偏差以外（17.5°N），2019年只是在平流层高层有更加偏向负值的经向强迫（17.5°S），考虑到在19/20D中东移波的破碎发生在17.5°S～12.5°S，平流层中的经向强迫还会随着纬度的减小而增加。然而，二者随高度的变化趋势和Anstey等由ERA5数据得到的两次事件的经向强迫趋势是基本一致的[304]。这再一次佐证了本章结果的合理性与可靠性。

7.3.2 东移行星波的破碎

为了进一步论证东移波的破碎，在图7.6中，绘制了位势高度（GHP）偏差的经度高度截面随时间的变化，分别对应15/16D中的1月28日～2月12日和19/20D中的9月2日～9月17日，最右侧同时绘制了15/16D（19/20D）在77.5°N

(77.5°S)的温度以及 17.5°N(17.5°S)的经向 EP 通量的时间高度截面。

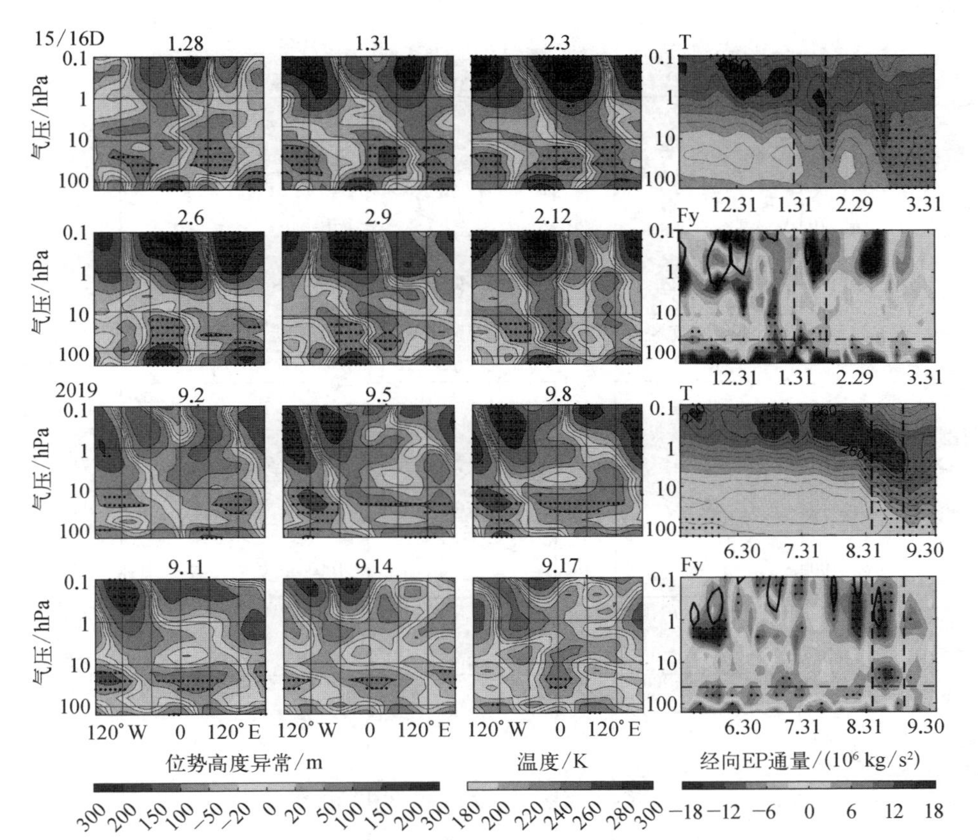

图 7.6 两次 QBO 中断期间位势高度偏差，温度以及经向 EP 通量随时间的变化

右侧图中标注的黑色虚线对应左侧 GPH 偏差中的时间段，红色虚线对应 38 hPa 高度，黑色实线表示经向强迫为-5 m/(s·天)的等值线。将每个气压层上的位势高度偏差超过多年气候态(冬季 12 月至次年 3 月，夏季 6~9 月)1 倍标准差识别为显著强烈的波扰动，用黑色圆点在图中表示。

利用位相随高度的变化(相位等值线随着高度增加而减小，说明波是上传)来得到波的垂直传播，利用波振幅的变化来进一步说明波的破碎，结果如图 7.7 所示。图中左侧为 15/16D 期间的结果，右侧为 2019D 期间的结果，上方为相位的纬度高度截面，下方为振幅的纬度高度截面。纬向波数 1 用蓝色曲线表示，纬向波数 2 用红色曲线表示，展示的时段刚好对应图 7.6 中的波振幅截面变化的时段。

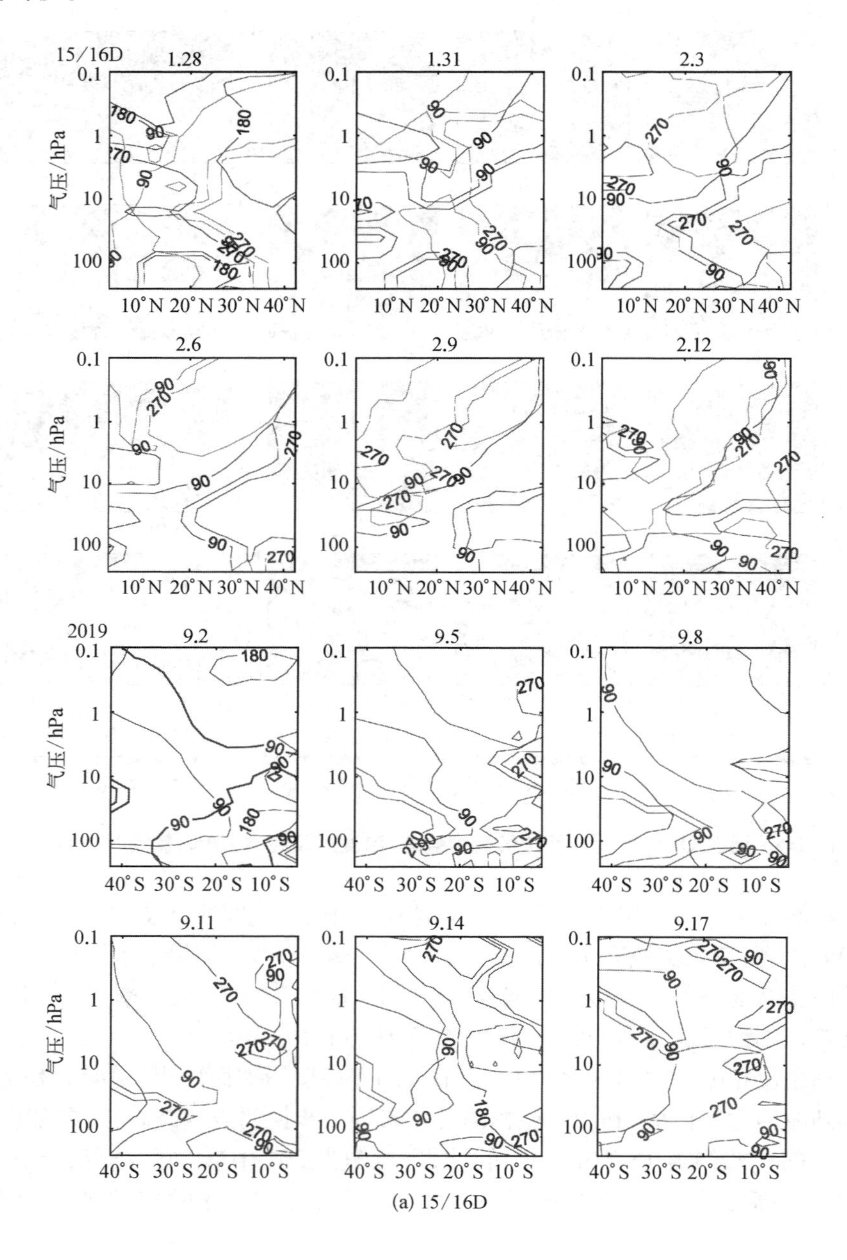

(a) 15/16D

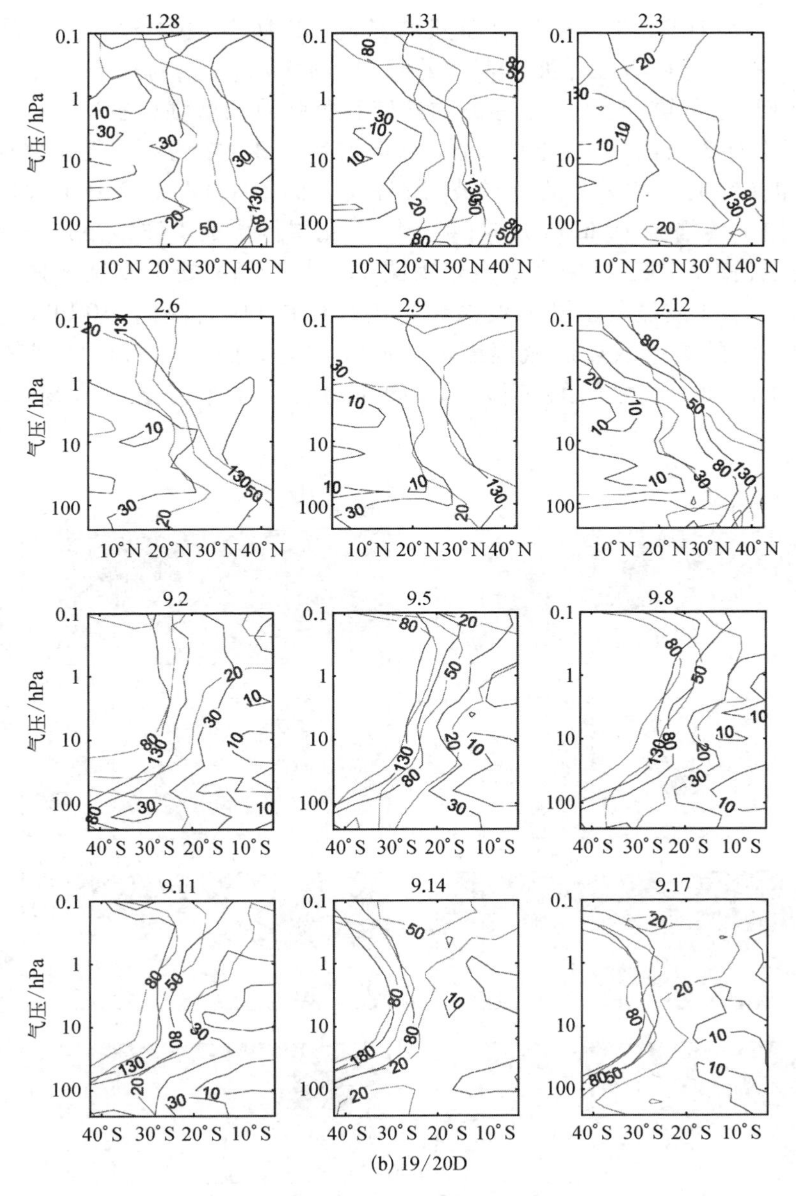

(b) 19/20D

图 7.7　两次 QBO 中断期间 1 波和 2 波的相位和振幅的纬度高度截面随时间的变化特征

注：图片上方的数字为日期(月.日)。

对于15/16D,38 hPa上的强烈的经向EP通量主要集中在1月底和2月初。在2月初有强烈波包存在的时刻[图7.2(g)],对应有平流层高层强烈的EP通量辐合,伴随东移波的破碎和负强迫的增强(图7.4)。从1月28日至1月31日,1 hPa上的2波(纬向波数为2的行星波)逐渐被扰动更强的1波(纬向波数为1的行星波)所替代。从2月3日到2月12日,增强的1波向下传播到10 hPa,并向西移动,平流层低层的1波振幅减弱而2波振幅增强(图7.7)。这一现象表现为图7.8中17.5N处1波显著强烈的波振幅消失后,2波显著强烈的波振幅再出现(在对应时段内,40 hPa附近纬向波数为1的黑色散点区域逐渐被纬向波数为2的黑色散点区域替代)。振幅在1波和2波之间的转移(vacillations)反映了平流层中的波-波相互作用[279]。

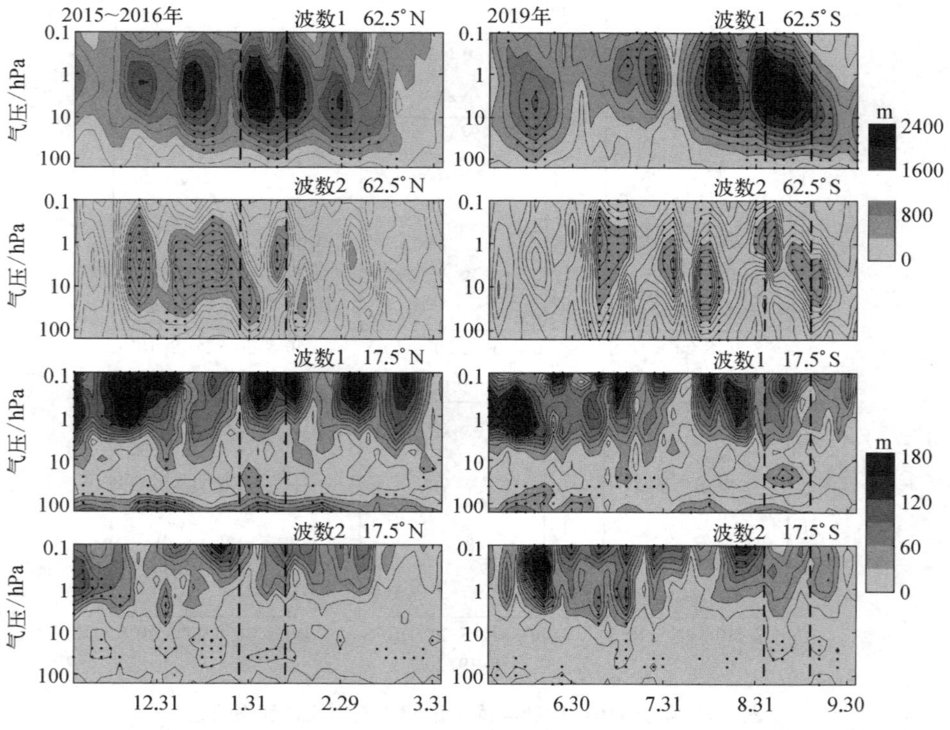

图7.8 在15/16D(19/20D)事件前后波数1和波数2振幅在62.5°N(62.5°S)和17.5°N(17.5°S)处的时间高度截面

对于 19/20D,38 hPa 上强烈的经向 EP 通量在 7 月和 9 月均存在,但是只有 9 月对应高层东移波的破碎。从 9 月 2 日至 9 月 11 日,1 hPa 上的 2 波逐渐被 1 波所替代,1 波增强并向下传播,9 月 11 日之后能看到明显的波破碎的发生(图 7.6),产生增强的负强迫。虽然这里选取的是一个气压层(38 hPa)来识别强烈赤道向传输的波包,但是从计算结果可以得知,15/16D 对纬向风逆转产生影响的强烈波包主要在 2 月初,存在于 56 hPa 至 31 hPa,19/20D 对应的强烈波包主要在 7 月下旬以及 9 月上旬,分别存在于 46 hPa 至 24 hPa 以及 40 hPa 至 10 hPa。这里忽略了其他零散但是依然稍微强烈的波包,这些波包对于 QBO 西风相位中东风的出现很可能也是有促进作用的。

图 7.6 的结果再次强化了这样一个印象:两次 QBO 中断背后的行星波活动很可能都和平流层爆发性增温密切相关,因为 15/16D 中 2 月初的单个波包和 19/20D 中 9 月份的单个波包分别与 2016 年的主要最终增温(major final warming)、2019 年小型平流层爆发性增温(minor SSW)的时间相吻合。平流层爆发性增温发生后,平流层低层广泛的高度上出现显著的增温效应(图 7.6)。平流层爆发性增温的发生和准静止行星波密切相关,于是又绘制两次中断事件前后纬向波数为 1 和 2 的行星波振幅在高纬度和低纬度位置上的时间高度截面图,如图 7.8 所示。

在两次中断事件出现强烈经向传输波包的时刻,17.5°N(17.5°S)平流层中 1 波和 2 波的同时增强并向下传输,对应着两次平流层爆发性增温期间高纬度平流层 1 波和 2 波振幅的同时增强(图 7.8)。在 15°N 也发现了类似图 7.2(g)中 T2 时刻对应的强烈波包,由波数 1 和波数 2 相互作用的快速的罗斯贝波(波数 3)可能提供了最大的水平动量偏差[309]。而本章的结果表明,正是这种局部产生东移波与下传 1 波的相互作用,提供了让纬向风逆转的额外动量偏差,这在之前的研究中是没有被提及的。

7.4 波动力配置与平流层爆发性增温

通过 15/16D 以及 19/20D 两个具体的赤道上空大气环流异常事件,本章认为平流层上层的波的负强迫增强、东移波破碎和平流层下层强烈的经向 EP 通量的典型配置可能是 QBO 中断的前兆。因此,这里又列出了 MLS 数据集中 2005~2022 年的结果,查看这种动态配置是否只发生在两个环流异常中,结果如表 7.1 所示。

表 7.1 2005~2022 两个半球冬季的行星波动力配置

北半球冬季		动力配置	7~10 hPa DF	38~46 hPa Fy	南半球冬季		动力配置	7~10 hPa DF	38~46 hPa Fy
2004/2005	3.12	N	−0.51	−0.68	2005		N	−0.34	0.75
2005/2006	1.21	N	−0.17	−0.85	2006		N	−0.37	2.24
2006/2007	2.24	N	−0.46	−0.78	2007		N	−0.37	0.69
2007/2008	2.22	N	−0.40	−0.49	2008		N	−0.33	2.21
2008/2009	1.24	N	−0.30	−1.10	2009		N	−0.30	0.58
2009/2010	2.9	N	−0.50	−1.67	2010		N	−0.43	0.74
2010/2011		N	−0.36	**−3.30**	2011		N	−0.41	1.10
2011/2012		N	−0.58	−0.98	2012		N	−0.49	0.55
2012/2013	1.9	N	−0.50	−0.93	2013		N	−0.36	2.45
2013/2014		N	−0.24	−2.35	2014		N	−0.55	0.63
2014/2015		N	−0.27	−0.54	2015		N	−0.27	1.78
2015/2016	3.4	Y	−0.45	**−3.23**	2016		N	−0.28	1.36
2016/2017		N	−0.43	−2.09	2017		N	−0.35	0.62
2017/2018	2.12	N	−0.50	−1.17	2018		N	−0.32	0.42
2018/2019		N	−0.42	−1.45	2019	9.18	Y	−0.44	**3.73**
2019/2020	1.2	N	−0.55	−0.37	2020		N	−0.42	0.82
2020/2021	1.5	N	−0.50	−1.88	2021		N	−0.22	0.93
2021/2022		N	−0.10	−0.76	2022		N	−0.43	0.87

注：北半球冬季与南半球冬季一列为相关年份，部分附具体的日期（月.日）。

表 7.1 展示了所有年份的行星波结构细节，由异常低的相关系数的存在可以确定，在赤道传播行星波过程中存在明显的波耗散，用 Y 表示；而 N 表示不存在异常低相关系数。波驱动动量通量 DF（6~10 hPa）和 EP 通量 Fy（38~46 hPa）的平均值也给出了，粗体表示增强的经向 EP 通量。

平流层爆发性增温（SSW）的发生均以蓝色标记，并注明开始日期。值得注意的是，虽然在 SSW 事件发生之前，平流层上层负强迫峰值也有增强，但显著的波耗散/破碎的产生（对应于异常低的相关系数）与此无关。在这两个中断事件中，东向波均出现在 SSW 之前，并在向赤道传播期间破裂，对应于平流层低层出现具有强烈经向通量的西向波包。因此有理由认为，导致这两个 SSW 事件的强烈行星波活动也可能导致热带纬向风场的反转。

此外需要说明的是，在 2004~2022 年，其他年份的平流层也存在一些异常低的相关系数。在寻找这些异常低的相关系数时，这里选取的筛选纬度区间为 10°N～30°N 以及 10°S～30°S。一方面，在搜寻相关系数的异常低值时，需要舍去赤道地区附近的结果，因为这里观测和再分析的位势高度的纬向分布差异过大，导致波振幅的计算存在偏差（在 7.5 节中给出解释），所以不考虑 10°N 以南/10°S 以北的相关系数；另一方面，由于背景流的滤波效果，纬度过高区域上空的波耗散能量一般较难传递到低纬度地区，所以不考虑 30°N 以北/30°S 以南的相关系数。由此，在 MLS 数据中遍历 2004～2022 年的所有结果，计算每一年对应时段不同气压层上的相关系数分布（如图 7.3 所示），从而筛选出所有相关系数的异常低值。

按照图 7.2 的表现形式，将表 7.2 中其他年份的低相关系数进行绘制。来探究具体事件背后是否有平流层高层的异常波耗散以及平流层低层的强烈波传输。

表 7.2　相关系数的异常低值出现的事件

时　间	纬　度	异常波	高度	时　间	纬　度	异常波	高度
2004/2005 年冬	12.5～17.5°N	无	15 hPa	2005 年夏	17.5～22.5°S	S	15 hPa
2006/2007 年冬	22.5～17.5°N	S	8 hPa	2012 年夏	17.5～22.5°S	无	8 hPa
2011/2012 年冬	22.5～27.5°N	S	8 hPa	2013 年夏	27.5～22.5°S	S	10 hPa
2013/2014 年冬	12.5～17.5°N	S	8 hPa	2014 年夏	17.5～12.5°S	无	15 hPa
2014/2015 年冬	17.5～22.5°N	无	22 hPa	2017 年夏	12.5～17.5°S	无	10 hPa
2015/2016 年冬	22.5～27.5°N	E	10 hPa	2019 年夏	17.5～12.5°S	E	8 hPa
2020/2021 年冬	12.5～17.5°N	S	10 hPa				

这里首先以 2004/2005 年冬季和 2005 年夏季的个例为例，来说明判断方式，结果如图 7.9 所示。2004/2005 年冬季相关系数的异常低值反映的是平流层高层（15 hPa 附近）波的耗散（波振幅的减弱），但是并没有波振幅显著的行星波破碎发生；2005 年夏季相关系数的异常低值反映的是平流层高层行星波的耗散，主要为 6 月上旬 0～60°E 范围内的强烈驻波（随着时间波包在纬向的移动并不显著，更倾向于停留在一定的经度范围内）在向赤道传播过程中的耗散。所以，2004/2005 年冬季的异常波为“无”，意味着这是由过于弱的波振幅造成相关系数的异常低值；而 2005 年夏季的异常波为“S”波，意味着强烈驻波的耗散造成了相邻纬度波振幅时间序列的相关系数异常。此时，两个事件平流层低

层(38 hPa)的经向 EP 通量均很弱,没有出现强烈的西移波包[中心值大于(小于)40(−40)$\times 10^{-6}$ kg/s^2]。

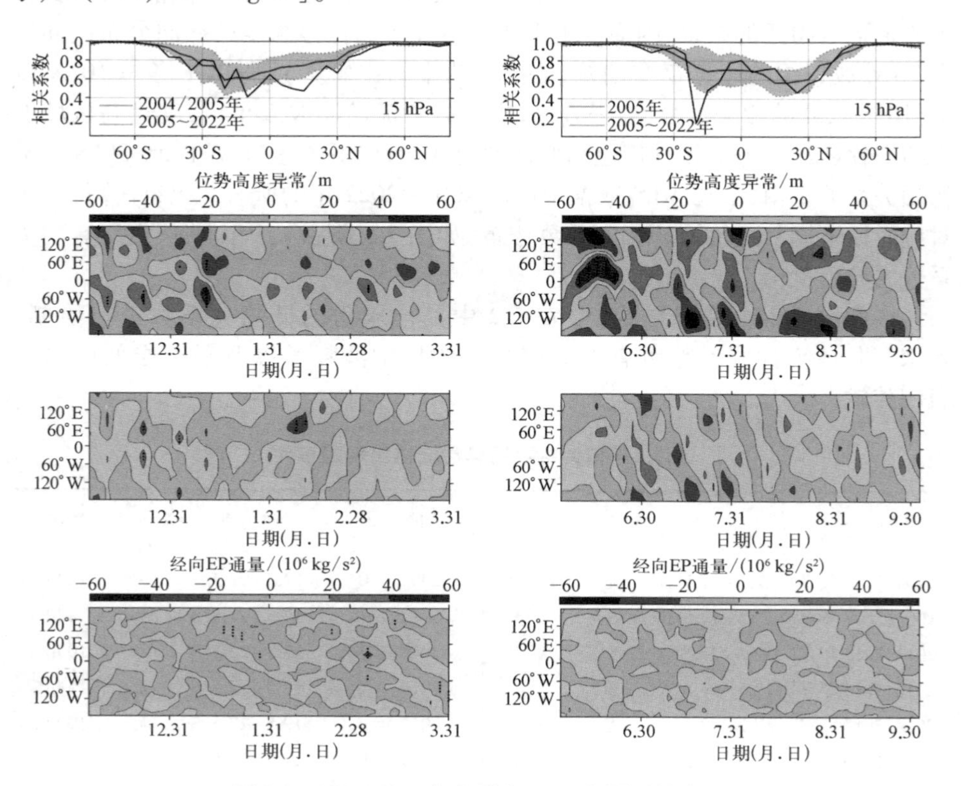

图 7.9　2004/2005 年冬季和 2005 年夏季的个例

然后,又对 2011/2012 年冬季和 2012 年夏季的个例进行分析。结果如图 7.10 所示。

2011/2012 年冬季相关系数的异常低值反映的是平流层高层(8 hPa 附近)驻波的耗散(2012 年 1 月);2012 年夏季相关系数的异常低值反映的是平流层高层在更低纬度上波的增强(9 月)。所以,2011/2012 年冬季的异常波耗散为"S"波,而 2012 年夏季的异常波耗散不存在。此时,两个事件平流层低层(38 hPa)的经向 EP 通量均很弱,没有出现强烈的西移波包。

根据以上判别方式,又可以得到其余相关系数异常低值个例的事件动力配置情况。当在 MLS 数据和 MERRA2 数据中均捕捉到相关系数的异常低值时,

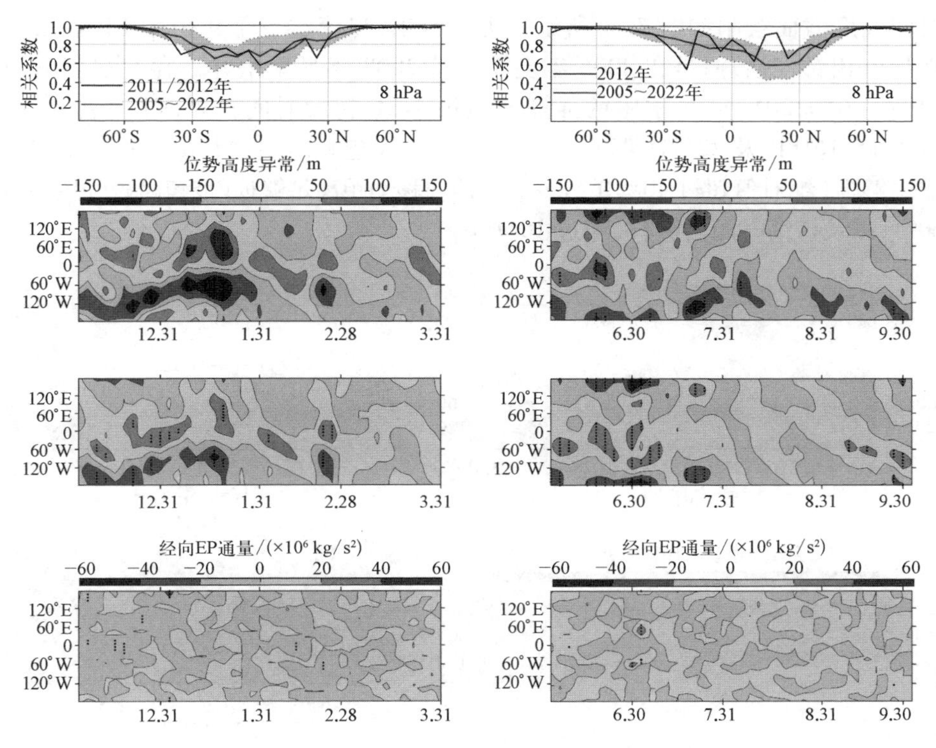

图 7.10 2011/2012 年冬季和 2012 年夏季的个例

将这些事件都识别出来,全部结果列在表 7.2 中。并且通过绘制对应纬度和高度上位势高度异常的截面来判断其中造成相关系数低值的波耗散情况,其中 E 代表东移波,W 代表西移波,S 代表驻波。在识别异常波的时候,只考虑波振幅显著的情况,因为过于弱的波振幅虽然也能造成相关系数的异常低值,但自身耗散对背景流施加的动量和能量强迫可以忽略。同时也有可能存在波耗散并不显著,反而在更靠近赤道纬度带上有新的振幅显著的波生成的情形。上述两种情况下均认为没有异常波的耗散发生。并且这里选取的高度只是一个相关系数偏离气候态最为显著的气压层,通常附近气压层的对应纬度上也具有较低的相关系数值。

除了表 7.2 中列出的相关系数异常低值的事件外,表 7.1 中对于平流层低层(38 hPa)的经向 EP 通量的平均值也存在个别较强的年份,分别为 2010/2011 年冬季、2006 年夏季以及 2008 年夏季。于是将三个个例 38 hPa 上的 EP 通量时间经度截面绘制如图 7.11 所示。可以看出，尽管这三个年份中 EP 通量的平均值相对较强，但是在 2006 年夏季以及 2008 年夏季中并不存在强烈的波包，在 2010/2011 年冬季中的强烈波包很小，且持续时间较短（12 月初）。而对于 15/16D 以及 2019D 期间，平流层低层的波包显示出独特的特征：经向传输足够强（绝对值超过 40×10^{-6} kg/s^2）、西向移动距离足够远（波包跨越经度超过 60°），以及持续时间足够长（超过 10 天）。

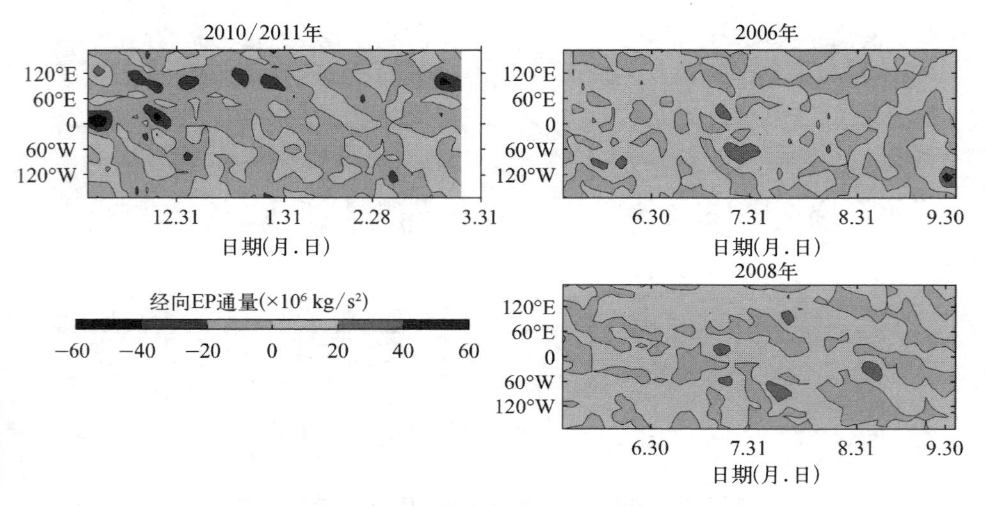

图 7.11 2010/2011 年冬季、2006 年夏季以及 2008 年夏季 38 hPa 上的 EP 通量

此外，东移波可以先于其他 SSW 被观测到，这些 SSW 往往会影响中间层风场结构[166,307]。然而，尽管如此，平流层东移波的破碎及其对 QBO 结构的影响仅发生在 2015/2016 年北半球冬季和 2019 年南半球冬季，与两次 SSW 事件相对应（表 7.2 中 2012 年夏季东移波的破裂由于平流层下层经向 EP 通量不强，对 QBO 结构没有影响）。在现有数据集中，本研究说明了所提出的行星波动力配置在造成赤道上空平流层环流异常中的潜在效应。

7.5 再分析资料的验证

前几节内容主要是利用 MLS 卫星数据得到的结果，而关于环流异常背后的行星波动力配置的结论，也是由单一数据集得到的。为进一步增加结果的可靠性和合理性,本节又利用 MERRA2 再分析数据集对结果进行验证。选取 2005~2022 年的 MERRA2 日平均气压层数据,在 250 hPa 至 0.1 hPa 共对应 21 个气压层,为了和 MLS 数据结果进行对比,同样选取 MERRA2 中的位势高度数据和温度数据,利用同样的方法进行计算,将得到的结果再和 MLS 卫星资料结果进行对比。

图 7.12 为 MERRA2 数据对图 7.1 结果的复现。对于行星波振幅而言,在中高纬地区 10 hPa 和 46 hPa 的 QBO 中断期间,依然能看到显著增强的波振幅。且 10 hPa 气压层上,15/16D 和 19/20D 期间高纬度强于气候态的波振幅在低纬度同样变成了小于气候态,进一步说明在行星波向赤道向传播过程中确实存在行星波的破碎和耗散,并且向背景流施加了显著增加的额外强迫。对于纬向平均纬向风而言,在低纬度地区,15/16D 和 19/20D 期间纬向西风都强于气候态,而在 10 hPa 高度上,纬向东风强于气候态。对于经向 EP 通量,10 hPa 上在低纬对应小于气候态的 EP 通量绝对值,而在 46 hPa 上对应大于气候态的 EP 通量

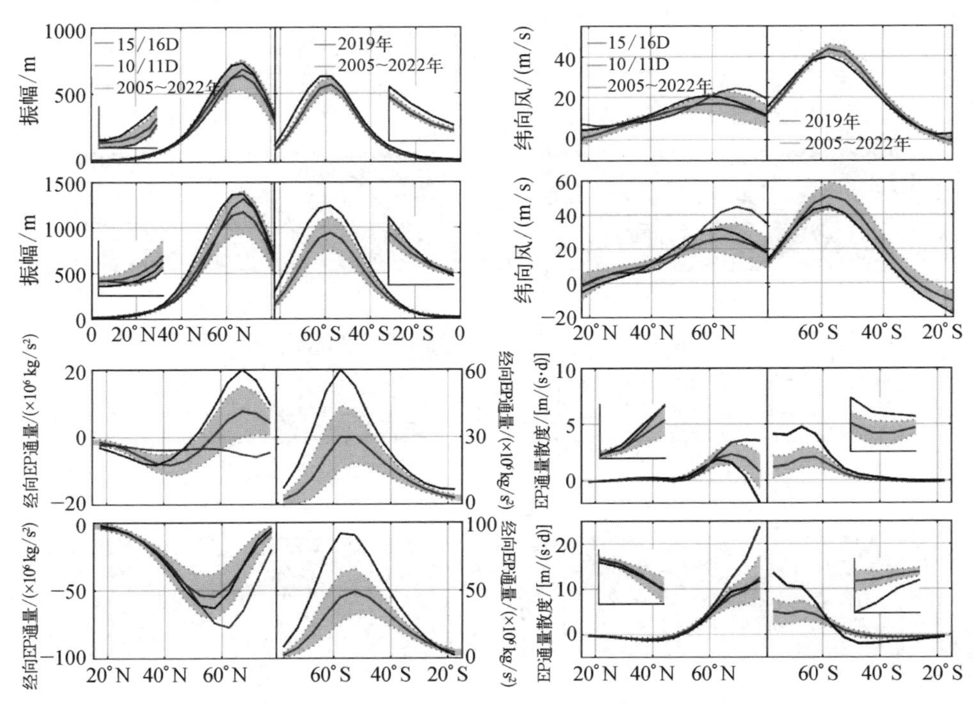

图 7.12　MERRA2 数据对图 7.1 的验证

绝对值,在低纬度地区,赤道向传播的行星波更倾向于从平流层低层进入赤道。对于 EP 通量散度,两次中断事件中,在 10 hPa 高度上都存在低于气候态的负值,意味着明显增强的负强迫。卫星观测和再分析资料都说明了行星波在赤道向传播过程中除了正常耗散过程以外,还存在别的强迫机制加速了行星波振幅的减弱,使背景流获得额外的强迫。

图 7.13 为 MERRA2 数据对图 7.2 结果的复现。对于 15/16D 期间,相关系数的异常低值同样出现在 27.5°N 和 22.5°N 之间,而对于 2019D,17.5°S 和 7.5°S 之间存在两个连续的相关系数的低值。考虑到数据源的不同,并且再分析数据的气压层较 MLS 卫星数据而言偏少,这里 2019D 期间的相关系数依然用 10 hPa 气压层代替,所以存在差异是合理的。尽管如此,两个数据集都说明了一个问题:在平流层高层,中纬度行星波向赤道向传播过程中,两次中断事件期间都出现了异常低的相关系数。进一步探究对应位置的位势高度异常,再分析资料同

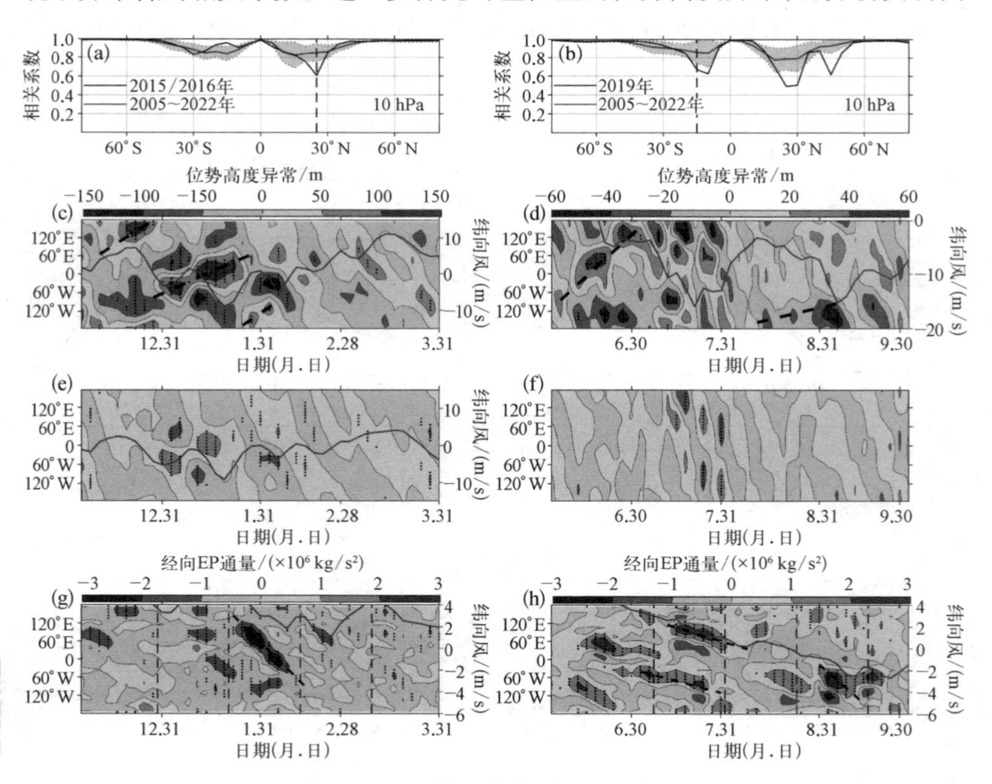

图 7.13 MERRA2 数据对图 7.2 的验证

样能捕捉到东向移动波在对应时段的耗散，并且和 MLS 数据的结果基本一致［图 7.13(c)～(f)］。再关注平流层低层的经向 EP 通量(40 hPa)，在 15/16D 的 T2 时段、2019D 的 T1 和 T3 时刻，也能观测到强烈经向传输的波包，且东移波包的移动速度也几乎一样。

图 7.14 为 MERRA2 数据对图 7.3 结果的复现。由于 MERRA2 数据的气压层少于 MLS 观测数据，所以这里展示了和图 7.3 中气压层接近的高度上的相关系数分布。同样，在 15/16D 期间(左侧)的 7～10 hPa 气压层上，27.5°N～22.5°N 之间存在相关系数异常低值，在 2019D 期间(右侧)的 7～10 hPa 气压层上，

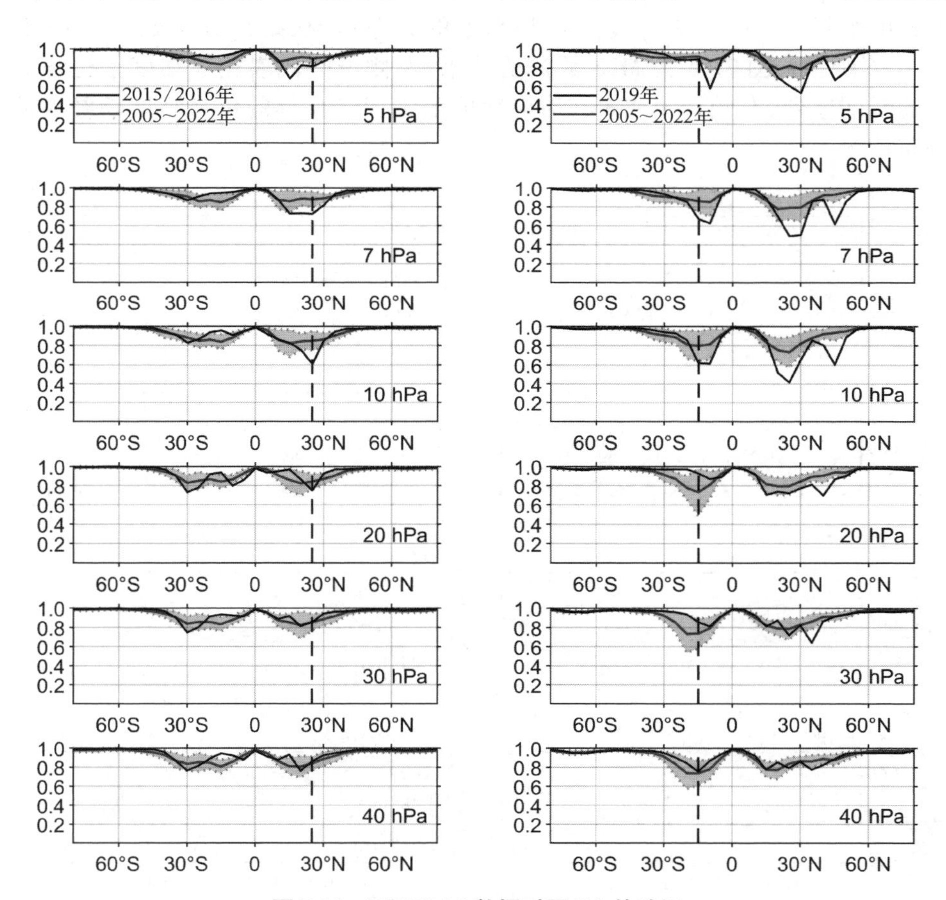

图 7.14　MERRA2 数据对图 7.3 的验证

注：纵坐标为相关系数。

17.5°S~12.5°S 之间存在相关系数异常低值。尽管两种数据的来源和垂直分辨率不同,依然能在对应高度范围内捕获到相关系数的异常低值。

需要注意的是,尽管 MLS 数据和 MERRA2 数据在对应纬度上都能捕获到异常低的相关系数,但是在赤道附近,MLS 数据相邻纬度上的波振幅时间序列的相关系数偏低[图 7.2(a)与(b)],而 MERRA2 数据相邻纬度上的波振幅时间序列的相关系数偏高[图 7.13(a)与(b)]。考虑到波振幅的计算来自位势高度数据,于是通过对比不同纬度上的位势高度数据来探究两个数据集计算的相关系数在赤道附近差异较大的原因。绘制 15/16D 期间 10 hPa 气压层上的两个数据集中相邻纬度上位势高度的分布情况,结果分别如图 7.15 和图 7.16 所示。图 7.15 为 MLS 数据的结果,左侧子图代表相邻纬度上位势高度的时间序列,右侧子图代表在对应纬度上 12 月 30 日的位势高度随经度的分布情况。

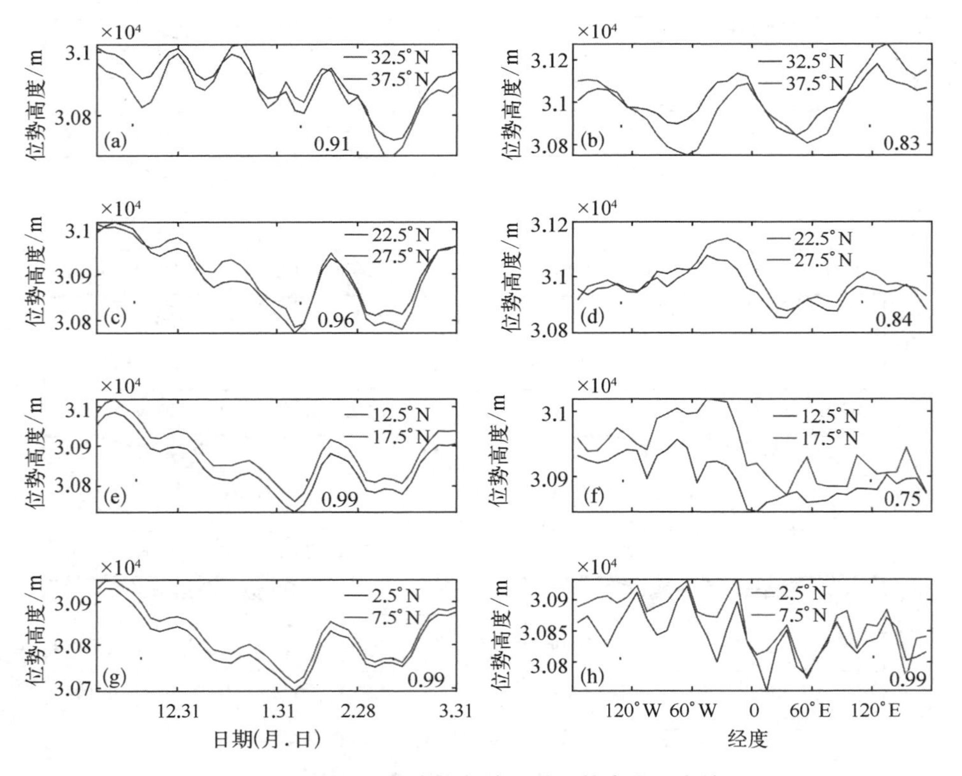

图 7.15 MLS 数据在相邻纬度上位势高度分布情况

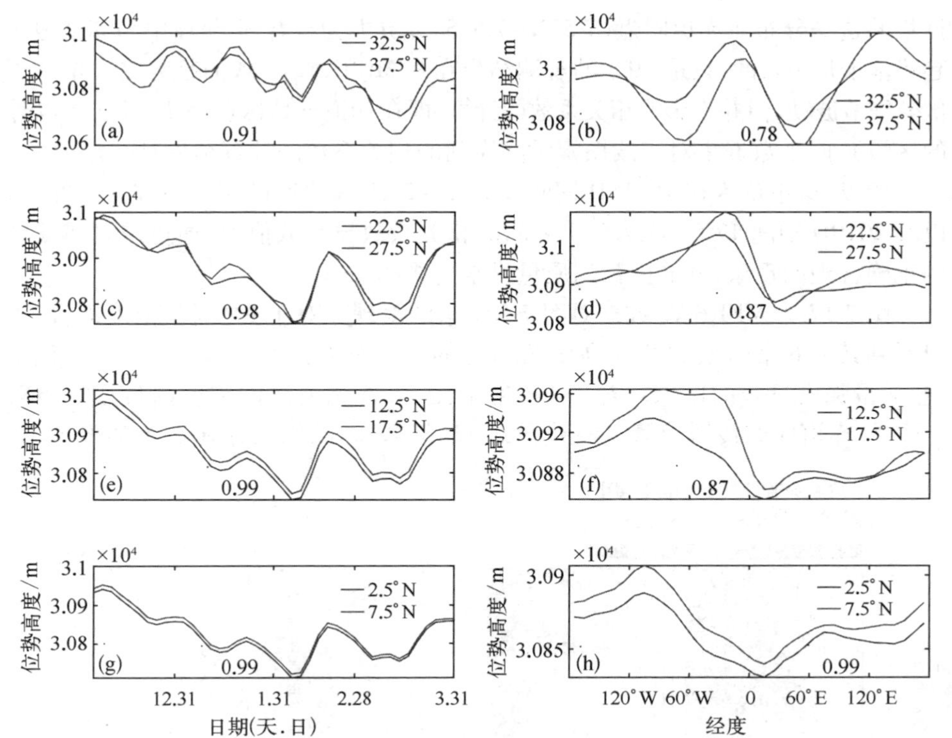

图 7.16　MERRA2 数据在相邻纬度上位势高度分布情况

图 7.16 的表现形式和图 7.15 一致，不过为 MERRA2 数据的结果。相邻纬度上位势高度分布的相关系数标注在子图中。

通过对比图 7.15 和图 7.16 可以看出，对于位势高度在特定纬度上的时间序列而言（左侧子图），两个数据集在相同纬度上的分布比较接近，并且都随着纬度的降低（越靠近赤道）而在相邻纬度上的相关性越强。而对于位势高度在特定纬度上的经度分布而言，MERRA2 数据相对于 MLS 数据的曲线更加平滑，并且随着纬度的降低，MLS 数据曲线上的锯齿更多，两个数据集的差异也越大。意味着在赤道附近由观测得到的位势高度和通过整合模式和观测后的再分析数据的差异较大。时间序列上两种数据集差异较小是因为数据经过了纬向平均，而可以忽略其在经度上的差异。而右侧子图恰好保留了这种经度上的差异，且越靠近赤道，差异越明显。这便解释了两个数据集波振幅的相关系数在赤道附近差异显著的原因：波振幅的计算来自位势高度的纬向分布，而两个数据集的这一分布在赤道附近(7.5°N~7.5°S)差异尤为显著,但是在中高纬度地区趋势基本是一致的,只是 MLS 的观测结果在和 MERRA2 一致的趋势之外增加了部分细节波动,但并不影响相关系数的计算,即在赤道外地区(7.5°N~7.5°S 以外的区域),两个数据集对于波振幅时间序列的相关系数的计算结果是一致的。

所以,这里认为在 15/16D 期间 27.5°N~22.5°N 之间的相关系数异常低值,以及 2019D 期间 17.5°N~7.5°N 之间的相关系数异常低值,是通过观测捕捉到的正确合理的现象,并非由数据质量异常造成的。

图 7.17 为 MERRA2 数据对图 7.5 结果的复现。对于 EP 通量散度而言,可以看到其在 6 个时段的纬度高度截面上的值域分布趋势是基本一致的,包括 EP 通量强度显著的区域。对于 EP 通量而言,首先关注低纬度附近(17.°5N, 1.75°S)赤道向的传播矢量。能够看到 T1 和 T2 时段依然存在显著的经向 EP

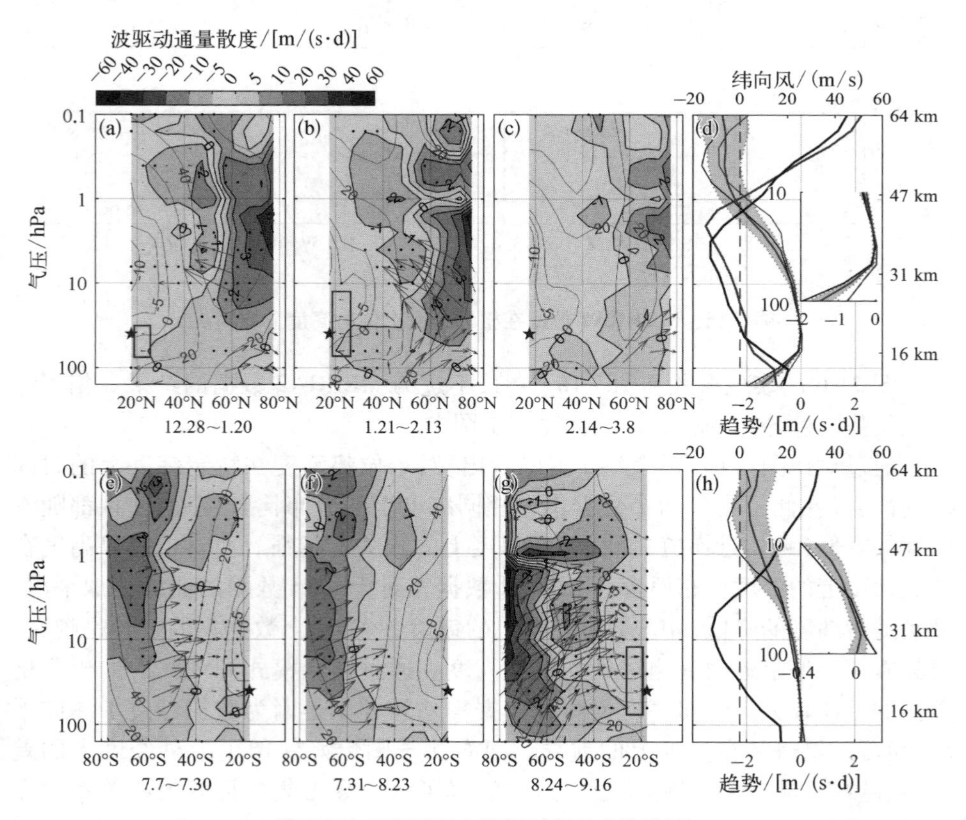

图 7.17 MERRA2 数据对图 7.5 的验证

通量,且在 T2 时段分布高度更广泛。T4 和 T6 时段也能看到同样存在显著的赤道向传播矢量,且 T6 时段分布更加广泛。其次,再关注中高纬度波源处向上和向低纬传播的矢量箭头,基本上显著区域也和卫星资料反映的一致。对于平均经向强迫[图 7.17(d)、(h)]而言,15/16D 在 10 hPa 到 100 hPa 之间的赤道向经向强迫基本在标准偏差以外,2019 年只是在平流层高层有更加偏向负值的经向强迫。和 MLS 卫星数据相比,2019D 期间平流层高层的经向强迫更加强烈。

图 7.18 为 MERRA2 数据对图 7.6 结果的复现。对于位势高度异常而言,值域显著的区域以及其随经度高度的分布也基本和图 7.2 一致。当然细节特征有所区别,比如 MLS 卫星数据对于 2019D 期间 9 月 11 日~9 月 17 日的波耗散过程描述得更清晰,位势高度异常在平流层低层的变化更加明显。对于温度的时间高度截面,MLS 卫星数据在平流层高层(1~0.1 hPa)的温度结果与再分析相

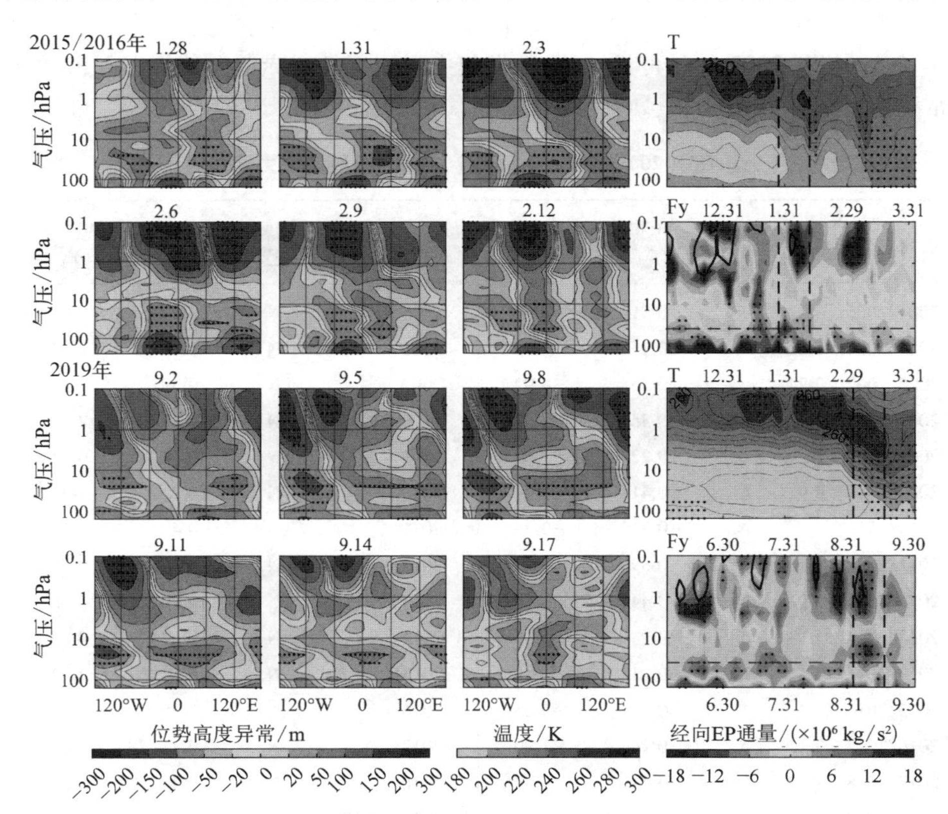

图 7.18　MERRA2 数据对图 7.6 的验证

比偏高，伴随更多的 260 K 等值线。而两个数据集对于平流层爆发性增温期间平流层低层温度的显著增加情形复现得基本一致。对于经向 EP 通量而言，在 15/16D 期间，MERRA2 数据对于 40 hPa 高度上的 EP 通量极值的复现位置和 MLS 数据一致，不过强度略小于 MLS 结果；在 2019D 期间，EP 通量极值的分布位置也相近，不过 MERRA2 数据的极值强度更强。

表 7.3 表示利用 MERRA2 数据对表 7.1 结果的复现，由于不同数据集的原始气压层不一样，这里对 MERRA2 数据选取的是 40 hPa 高度上的经向 EP 通量。MERRA2 数据中，在北半球冬季，15/16D 期间的 Fy 最强。其次出现较强 Fy 值的分别为 2013/2014 年冬季和 2010/2011 年冬季。在南半球冬季，2019 年 Fy 值最强，其次是 2013 年、2006 年和 2008 年。而对于 MLS 数据，在北半球冬季，15/16D 期间的 Fy 和 2010/2011 年冬季接近，为最强事件。其次出现较强 Fy 值的为 2013/2014 年冬季。在南半球冬季，2019 年 Fy 值最强，其次是 2013 年、2006 年和 2008 年。可见，两个数据集中平流层低层赤道向传播行星波的异常都能被捕获到，且结果具有鲁棒性。

表 7.3　2005~2022 冬季两个半球的行星波动力配置

北半球冬季		动力配置	7~10 hPa DF	40 hPa Fy	南半球冬季		动力配置	7~10 hPa DF	40 hPa Fy
2004/2005	3.12	N	-0.51	-0.68	2005		N	-0.45	0.93
2005/2006	1.21	N	-0.15	-0.75	2006		N	-0.38	3.13
2006/2007	2.24	N	-0.33	-0.92	2007		N	-0.49	1.15
2007/2008	2.22	N	-0.35	-0.39	2008		N	-0.41	2.88
2008/2009	1.24	N	-0.22	-1.69	2009		N	-0.44	0.94
2009/2010	2.9	N	-0.41	-1.44	2010		N	-0.32	1.23
2010/2011		N	-0.31	-2.33	2011		N	-0.49	1.62
2011/2012		N	-0.39	-0.65	2012		N	-0.37	0.59
2012/2013	1.9	N	-0.44	-0.46	2013		N	-0.40	3.48
2013/2014		N	-0.23	-2.39	2014		N	-0.64	0.87
2014/2015		N	-0.21	-0.41	2015		N	-0.34	2.22
2015/2016	3.4	Y	-0.35	-3.05	2016		N	-0.38	1.41
2016/2017		N	-0.26	-1.90	2017		N	-0.41	1.21
2017/2018	2.12	N	-0.41	-0.84	2018		N	-0.41	0.57
2018/2019		N	-0.38	-1.70	2019	9.18	Y	-0.65	4.38

续　表

北半球冬季	动力配置	7~10 hPa DF	40 hPa Fy	南半球冬季	动力配置	7~10 hPa DF	40 hPa Fy
2019/2020　1.2	N	−0.33	−0.54	2020	N	−0.45	1.54
2020/2021　1.5	N	−0.19	−0.89	2021	N	−0.17	0.48
2021/2022	N	−0.12	−0.31	2022	N	−0.46	1.03

注：北半球冬季与南半球冬季一列为相关年，部分附的具体日期（月.日）为爆发性增温的开始时间。

通过利用 MERRA2 数据对图 7.1、图 7.2、图 7.3、图 7.5、图 7.6 以及表 7.3 结果的复现，说明两次中断事件中行星波的异常活动所表现出来的典型特征是一个普遍现象，能被两种数据集同时捕捉。也进一步证明了前几节中讨论结论的可靠性和合理性。

7.6　本章小结

在至今的历史观测中，热带地区平流层大气环流异常尚未出现过两次 QBO 中断，且时间间隔如此之近。QBO 是气候系统中的一个重要动力学特征，具有超过三年的可预测性[299]。然而，两次中断事件给气候预测中心正确再现 QBO 带来了挑战。考虑到目前大多数能够产生合理 QBO 的环流模式使用具有较大不确定性的可调节参数化来解析小尺度波动[310]。因此，有必要充分了解这两次中断事件背后的波活动。由于中纬度行星波对 QBO 西风相逆转的具体强迫过程尚不完全清楚，本章分别对 15/16D 和 19/20D 冬季半球的行星波活动进行了分析。结果表明，两次中断事件背后的行星波活动明显强于气候态，低纬度纬向风有利于平流层低层的行星波向赤道传播。QBO 中断期间，平流层低层有若干个陆续出现的强烈的西移波包，并伴有较强的经向动量输送，这在其他正常西风相中是不存在的。同时，东移波在平流层高层（7~10 hPa）破碎，这可能是由于西移波在更高高度上（1 hPa）的增强和向下传播，阻碍了下方东移波的传播。结果，通过波-波相互作用产生了增强的负强迫。这两个事件的区别在于赤道向传播的行星波波包的时空分布特征。15/16D 期间基本上有一个强烈波包，而 19/20D 期间有两个强烈波包。相比之下，前者波包厚度更薄，位于更低的高度，这可能是 15/16D 在盛行西风中出现的更薄东风层的原因。

为了提前掌握相关大气环境的变化趋势，保持 QBO 这一现象预测的鲁棒性和稳定性至关重要。根据两次中断事件中行星波活动的分析结果，并进一步与其他年份进行比较，本章提出了一个从行星波的角度可能揭示环流异常的动力配置，即在平流层上层出现向东移波耗散的同时，在平流层下层出现向西移动的强烈的赤道向传播的波包，并伴随着对平均流的负强迫增强。这种动力配置可以在向赤道传播的行星波到达热带之前被捕捉到。两次中断过程中强烈波包的出现与 2016 年的主要最终增温、2019 年的小型平流层爆发性增温同时发生，预示着两者之间存在一定联系。由于行星波的不同活动特征导致了 SSW 事件的差异，这两次 SSW 事件的特殊性以及发生之前出现的向东传播的行星波特征值得进一步研究。考虑到这种大气环流的异常在气候变化中可能会增加[311,312]，使用该动力配置尝试来提前捕获这种异常是值得进一步去探索的工作。

第八章　后　　记

8.1　主要工作和结论

大气中的多尺度波动在传播与耗散过程中能显著影响大气中的热力和动力结构,通过波的破碎和耗散沉积能量和动量到背景大气,进而改变周围的大气环境。一方面,本书从物理本质出发,分析讨论大气多尺度波动与背景流之间的相互作用过程和机理,有助于提升对大气环境的理论认知水平,该研究方向也是目前的研究热点和难点;另一方面,本书结合实际应用保障需求,通过厘清这些波动是如何影响包括热力过程和动力过程在内的大气环境,为数值模式更加合理地表征真实大气中的波动过程提供理论和结果参考,而目前这些波动过程在模式中的参数化方案的缺陷正是模式预报精度误差的主要来源之一。按照空间尺度由小到大的顺序,本书从第三章到第七章依次围绕湍流、小尺度重力波、惯性重力波、天气尺度行星波以及准静止行星波与背景流的相互作用过程进行系统性研究。本书的主要研究工作和结论归纳如下:

(1) 探究了湍流在背景风场中的活动特征及其与降水之间的联系。基于我国西北地区的临近空间高分辨率探空数据,对其中出现的平流层中层大尺度湍流层进行了个例研究。发现 1 月 15 日两组数据在平流层中层都出现了大尺度异常湍流,通过对降水、气压等要素进行分析,发现降水区域与气球飞行的水平轨迹基本一致,且在降水之前和降水期间均存在平流层大尺度湍流。说明此次降水与平流层大尺度湍流的出现有一定关系。利用 6 年美国无线电探空仪数据分析西太平洋热带地区湍流的时空分布特征,确定了热带地区湍流与降水的相关性。由于大风切变和热对流的共同作用,近地层有利于大尺度湍流的生成。对流层中上层产生强湍流混合区,主要因为该区域强烈的对流不稳定。平流层湍流迅速减少,且尺度较小。对流层上层湍流对降水的响应受到云的强烈影响。在云层内部,降水的增强与湍流呈负相关。降水较多的时期的 Thorpe 尺度和湍流层厚度平均值均小于降水较少时的平均值。降水的增强对云层上方的湍流有一定的促进作用,特别有利于大尺度湍流层的出现。

(2) 探究了小尺度重力波与背景流之间的相互作用过程和机理。基于国内新型往返式智能探空系统,提出一种对平流层水平方向上的大气扰动特征的诊断和识别方法。利用结构函数和奇异测度,基于背景风场的统计特征生成参数空间($H1$,$C1$),对水平波长为几千米的小尺度重力波的扰动特性进行了量化。同时,根据三阶结构函数的斜率,将小尺度重力波的演化状态分为三类,即稳定重力波、不稳定重力波,以及产生了湍流的重力波。此外,还利用中国地区多个站点上空数月的探测数据,得到了上方平流层中大气精细结构特征的统计结果,并将其与更大尺度的惯性重力波之间的联系进行定性分析。结果表明,小尺度重力波的增强伴随着下方惯性重力波活动的减弱,而小尺度、高频重力波的产生和背景流所施加的开尔文-霍尔兹曼不稳定相关。最后,进一步探究了小尺度重力波扰动和臭氧传输之间的可能联系,发现小尺度重力波的增强有利于臭氧从平流层低层输送到更高的高度,尽管由于波在背景流中的耗散作用,这一传输路径的长度是有限的。

(3) 探究了惯性重力波与背景流之间的相互作用过程和机理。针对赤道上空的平流层纬向风场的准两年振荡这一典型的波流相互作用现象,基于西太平洋地区若干站点上空的无线电探空数据,分析了热带地区的惯性重力波活动及其在2015/2016年QBO中断期间的特征。首先,将速度图分析结果和斯托克斯参数法的结果进行对比,讨论两种方法获取参数结果的异同。然后,分析受到大气背景流“临界层”滤波效应影响下的平流层和对流层的惯性重力波活动的特征。发现对流层中的波源更加复杂,且上传波和下传波数目相近,而平流层的波源更加单一,以上传波为主,部分下传重力波很可能来自更高高度上的波反射。惯性重力波动量通量相速度谱的结构形态明显受到背景流所产生的多普勒频移效应的影响,在对流层谱峰值左右两侧相当,在平流层西向谱峰值显著减小,因为西向传播的惯性重力波被主导东风所吸收而耗散在背景流中。在2015/2016年QBO中断期间,对流层能激发更强的惯性重力波并上传到平流层,而此时减弱的西风及其上方和下方增强的风切变促使了更多低相速度的重力波在此破碎和耗散,增强的负波强迫反过来又促使了背景流的异常中断。

(4) 探究了天气尺度行星波与背景流的相互作用过程和机理。北半球中纬度地区的天气尺度行星波与背景流的相互作用能够促使大气阻塞的形成及波自身的准共振放大,特殊的大气动力配置也会导致极端天气事件的发生。基于准共振放大(QRA)理论,利用再分析资料首先分析了近几年北半球夏季的典型热浪事件及其伴随的背景环流条件,发现中纬度地区的天气尺度行星波通过地形和热力强迫效应被背景流捕获后,能够通过共振增强准静止分量的波振幅,从而促使极端高温的发生。然后,基于高振幅行星波能够导致极端高温这一前提,将历史数据中的高振幅行星波分为纬向波数6~8的共振波和非共振波,探究地表温度异常对不同类型的波的响应情况。并引入极端天气指数来分析不同地区、不同类型波存在的条件下极端高温发生的范围。结果表明,共振波对中纬度地区快速增温的影响比非共振波要强,尤其是在欧亚地区。同时,将能导致极端高温的共振行星波及其背景流动力配置进行归纳总结,认为导致极端高温的准共振放大行星波与对流层中的双急流结构密切相关,并伴随着大气阻塞的增强和进入平流层行星波的减弱。最后,对CMIP6模式对共振波的模拟能力进行了简要分析和评估,发现不同气候模式的模拟效果存在较大差异,这种偏差是通过风场的二阶导数而被放大的。

(5)探究了准静止行星波与背景流的相互作用过程和机理。针对2015/2016年QBO中断以及2019/2020年QBO中断这两次典型的赤道上空背景大气环流的异常现象,利用Aura/MLS卫星数据,从行星波的角度探究了两次环流异常背后的准静止行星波活动特征。首先,将两次事件背后的行星波活动和历史探测的气候态特征进行对比,发现这两次事件中高纬度强于气候态的波振幅在低纬度变成了小于气候态,说明在行星波赤道向的传播过程中向背景流施加了显著增加的额外负强迫。然后,通过进一步研究两次事件发生前后不同时段的行星波的传播和耗散过程,发现这种额外波强迫来自平流层高层东移波的破碎,同时也伴随着平流层低层若干显著强于气候态的经向传播的波包,这些强烈波包在纬向风场的逆转中起到了关键作用。同时,提出了一种诊断平流层环流异常的动力配置,即在平流层上层出现向东移动的波的耗散的同时,在平流层下层出现向西移动的强烈的赤道向传播的波包,并伴随着对平均流的负向强迫增强。最后,又利用MERRA2再分析数据对MLS卫星数据的观测结果进行了复现验证,证明结果的合理性和可靠性。

8.2 主要创新点

(1)分析了无线电探空仪数据在对流层、平流层的湍流观测资料,将云、降水、湍流结合起来，对湍流和背景大气相互影响的高度进行了更加细致的划分，揭示了热带西太平洋上空对流层上部降水和湍流之间的关系。

（2）发展了一种基于平飘气球观测的平流层大气扰动诊断识别的新方法。从结构函数和频谱分析的角度对小尺度重力波的演化状态进行分类识别，提出一种基于新型往返式智能探空系统观测的平流层小尺度扰动的量化手段，并揭示了其在物质输送及能量传输中的表征潜力。

（3）揭示了惯性重力波在平流层准两年振荡中断中的作用机制。以系统性的观测分析结果阐述了重力波活动在 2015/2016 年 QBO 中断期间受背景流的滤波效果及其对背景流产生的强迫作用。研究成果可为开展气候模式中的对流重力波参数化方案的改进提供有价值的观测结果，以提升对异常大气环流的表征能力。

（4）讨论了全球变暖背景下中纬度地区天气尺度行星波在热浪加剧中的重要作用。基于准共振放大理论，发现由波流相互作用产生的天气尺度行星波的振幅放大能显著增强极端高温发生的频率和范围，所施加的影响在欧亚地区尤为显著。研究成果以新的视角分析了极端事件背后的动力因素，并认为行星波的共振放大在其中所起到的作用值得进一步关注。

（5）提供了赤道外的准静止行星波影响赤道上空纬向环流异常的新视角。通过分析两次 QBO 中断事件中来自中纬度行星波携带的偏大动量通量的产生原因，以及两次事件背后由行星波活动对背景流施加影响的异同，提出了中纬度的行星波活动影响赤道上空 QBO 现象的可能机制。研究成果从行星波的角度提供了导致大气环流异常的动力因素解释，提出了造成平流层准两年振荡中断的一种可能的行星波动力配置。

8.3 未来工作展望

尽管本书分析了多尺度波动过程与背景大气之间的相互作用过程和机理，但是在开展具体研究的过程中，也产生了新的思考，遇到了新的问题，这些都值得后期去开展进一步的研究。结合这些思考和问题，未来可以进一步开展的工作如下：

（1）在基于无线电探空仪开展湍流活动特征分析中，本书的工作只是对降水和湍流的相互作用进行了量化分析，对于浮力频率、风切变等影响湍流产生的要素仅仅是停留在定性的阶段。在后续的研究中，可以进一步分析不同的大气要素对湍流发生发展的贡献，分析湍流强度与浮力频率、风切变、降水在不同高度、不同纬度、不同下垫面、不同季节的联合分布特征以及相关系数。利用上述计算得到的相关关系，综合分析不同要素对湍流发生发展的贡献大小，为湍流预测模型的建立提供关键参数。

（2）在基于往返式平飘探空数据开展小尺度重力波的扰动分析中，本书只使用了我国六个站点共两个月的数据，后续希望能利用更多区域、更长时段的RTISS 的探测结果来完善对参数空间（$H1$，$C1$）的统计特征及地区差异的认识。同时，（$H1$，$C1$）在平流层中的其他成分（如水汽、二氧化碳、甲烷等）的物质交换中可能存在的"指纹"（fingerprint）作用也值得进一步关注，即除了臭氧交换和输送以外，其他大气成分的物质输送过程可能也能够通过扰动参数来实现间接的反映。

（3）在基于无线电探空仪数据分析惯性重力波在赤道 QBO 中的波强迫效应时，获取的重力波参数的统计分布规律及其在 QBO 中断中所展现的特征具有观测价值，可作为后续模式模拟及参数化方案改进的重要结果参考。今后将考虑利用全大气气候模式（Whole Atmosphere Community Climate Model，WACCM），结合实际观测的重力波动量通量相速度谱，对模式中对流重力波参数化方案进行改进，优化模块中重力波谱源的设计，从而提升模式对大气环流现象的模拟表征能力。

（4）在基于再分析数据分析天气尺度行星波的准共振放大对极端高温的影响时，只讨论了北半球的中纬度地区。后续可以进一步分析南半球的中纬度地区共振行星波对热浪发生的具体影响程度。此外，还将基于气候模式数据，了解伴随共振波的动力学条件会发生什么变化。进一步探究未来的波变化趋势，及其对热浪甚至其他类型的极端天气的影响，由此评估极端事件所造成的可能的社会和经济影响。

（5）在基于卫星观测数据分析准静止行星波在两次 QBO 中断中的具体传播耗散特征时，所提出的动力配置作为环流异常的行星波动力因素只是一个初步的结论。后续将考虑利用数值模拟通过控制变量的方式去探究这一动力配置以及行星波活动在 QBO 中断中的具体作用和强迫机制。此外，还可以结合两次中断事件前后发生的平流层爆发性增温，去深入分析这两次增温事件的特殊性，以及伴随的行星波的传播耗散特征。

参 考 文 献

[1] 盛裴轩,毛节泰,李建国,等.大气物理学[M].北京:北京大学出版社,2013.

[2] Riveros H G, Riveros-Rosas D. Laminar and turbulent flow in water[J]. Physics Education, 2010, 45(3): 288 - 291.

[3] Dutta G, Ajay Kumar M C, Vinay Kumar P, et al. High resolution observations of turbulence in the troposphere and lower stratosphere over Gadanki[J]. Annales Geophysicae, 2009, 27(6): 2407 - 2415.

[4] Gavrilov N M, Luce H, Crochet M, et al. Turbulence parameter estimations from high-resolution balloon temperature measurements of the MUTSI - 2000 campaign[J]. Annales Geophysicae, 2005, 23(7): 2401 - 2413.

[5] Lane T P, Sharman R D, Clark T L, et al. An investigation of turbulence generation mechanisms above deep convection[J]. Journal of the Atmospheric Sciences, 2003, 60(10): 1297 - 1321.

[6] Trier S B, Sharman R D, Muoz-Esparza D, et al. Environment and mechanisms of severe turbulence in a midlatitude cyclone[J]. Journal of the Atmospheric Sciences, 2020, 77(11): 1 - 63.

[7] Sharman R D, Trier S B, Lane T P, et al. Sources and dynamics of turbulence in the upper troposphere and lower stratosphere: A review[J]. Geophysical Research Letters, 2012, 39(12): 1 - 9.

[8] He Y, Zhu X Q, Sheng Z, et al. Atmospheric disturbance characteristics in the lower-middle stratosphere inferred from observations by the round-trip intelligent sounding system (RTISS) in China[J]. Advances in Atmospheric Sciences, 2022, 39(1): 131 - 144.

[9] Fritts D C, Alexander M J. Gravity wave dynamics and effects in the middle atmosphere [J]. Reviews of Geophysics, 2003, 41(1): 1003.

[10] 段炼.晴空颠簸及其预报方法[J].中国民航飞行学院学报,2005,16(6): 39 - 41.

[11] 马洪瑞.晴空湍流简述[J].科技风,2016(9): 183.

[12] Jaeger E B, Sprenger M. A Northern Hemispheric climatology of indices for clear air turbulence in the tropopause region derived from ERA40 reanalysis data[J]. Journal of Geophysical Research: Atmospheres, 2007, 112(D20): D20106.

[13] Lee S H, Williams P D, Frame T H A. Increased shear in the North Atlantic upper-level jet stream over the past four decades[J]. Nature, 2019, 572(7771): 639-642.

[14] Kohma M, Sato K, Tomikawa Y, et al. Estimate of turbulent energy dissipation rate from the VHF radar and radiosonde observations in the antarctic[J]. Journal of Geophysical Research: Atmospheres, 2019, 124: 2976-2993.

[15] Zhang J, Zhang S D, Huang C M, et al. Latitudinal and topographical variabilities of free atmospheric turbulence from high-resolution radiosonde data sets [J]. Journal of Geophysical Research: Atmospheres, 2019, 124(8): 4283-4298.

[16] Ko H C, Chun H Y, Wilsonm R. Characteristics of atmospheric turbulence retrieved from high vertical-resolution radiosonde data in the United States[J]. Journal of Geophysical Research: Atmospheres, 2019, 124(14): 7553-7579.

[17] Jaiswal A, Kumar D V P, Bhattacharjee S, et al. Estimation of turbulence parameters using ARIES ST Radar and GPS radiosonde measurements: First results from the Central Himalayan region[J]. Radio Science, 2020, 55(8): 1-18.

[18] 张志标,姜明波,杜智涛,等.风廓线雷达湍流探测应用研究[J].气象水文海洋仪器, 2021,38(4): 5-7.

[19] Chen Z, Tian Y F, Wang Y N, et al. Turbulence parameters measured by the Beijing Mesosphere-Stratosphere-Troposphere radar in the troposphere/lower stratosphere with three models: Comparison and analyses [J]. Atmospheric Measurement Techniques, 2022, 14(4): 947.

[20] Lv Y M, Guo J P, Li J. Increased turbulence in the Eurasian upper-level jet stream in winter: Past and future[J]. Earth and Space Science, 2021, 8(2): e2020EA001556.

[21] Liu X, Xu J Y, Yuan W. Diurnal variations of turbulence parameters over the tropical oceanic upper troposphere during SCSMEX[J]. Science China Technological Sciences, 2014, 57(2): 351-359.

[22] He Y, Sheng Z, Zhou L S, et al. Statistical analysis of turbulence characteristics over the tropical western pacific based on radiosonde data[J]. Atmosphere, 2020, 11(4): 386.

[23] Ko H C, Chun H Y. Potential sources of atmospheric turbulence estimated using the Thorpe method and operational radiosonde data in the United States[J]. Atmospheric Research, 2022, 265: 105891.

[24] Dörnbrack A, Leutbecher M, Kivi R, et al. Mountain-wave-induced record low stratospheric temperatures above northern Scandinavia[J]. Tellus, 1999, 51(5): 951-963.

[25] Lilly D K, Kennedy P J. Observations of a stationary mountain wave and its associated momentum flux and energy dissipation[J]. Journal of the Atmospheric Sciences, 1973, 30(6): 1135-1152.

[26] Dewan E M, Picard R H, O'Neil R R, et al. MSX satellite observations of thunderstorm-

generated gravity waves in mid-wave infrared images of the upper stratosphere [J]. Geophysical Research Letters, 1998, 25(7): 939-942.

[27] Piani C, Durran D R. A numerical study of stratospheric gravity waves triggered by squall lines observed during the TOGA COARE and COPT-81 Experiments[J]. Journal of the Atmospheric Sciences, 2001, 58(24): 3702-3723.

[28] Pramitha M, Ratnam M V, Taori A, et al. Evidence for tropospheric wind shear excitation of high-phase-speed gravity waves reaching the mesosphere using the ray-tracing technique [J]. Atmospheric Chemistry and Physics, 2015, 15(5): 2709-2721.

[29] Zhang F Q. Generation of mesoscale gravity waves in upper-tropospheric jet-front systems [J]. Journal of the Atmospheric Sciences, 2004, 61(4): 440-457.

[30] Kim Y J, Eckermann S D, Chun H Y. An overview of the past, present and future of gravity-wave drag parametrization for numerical climate and weather prediction models[J]. Atmosphere-Ocean, 2003, 41(1): 65-98.

[31] Alexander M J, Geller M, McLandress C, et al. Recent developments in gravity-wave effects in climate models and the global distribution of gravity-wave momentum flux from observations and models[J]. Quarterly Journal of the Royal Meteorological Society, 2010, 136(650): 1103-1124.

[32] Eckermann S D. Effect of background winds on vertical wavenumber spectra of atmospheric gravity waves[J]. Journal of Geophysical Research, 1995, 100(D7): 14097-14112.

[33] Allen S J, Vincent R A. Gravity wave activity in the lower atmosphere: Seasonal and latitudinal variations[J]. Journal of Geophysical Research, 1995, 100(D1): 1327-1350.

[34] Hertzog A, Alexander J M, Plougonven R. On the intermittency of gravity wave momentum flux in the stratosphere[J].Journal of the Atmospheric Sciences,2012, 69(11): 3433-3448.

[35] Lindzen R S. Turbulence and stress owing to gravity wave and tidal breakdown[J]. Journal of Geophysical Research, 1981, 86(1): 9707-9714.

[36] Beljaars A, Brown A R, Wood N. A new parametrization of turbulent orographic form drag [J]. Quarterly Journal of the Royal Meteorological Society, 2004, 130(599): 1327-1347.

[37] Alexander M J, Dunkerton T J. A spectral parameterization of mean-flow forcing due to breaking gravity waves[J]. Journal of the Atmospheric Sciences, 1999, 56: 4167-4182.

[38] Kim Y H, Kiladis G, Albers J, et al. Comparison of equatorial wave activity in the tropical tropopause layer and stratosphere represented in reanalyses[J]. Atmospheric Chemistry and Physics, 2019, 19(15): 10027-10050.

[39] Yoo J H, Song I S, Chun H Y, et al. Inertia-gravity waves revealed in radiosonde data at Jang Bogo Station, Antarctica (74° 37′S, 164° 13′E): 2. Potential sources and their

relation to inertia-gravity waves[J]. Journal of Geophysical Research: Atmospheres, 2020, 125(7): 1-31.

[40] Yamashita C, England S, Immel T, et al. Gravity wave variations during elevated stratopause events using SABER observations[J]. Journal of Geophysical Research: Atmospheres, 2013, 118(11): 5287-5303.

[41] Wright C J, Hindley N P, Mitchell N J. Combining AIRS and MLS observations for three-dimensional gravity wave measurement[J]. Geophysical Research Letters, 2016, 43(2): 884-893.

[42] Kaifler B, Lübken F J, Höffner J, et al. Lidar observations of gravity wave activity in the middle atmosphere over Davis (69° S, 78° E), Antarctica[J]. Journal of Geophysical Research, 2015, 120(10): 4506-4521.

[43] Alexander M J, Ortland D A, Grimsdell A W, et al. Sensitivity of gravity wave fluxes to interannual variations in tropical convection and zonal wind[J]. Journal of the Atmospheric Sciences, 2017, 74(9): 2701-2716.

[44] Yuan T, Heale C J, Snively J B, et al. Evidence of dispersion and refraction of a spectrally broad gravity wave packet in the mesopause region observed by the Na lidar and Mesospheric Temperature Mapper above Logan, Utah[J]. Journal of Geophysical Research Atmospheres, 2016, 121(2): 579-594.

[45] Huang K M, Liu A Z, Zhang S D. Simultaneous upward and downward propagating inertia-gravity waves in the MLT observed at Andes Lidar Observatory[J]. Journal of Geophysical Research: Atmospheres, 2017, 122(5): 2812-2830.

[46] Moffat-Griffin T, Jarvis M J, Colwell S R, et al. Seasonal variations in lower stratospheric gravity wave energy above the Falkland Islands[J]. Journal of Geophysical Research Atmospheres, 2013, 118(19): 10861-10869.

[47] Shankar Das S, Kishore Kumar K, Uma K N. MST radar investigation on inertia-gravity waves associated with tropical depression in the upper troposphere and lower stratosphere over Gadanki (13.5° N, 79.2° E)[J]. Journal of Atmospheric and Solar-Terrestrial Physics, 2010, 72(16): 1184-1194.

[48] Eckermann S D, Hirota I, Hocking W K. Gravity wave and equatorial wave morphology of the stratosphere derived from long-term rocket soundings[J]. Quarterly Journal of the Royal Meteorological Society, 1995, 121: 149-186.

[49] Sheng Z, Jiang Y, Wan L, et al. A study of atmospheric temperature and wind profiles obtained from rocketsondes in the Chinese midlatitude region[J]. Journal of Atmospheric and Oceanic Technology, 2015, 32(4): 722-735.

[50] Sheng Z, Li J W, Jiang Y, et al. Characteristics of stratospheric winds over Jiuquan (41.1°N, 100.2°E) using rocketsonde data in 1967-2004[J]. Journal of Atmospheric

and Oceanic Technology, 2017, 34(3): 657 - 667.

[51] Podglajen A, Hertzog A, Plougonven R, et al. Lagrangian temperature and vertical velocity fluctuations due to gravity waves in the lower stratosphere[J]. Geophysical Research Letters, 2016, 43(7): 3543 - 3553.

[52] Vincent R A, Hertzog A. The response of superpressure balloons to gravity wave motions [J]. Atmospheric Measurement Techniques, 2014, 7(4): 1043 - 1055.

[53] He Y, Sheng Z, He M Y. The Interaction between the turbulence and gravity wave observed in the middle stratosphere based on the round-trip intelligent sounding system[J]. Geophysical Research Letters, 2020, 47(15): e2020GL088837.

[54] Kang M J, Chun H Y, Kim Y H, et al. Momentum flux of convective gravity waves derived from an offline gravity wave parameterization. Part II: Impacts on the quasi-biennial oscillation (QBO)[J]. Journal of the Atmospheric Sciences, 2018, 75(11): 3753 - 3775.

[55] Kawatani Y, Sato K, Dunkerton T J, et al. The roles of equatorial trapped waves and internal inertia-gravity waves in driving the quasi-biennial oscillation. Part II: Three-dimensional distribution of wave forcing[J]. Journal of the Atmospheric Sciences, 2010, 67(4): 981 - 997.

[56] Plougonven R, de la Cámara A, Hertzog A, et al. How does knowledge of atmospheric gravity waves guide their parameterizations? [J]. Quarterly Journal of the Royal Meteorological Society, 2020, 146(728): 1529 - 1543.

[57] Holton J. An introduction to dynamic meteorology[M]. 4th ed.San Diego: Elsevier Academic Press, 2004: 207 - 208.

[58] Gill A E. Atmosphere-ocean dynamics[M]. San Diego: Academic, 1982.

[59] Baldwin M P, Ayarzagüena B, Birner T, et al. Sudden stratospheric warmings[J]. Reviews of Geophysics, 2020, 59(1): e2020RG000708.

[60] 田文寿, 黄金龙, 郄锴, 等. 平流层大气环流的典型系统及变化特征综述[J]. 气象科学, 2020, 40(5): 628 - 638.

[61] 黄荣辉. 平流层与中间层大气动力学的研究[J]. 大气科学, 1985, 9(4): 413 - 422.

[62] 杨光, 李崇银, 李琳. 平流层爆发性增温及其影响研究进展[J]. 气象科学, 2012, 32(6): 694 - 708.

[63] Liang Z Q, Rao J, Guo D, et al. Simulation and projection of the sudden stratospheric warming events in different scenarios by CESM2-WACCM[J]. Climate Dynamics, 2022, 59(11): 3741 - 3761.

[64] 邓淑梅,陈月娟,陈权亮,等.平流层爆发性增温期间行星波的活动[J].大气科学, 2006,30(6): 1236 - 1248.

[65] Charyulu D V, Sivakumar V, Bencherif H, et al. 20-year LiDAR observations of stratospheric sudden warming over a mid-latitude site, Observatoire de Haute Provence (OHP; 44°N,

6°E): Case study and statistical characteristics[J]. Atmospheric Chemistry & Physics Discussions, 2007, 7(6): 1680-7367.

[66] Andrew D K, Butler A H, Jucker M, et al. Observed relationships between sudden stratospheric warmings and European climate extremes[J]. Journal of Geophysical Research: Atmospheres, 2019, 124(24): 13943-13961.

[67] Fazlul I L, John P M, Jorge L C, et al. Interhemispheric meridional circulation during sudden stratospheric warming[J]. Journal of Geophysical Research: Space Physics, 2019, 124(8): 7112-7122.

[68] Shen X C, Wang L, Osprey S. The Southern Hemisphere sudden stratospheric warming of September 2019[J]. Science Bulletin, 2020, 65(21): 1800-1802.

[69] Rao J, Garfinkel C I, White I P, et al. The Southern Hemisphere minor sudden stratospheric warming in September 2019 and its predictions in S2S models[J]. Journal of Geophysical Research: Atmospheres, 2020, 125(14): e2020JD032723.

[70] Baldwin M, Hirooka T, O'Neill A, et al. Major stratospheric warming in the Southern Hemisphere in 2002: dynamical aspects of the ozone hole split[J]. SPARC Newsletter, 2003, 20: 24-26.

[71] Lindzen R S, Holton J R. A theory of the quasi-biennial oscillation[J]. Journal of the Atmospheric Sciences,1968, 25(6): 1095-1107.

[72] Alexander M J. Interpretations of observed climatological patterns in stratospheric gravity wave variance[J]. Journal of Geophysical Research Atmospheres, 1998, 103(D8): 8627-8640.

[73] Baldwin M P, Gray L J, Dunkerton T J, et al. The quasi-biennial oscillation[J]. Reviews of Geophysics, 2001, 39(2): 179-229.

[74] Anstey J A, Osprey S M, Alexander J, et al. Impacts, processes and projections of the quasi-biennial oscillation [M]//Nature Reviews Earth and Environment. New York: Springer US, 2022: 588-603.

[75] Zhang J K, Tian W S, Chipperfield M P, et al. Persistent shift of the Arctic polar vortex towards the Eurasian continent in recent decades[J]. Nature Climate Change, 2016, 6(12): 1094-1099.

[76] Xie F, Li J P, Tian W S, et al. A connection from Arctic stratospheric ozone to El Nino-Southern oscillation[J]. Environmental Research Letters, 2016, 11: 124026.

[77] O'Sullivan D, Dunkerton T J. The influence of the quasi-biennial oscillation on global constituent distributions[J]. Journal of Geophysical Research: Atmospheres, 1997, 102(D18): 21731-21743.

[78] Osprey S M, Butchart N, Knight J R, et al. An unexpected disruption of the atmospheric quasi-biennial oscillation[J]. Science, 2016, 353(6306): 1424-1427.

[79] 陆日宇，黄荣辉. 关于阻塞形势演变过程中波数域能量的诊断分析[J]. 大气科学，1996(3)：269－278.

[80] He Y, Zhu X Q, Sheng Z, et al. Resonant waves play an important role in the increasing heat waves in Northern Hemisphere mid-latitudes under global warming[J]. Geophysical Research Letters, 2023, 50(14): 1－10.

[81] Cattiaux J, Vautard R, Cassou C, et al. Winter 2010 in Europe: A cold extreme in a warming climate[J]. Geophysical Research Letters, 2010, 37(20): L20704.

[82] Huang J L, Tian W S, Zhang J K, et al. The connection between extreme stratospheric polar vortex events and tropospheric blockings[J]. Quarterly Journal of the Royal Meteorological Society, 2017, 143(703): 1148－1164.

[83] Narinesingh V, Booth J F, Ming Y. Northern Hemisphere heat extremes in a warmer climate: More probable but less colocated with blocking[J]. Geophysical Research Letters, 2023, 50(2): e2022GL101211.

[84] Woollings T, Barriopedro D, Methven J, et al. Blocking and its Response to Climate Change[J]. Current Climate Change Reports. Current Climate Change Reports, 2018, 4(3): 287－300.

[85] Reinhold B B, Pierrehumbert R T. Dynamics of weather regimes: Quasi-stationary waves and blocking[J]. Monthly Weather Review, 1982, 110(9): 1105－1145.

[86] Charney J G, Devore J G. Multiple flow equilibria in the atmosphere and blocking[J]. Journal of the Atmospheric Sciences, 1979, 36: 1205－1216.

[87] Austin J F. The blocking of middle latitude westerly winds by planetary waves[J]. The Quarterly Journal of the Royal Meteorological Society, 1980, 106: 327－350.

[88] Renwick J A, Revell M J. Blocking over the South Pacific and Rossby Wave Propagation [J]. Monthly Weather Review, 1903, 127(10): 2233－2247.

[89] Woollings T. Dynamical influences on European climate: An uncertain future[J]. Philosophical Transactions of the Royal Society A Mathematical Physical & Engineering Sciences, 2010, 368(1924): 3733－3756.

[90] de Vries H, Woollings T, Anstey J, et al. Atmospheric blocking and its relation to jet changes in a future climate[J]. Climate Dynamics, 2013, 41(9－10): 2643－2654.

[91] Altenhoff A M, Martius O, Mischa M C, et al. Linkage of atmospheric blocks and synoptic-scale Rossby waves: A climatological analysis[J]. Tellus A, 2008, 60(5): 1053－1063.

[92] Hoskins B J, Karoly D J. The steady linear response of a spherical atmosphere to thermal and orographic forcing[J]. Journal of the Atmospheric Sciences, 1981, 38: 1179－1196.

[93] Branstator G. Horizontal energy propagation in a barotropic atmosphere with meridional and zonal structure[J]. Journal of Atmospheric Sciences, 1983, 40(7): 1689－1708.

[94] Held I M. Stationary and quasi-stationary eddies in the extratropical troposphere: Theory

[J]. Large-Scale Dynamical Processes in the Atmosphere, 1983: 127 - 167.

[95] Hoskins B J, Ambrizzi T. Rossby wave propagation on a realistic longitudinally varying flow [J]. Journal of the Atmospheric Sciences, 1993, 50(12): 1661 - 1671.

[96] Teng H Y, Branstator G. Amplification of waveguide teleconnections in the boreal summer [J]. Current Climate Change Reports, 2019, 5(4): 421 - 432.

[97] Jasti S C, Hu K, Srinivas G, et al. The Eurasian jet streams as conduits for East Asian monsoon variability[J]. Current Climate Change Reports, 2019, 5(3): 233 - 244.

[98] Screen J A, Simmonds I. Amplified mid-latitude planetary waves favour particular regional weather extremes[J]. Nature Climate Change, 2014, 4: 704 - 709.

[99] Branstator G. Circumglobal teleconnections, the Jet Stream Waveguide, and the North Atlantic Oscillation[J]. Journal of Climate, 2002, 15: 1893 - 1910.

[100] Xu P Q, Wang L, Vallis G K, et al. Amplified waveguide teleconnections along the polar front jet favor summer temperature extremes over Northern Eurasia[J]. Geophysical Research Letters, 2021, 48(13): e2021GL093735.

[101] Nakamura H, Fukamachi T. Evolution and dynamics of summertime blocking over the Far East and the associated surface Okhotsk high[J]. Quarterly Journal of the Royal Meteorological Society, 2004, 130(599): 1213 - 1233.

[102] Manola I, Selten F, de Vries H, et al. "Waveguidability" of idealized jets[J]. Journal of Geophysical Research Atmospheres, 2013, 118(18): 10410 - 432440.

[103] Petoukhov V, Rahmstorf S, Petri S, et al. Quasiresonant amplification of planetary waves and recent Northern Hemisphere weather extremes[J]. Proceedings of the National Academy of Sciences, 2013, 110: 5336 - 5341.

[104] Petoukhov V, Petri S, Rahmstorf S, et al. Role of quasiresonant planetary wave dynamics in recent boreal spring-to-autumn extreme events[J]. Proceedings of the National Academy of Sciences, 2016, 113: 6862 - 6867.

[105] 曹晓钟，郭启云，杨荣康. 基于长时平漂间隔的上下二次探空研究[J]. 仪器仪表学报，2019,40(2)：198 - 204.

[106] 郭启云，杨荣康，钱媛，等. 气球携带探空仪上升和降落伞携带探空仪下降的全程探空对比分析[J]. 气象，2018，44(8)：1094 - 1103.

[107] 王丹，王金成，田伟红，等. 往返式探空观测资料的质量控制及不确定性分析[J]. 大气科学，2020，44(4)：865 - 884.

[108] 钱媛. 往返平飘式探空数据的质量控制及评估研究[D]. 南京：南京信息工程大学，2019.

[109] 柳士俊，杨荣康，曹晓钟，等. 对流层平流层往返式平飘探空气球系统的动力热力过程理论分析与数值试验[J]. 大气科学，2022，46(4)：788 - 804.

[110] 王金成，王丹，杨荣康，等. 基于高分辨率数值天气模式的往返平飘式探空轨迹预测

方法及初步评估[J]. 大气科学, 2021, 45(3): 651 - 663.

[111] Chenyi Y, Qiyun G, Cao X, et al. Analysis of gravity wave characteristics in the lower stratosphere based on new round-trip radiosonde[J]. Acta Meteorologica Sinica, 2021, 79(1): 150 - 167.

[112] Hermite G. Exploration of the upper regions of the atmosphere using unassembled balloons, equipped with automatic recorders[J]. Comptes Rendus des Séances de l'Académie des Sciences, 1892, 115: 862 - 864.

[113] Hoinka K P. The tropopause: Discovery, definition and demarcation[J]. Meteorologische Zeitschrift, 1997, 6(6): 281 - 303.

[114] Lawrence T D, Rotch A. Variations in free air temperature in the comprix zone between 8 km and 13 km altitude[J]. Comptes Rendus des Séances de l'Académie des Sciences, 1902, 134: 987 - 989.

[115] Peter T M. Comparison of wind-profiler and radiosonde measurements in the tropoc[J]. Journal of Atmospheric and Oceanic Technology, 1993, 10(2): 122 - 127.

[116] Rust W D, Thomas C M, Stolzenburg M. Test of a GPS radiosonde in thunderstorm electrical environments[J]. Journal of Atmospheric and Oceanic Technology, 1999, 16(5): 550 - 560.

[117] Li S, Miller C. A study on the motion characteristics and their impact on the wind measurement post-processing of the GPS dropwindsonde. Part I: effects of the wind-finding equations[J]. Theoretical and Applied Climatology, 2014, 117(2): 221 - 231.

[118] 李柏,李伟.高空气象探测系统现状分析与未来发展[J].中国仪器仪表,2009,6: 19 - 23.

[119] 世界气象组织.仪器和观测方法指南(第六版)[Z].1996: 224 - 284.

[120] Kravtsov S, Roebber P, Brazauskas V. A virtual climate library of surface temperature over North America for 1979 - 2015[J]. Scientific Data, 2017, 4: 170155.

[121] Hersbach H, Bell B, Berrisford P, et al. The ERA5 global reanalysis[J]. Quarterly Journal of the Royal Meteorological Society, 2020, 146(730): 1999 - 2049.

[122] Sandor B J, Read W G, Waters J W, et al. Seasonal behavior of tropical to mid-latitude upper tropospheric water vapor from UARS MLS[J]. Journal of Geophysical Research: Atmospheres, 1998, 103(D20): 25935 - 25947.

[123] Schwartz M J, Lambert A, Manney G L, et al. Validation of the Aura Microwave Limb Sounder temperature and geopotential height measurements[J]. Journal of Geophysical Research: Atmospheres, 2008, 113(D15): 2007JD008783.

[124] Livesey N J. EOS MLS version 1.5 Level 2 data quality and description document[J]. Technical Report, Jet Propulsion Laboratory, D - 32381, 2005.

[125] Wu D L, Eckermann S D. Global Gravity Wave Variances from Aura MLS: Characteristics

and Interpretation[J]. Journal of the Atmospheric Sciences, 2008, 65(12): 3695 - 3718.

[126] 周天军,邹立维,陈晓龙.第六次国际耦合模式比较计划(CMIP6)评述[J].气候变化研究进展,2019,15(5): 445 - 456.

[127] Veronika E, Sandrine B, Meehl G A, et al. Overview of the Coupled Model Intercomparison Project Phase 6 (CMIP6) experimental design and organization[J]. Geoscientific Model Development, 2016, 9(5): 1937 - 1958.

[128] Riley J J, Lindborg E. Stratified turbulence: A possible interpretation of some geophysical turbulence measurements[J]. Journal of the Atmospheric Sciences, 2008, 65(7): 2416 - 2424.

[129] Wesson J C, Gregg M C. Mixing at carmirana sill in the strait of gibraltar[J]. Journal of Geophysical Research, 1994, 99(C5): 9847 - 9878.

[130] Nath D, Ratnam M V, Patra A K, et al. Turbulence characteristics over tropical station Gadanki (13.5° N, 79.2° E) estimated using high-resolution GPS radiosonde data[J]. Journal of Geophysical Research, 2010, 115(D7): 2009JD012347.

[131] Wilson R, Luce H, Dalaudier F, et al. Turbulence patch identification in potential density or temperature profiles[J]. Journal of Atmospheric and Oceanic Technology, 2010, 27(6): 977 - 993.

[132] Wilson R, Luce H, Hashiguchi H, et al. On the effect of moisture on the detection of tropospheric turbulence from in situ measurements[J]. Atmospheric Measurement Techniques, 2013, 6(3): 697 - 702.

[133] Wilson R, Dalaudier F, Luce H. Can one detect small-scale turbulence from standard meteorological radiosondes? [J]. Atmospheric Measurement Techniques, 2011, 4(5): 795 - 804.

[134] Lindborg E. Can the atmospheric kinetic energy spectrum be explained by two-dimensional turbulence? [J]. Journal of Fluid Mechanics, 1999, 388: 259 - 288.

[135] Cho J Y N, Lindborg E. Horizontal velocity structure functions in the upper troposphere and lower stratosphere 1. Observations[J]. Journal of Geophysical Research Atmospheres, 2001, 106(D10): 10223 - 10232.

[136] Lu C, Koch S E. Interaction of upper-tropospheric turbulence and gravity waves as obtained from spectral and structure function analyses[J]. Journal of the Atmospheric Sciences, 2008, 65(8): 2676 - 2690.

[137] Marshak A, Davis A, Wiscombe W, et al. Scale invariance in liquid water distributions in marine stratocumulus. Part II: Multifractal properties and intermittency issues[J]. Journal of the Atmospheric Sciences, 1997, 54: 1423 - 1444.

[138] Monin A S, Yaglom A M. Statistical fluid mechanics: Mechanics of turbulence[M]. Cambridge: MIT Press, 1975: 874.

[139] Thompson R. Observation of inertial waves in the stratosphere[J]. Quarterly Journal of the Royal Meteorological Society, 1978, 104(441): 691 - 698.

[140] Vincent R A, Fritts D C. A climatology of gravity wave motions in the Mesopause Region at Adelaide, Australia[J]. Journal of the Atmospheric Sciences, 1987, 44(4): 748 - 760.

[141] Serafimovich A, Hoffmann P, Peters D, et al. Investigation of inertia-gravity waves in the upper troposphere/lower stratosphere over Northern Germany observed with collocated VHF / UHF radars[J]. Atmospheric Chemistry and Physics, 2005, 5: 295 - 310.

[142] Pramitha M, Venkat R M, Leena P P, et al. Identification of inertia gravity wave sources observed in the troposphere and the lower stratosphere over a tropical station Gadanki[J]. Atmospheric Research, 2016, 176 - 177: 202 - 211.

[143] He Y, Zhu X Q, Sheng Z, et al. Statistical characteristics of inertial gravity waves over a tropical station in the Western Pacific based on high-resolution GPS radiosonde soundings [J]. Journal of Geophysical Research: Atmospheres, 2021,126(11): e2021JD034719.

[144] Eckermann S D. Hodographic analysis of gravity waves: Relationships among Stokes parameters, rotary spectra and cross-spectral methods[J]. Journal of Geophysical Research Atmospheres, 1996, 101(14): 19169 - 19174.

[145] Hines C O. Tropopausal mountain waves over arecibo: A case study[J]. Journal of the Atmospheric Sciences, 1989, 46(4): 476 - 488.

[146] Vincent R A, Alexander M J. Gravity waves in the tropical lower stratosphere: An observational study of seasonal and interannual variability[J]. Journal of Geophysical Research, 2000, 105(D14): 17971 - 17982.

[147] Wang L, Geller M A, Alexander M J. Spatial and temporal variations of gravity wave parameters. Part I: Intrinsic frequency, wavelength, and vertical propagation direction [J]. Journal of the Atmospheric Sciences, 2005, 62(1): 125 - 142.

[148] Yoo J H, Choi T, Chun H Y, et al. Inertia-gravity waves revealed in radiosonde data at Jang Bogo Station, Antarctica (74°37′S, 164°13′E): 1. Characteristics, energy, and momentum flux[J]. Journal of Geophysical Research: Atmospheres, 2018, 123(23): 13305 - 13331.

[149] Pfenninger M, Liu A Z, Papen G C, et al. Gravity wave characteristics in the lower atmosphere at south pole[J]. Journal of Geophysical Research Atmospheres, 1999, 104(D6): 5963 - 5984.

[150] Murphy D J, Alexander S P, Klekociuk A R, et al. Radiosonde observations of gravity waves in the lower stratosphere over Davis, Antarctica[J]. Journal of Geophysical Research, 2014, 119(21): 11973 - 11996.

[151] Guest F M, Reeder M J, Marks C J, et al. Inertia-gravity waves observed in the lower

stratosphere over Macquarie Island[J]. Journal of the Atmospheric Sciences, 2000, 57(5): 737-752.

[152] Andrews D G. On wave-action and its relatives[J]. Journal of Fluid Mechanics, 1978, 89(4): 647-664.

[153] Sato K, Yoshiki M. Gravity wave generation around the polar vortex in the stratosphere revealed by 3-Hourly radiosonde observations at Syowa station[J]. Journal of the Atmospheric Sciences, 2008, 65(12): 3719-3735.

[154] Zhang S D, Yi F. Latitudinal and seasonal variations of inertial gravity wave activity in the lower atmosphere over central China[J]. Journal of Geophysical Research Atmospheres, 2007, 112(D5): 2006JD007487.

[155] Schneider T, Bischoff T, Płotka H. Physics of changes in synoptic midlatitude temperature variability[J]. Journal of Climate, 2014, 28: 2312-2331.

[156] Ambrizzi T, Hoskins B J, Hsu H. Rossby wave propagation and teleconnection patterns in the Austral winter[J]. Journal of the Atmospheric Sciences, 1995, 52: 3661-3672.

[157] Coumou D, Petoukhov V, Rahmstorf S, et al. Quasi-resonant circulation regimes and hemispheric synchronization of extreme weather in boreal summer[J]. Proceedings of the National Academy of Sciences, 2014, 111: 12331-12336.

[158] Hoskins B J, Simmons A J, Andrews D G. Energy dispersion in a barotropic atmosphere. [J]. Quarterly Journal of the Royal Meteorological Society, 1977, 103: 553-567.

[159] Kornhuber K, Petoukhov V, Petri S, et al. Evidence for wave resonance as a key mechanism for generating high-amplitude quasi-stationary waves in boreal summer[J]. Climate Dynamics, 2017, 49: 1961-1979.

[160] Charney J G, Eliassen A. A numerical method for predicting the perturbations of the middle latitude westerlies[J]. Tellus A, 1949, 1: 38-54.

[161] Kornhuber K, Petoukhov V, Karoly D J, et al. Summertime planetary wave resonance in the Northern and Southern Hemispheres[J]. Journal of Climate, 2017, 30: 6133-6150.

[162] National Geophysical Data Center. Global Land One-kilometer Base Elevation (GLOBE) v.1[EB/OL]. https://www.ncei.noaa.gov/access/metadata/landing-page/bin/iso?id=gov.noaa.ngdc.mgg.dem:280[2024-6-28].

[163] Fleming E L, Chandra S, Barnett J J, et al. Zonal mean temperature, pressure, zonal wind and geopotential height as functions of latitude[J]. Advances in Space Research, 1990, 10(12): 11-59.

[164] Iida C, Hirooka T, Eguchi N. Circulation changes in the stratosphere and mesosphere during the stratospheric sudden warming event in January 2009[J]. Journal of Geophysical Research Atmospheres, 2014, 119(12): 7104-7115.

[165] Sato K, Yasui R, Miyoshi Y. The momentum budget in the stratosphere, mesosphere,

and lower thermosphere. Part I: Contributions of different wave types and in situ generation of Rossby waves[J]. Journal of the Atmospheric Sciences, 2018, 75(10): 3635-3651.

[166] Chen W, Graf H F, Takahashi M. Observed interannual oscillations of planetary wave forcing in the Northern Hemisphere winter[J]. Geophysical Research Letters, 2002, 29(22): 30-34.

[167] Andrews D G, Holton J R, Leovy C B. Middle atmosphere dynamics[M]. London: Academic Press, 1987.

[168] Sousa P M, Trigo R M, Barriopedro D, et al. European temperature responses to blocking and ridge regional patterns[J]. Climate Dynamics, 2017, 50: 457-477.

[169] Tibaldi S, Molteni F. On the operational predictability of blocking[J]. Tellus A, 1990, 42: 343-365.

[170] Nishii K, Nakamura H, Miyasaka T. Modulations in the planetary wave field induced by upward-propagating Rossby wave packets prior to stratospheric sudden warming events: A case-study[J]. Quarterly Journal of the Royal Meteorological Society, 2009, 135(638): 39-52.

[171] Thorpe S A. Turbulence and mixing in a Scottish Loch[J].Philosophical Transactions of the Royal Society A, Mathematical and Physical Sciences, 1977, 286: 125-181.

[172] Clayson C A, Kantha L. On turbulence and mixing in the free atmosphere inferred from high-resolution soundings[J]. Journal of Atmospheric and Oceanic Technology, 2008, 25(6): 833-852.

[173] Kantha L, Hocking W. Dissipation rates of turbulence kinetic energy in the free atmosphere: MST radar and radiosondes[J]. Journal of Atmospheric and Solar-Terrestrial Physics, 2011, 73(9): 1043-1051.

[174] Bellenger H, Wilson R, Davison J L, et al. Tropospheric turbulence over the tropical open Ocean: Role of gravity waves[J]. Journal of the Atmospheric Sciences, 2017, 74(4): 1249-1271.

[175] He Y, Sheng Z, He M Y. The first observation of turbulence in Northwestern China by a near-space high-resolution balloon sensor[J]. Sensors, 2020, 677: 1-17.

[176] Zhang S D, Yi F, Huang C M, et al. High vertical resolution analyses of gravity waves and turbulence at a midlatitude station[J]. Journal of Geophysical Research Atmospheres, 2012, 117(2): 1-15.

[177] Yusup Y, Liu H P. Effects of atmospheric surface layer stability on turbulent fluxes of heat and water vapor across the water-atmosphere interface[J]. Journal of Hydrometeorology, 2016, 17(11): 2835-2851.

[178] Wu D L, Preusse P, Eckermann S D, et al. Remote sounding of atmospheric gravity waves with satellite limb and nadir techniques[J]. Advances in Space Research, 2006,

37(12): 2269 – 2277.

[179] Preusse P, Eckermann S D, Ern M. Transparency of the atmosphere to short horizontal wavelength gravity waves[J]. Journal of Geophysical Research Atmospheres, 2008, 113(24): 1 – 16.

[180] Luce H, Wilson R, Dalaudier F, et al. Simultaneous observations of tropospheric turbulence from radiosondes using Thorpe analysis and the VHF MU radar[J]. Radio Science, 2014, 49(11): 1106 – 1123.

[181] Zhang J, Zhang S D, Huang C M, et al. Statistical study of atmospheric turbulence by Thorpe analysis[J]. Journal of Geophysical Research: Atmospheres, 2019, 124(6): 2897 – 2908.

[182] Lübken F J. Seasonal variation of turbulent energy dissipation rates at high latitudes as determined by in situ measurements of neutral density fluctuations[J]. Journal of Geophysical Research Atmospheres, 1997, 102(D12): 13441 – 13456.

[183] Kantha L, Lawrence D, Luce H, et al. Shigaraki UAV-Radar Experiment (ShUREX): Overview of the campaign with some preliminary results[J]. Progress in Earth and Planetary Science, 2017, 4(1): 19.

[184] Sato K, Tsutsumi M, Sato T, et al. Program of the Antarctic Syowa MST/IS radar (PANSY)[J]. Journal of Atmospheric and Solar-Terrestrial Physics, 2014, 118: 2 – 15.

[185] Wroblewski D E, Coté O R, Hacker J M, et al. Cliff-ramp patterns and Kelvin-Helmholtz billows in stably stratified shear flow in the upper troposphere: Analysis of aircraft measurements[J]. Journal of the Atmospheric Sciences, 2007, 64(7): 2521 – 2539.

[186] Nastrom G D, Gage K S. A climatology of atmospheric wavenumber spectra of wind and temperature observed by commercial aircraft.[J]. Journal of the Atmospheric Sciences, 1985, 42: 950 – 960.

[187] Hooper D A, Thomas L. Complementary criteria for identifying regions of intense atmospheric turbulence using lower VHF radar[J]. Journal of Atmospheric and Solar-Terrestrial Physics, 1998, 60(1): 49 – 61.

[188] Lindborg E, Cho J Y N. Horizontal velocity structure functions in the upper troposphere and lower stratosphere 2. Theoretical considerations[J]. Journal of Geophysical Research Atmospheres, 2001, 106(D10): 10233 – 10241.

[189] Söder J, Zülicke C, Gerding M, et al. High-resolution observations of turbulence distributions across tropopause folds[J]. Journal of Geophysical Research: Atmospheres, 2021, 126(6): 1 – 20.

[190] Hertzog A, Vial F, Mechoso C R, et al. Quasi-Lagrangian measurements in the lower stratosphere reveal an energy peak associated with near-inertial waves[J]. Geophysical Research Letters, 2002, 29(8): 1229.

[191] Hertzog A, Boccara G, Vincent R A, et al. Estimation of gravity wave momentum flux and phase speeds from quasi-lagrangian stratospheric balloon flights. Part I: Theory and simulations[J]. Journal of the Atmospheric Sciences, 2008, 65(10): 3042-3055.

[192] Vincent R A, Hertzog A, Boccara G, et al. Quasi-Lagrangian superpressure balloon measurements of gravity-wave momentum fluxes in the polar stratosphere of both hemispheres [J]. Geophysical Research Letters, 2007, 34(19): 1-5.

[193] Schoeberl M R, Jensen E, Podglajen A, et al. Gravity wave spectra in the lower stratosphere diagnosed from project loon balloon trajectories[J]. Journal of Geophysical Research: Atmospheres, 2017, 122(16): 8517-8524.

[194] Frisch U. From global scaling, à la Kolmogorov, to local multifractal scaling in fully developed turbulence [J]. Proceedings of the Royal Society of London. Series A: Mathematical and Physical Sciences, 1991, A434: 89-99.

[195] Stephen A C, Hock T, Cocquerez P. Driftsondes: Providing in situ long-duration dropsonde observations over remote regions[J]. Bulletin of the American Meteorological Society, 2015, 94(11): 1661-1674.

[196] Laroche S, Sarrazin R. Impact of radiosonde balloon drift on numerical weather prediction and verification[J]. Weather & Forecasting, 2013, 28(3): 772-782.

[197] Cao X Z, Guo Q Y, Yang R K. Research of rising and falling twice sounding based on long-time interval of flat-floating[J]. Chinese Journal of Scientific Instrument, 2019, 40(2): 198-204.

[198] Andreas K, Rolf P, Gonzague R, et al. Controlled weather balloon ascents and descents for atmospheric research and climate monitoring[J]. Atmospheric Measurement Techniques, 2016, 9: 929-938.

[199] Dewan E M, Good R E. Saturation and the "universal" spectrum for vertical profiles of horizontal scalar winds in the atmosphere[J]. Journal of Geophysical Research, 1986, 91 (D2): 2742-2748.

[200] Smith S A, Fritts D C, van Zandt T E. Evidence of saturated spectrum of atmospheric gravity waves[J]. Journal of the Atmospheric Sciences, 1987, 44: 1404-1410.

[201] Weinstock J. Saturated and unsaturated spectra of gravity waves and scale- dependent diffusion[J]. Journal of the Atmospheric Sciences, 1990, 47: 2211-2225.

[202] Hines C O. The saturation of gravity waves in the middle atmosphere. Part II: Development of Doppler-spread theory[J]. Journal of the Atmospheric Sciences, 1991, 48: 1360-1379.

[203] Dewan E. Saturated-cascade similitude theory of gravity wave spectra[J]. Journal of Geophysical Research Atmospheres, 1997, 102(D25): 29799-29817.

[204] Alexander P, de la Torre A, Llamedo P, et al. A method to improve the determination of

wave perturbations close to the tropopause by using a digital filter[J]. Atmospheric Measurement Techniques, 2011, 4(9): 1777 - 1784.

[205] Wu Y F, Yuan W, Xu J Y. Gravity wave activity in the troposphere and lower stratosphere: An observational study of seasonal and interannual variations[J]. Journal of Geophysical Research Atmospheres, 2013, 118(19): 11352 - 11359.

[206] Dewan E M, Grossbard N. Power spectral artifacts in published balloon data and implications regarding saturated gravity wave theories[J]. Journal of Geophysical Research: Atmospheres, 2000, 105(D4): 4667 - 4683.

[207] Tsuda T, Vanzandt T E, Mizumoto M, et al. Spectral analysis of temperature and Brunt-Vaisala frequency fluctuations observed by radiosondes[J]. Journal of Geophysical Research, 1991, 96(D9): 16265 - 17278.

[208] Bai Z X, Bian J C, Chen H B, et al. Inertial gravity wave parameters for the lower stratosphere from radiosonde data over China[J]. Science China Earth Sciences, 2016, 60(2): 328 - 340.

[209] Nath D, Venkat Ratnam M, Jagannadha Rao V V M, et al. Gravity wave characteristics observed, over a tropical station using high-resolution GPS radiosonde soundings[J]. Journal of Geophysical Research: Atmospheres, 2009, 114(6): 1 - 12.

[210] Dong W, Fritts D C, Liu A Z, et al. Gravity waves emitted from Kelvin-Helmholtz instabilities[J]. Geophysical Research Letters, 2023, 50: e2022GL102674.

[211] Tian W S, Huang J L, Zhang J K, et al. Role of stratospheric processes in climate change: Advances and challenges[J]. Advances in Atmospheric Sciences, 2023, 40(8): 1379 - 1400.

[212] Newell R E, Browell E V, Davis D D, et al. Western Pacific tropospheric ozone and potential vorticity: Implications for Asian pollution[J]. Geophysical Research Letters, 1997, 24(22): 2733 - 2736.

[213] Allaart M, Kelder H, Heijboer L C. On the relation between ozone and potential vorticity [J]. Geophysical Research Letters, 1993, 20(9): 811 - 814.

[214] Gabriel A. Ozone-gravity wave interaction in the upper stratosphere/lower mesosphere[J]. Atmospheric Chemistry and Physics, 2022, 22(16): 10425 - 10441.

[215] Kalashnik M V, Chkhetiani O G. Generation of gravity waves by singular potential vorticity disturbances in shear flows[J]. Journal of the Atmospheric Sciences, 2017, 74(1): 293 - 308.

[216] Heale C J, Snively J B. Gravity wave propagation through a vertically and horizontally inhomogeneous background wind[J]. Journal of Geophysical Research Atmospheres, 2015, 120(12): 5931 - 5950.

[217] Li J, Li T, Wu Q, et al. Characteristics of small-scale gravity waves in the Arctic winter

mesosphere[J]. Journal of Geophysical Research: Space Physics, 2020, 125(6): e2019JA027643.

[218] Garcia R R, Richter J H. On the momentum budget of the quasi-biennial oscillation in the whole atmosphere community climate model[J]. Journal of the Atmospheric Sciences, 2019, 76(1): 69-87.

[219] Holt L A, Alexander M J, Coy L, et al. Tropical waves and the quasi-biennial oscillation in a 7-km global climate simulation[J]. Journal of the Atmospheric Sciences, 2016, 73(9): 3771-3783.

[220] Sato K, Dunkerton T J. Estimates of momentum flux associated with equatorial Kelvin and gravity waves[J]. Journal of Geophysical Research: Atmospheres, 1997, 102(D22): 26247-26261.

[221] Krismer T R, Giorgetta M A. Wave forcing of the quasi-biennial oscillation in the Max Planck Institute Earth System Model[J]. Journal of the Atmospheric Sciences, 2014, 71(6): 1985-2006.

[222] Kim Y H, Chun H Y. Contributions of equatorial wave modes and parameterized gravity waves to the tropical QBO in HadGEM2[J]. Journal of Geophysical Research Atmospheres, 2015, 120(3): 1065-1090.

[223] Coy L, Newman P A, Pawson S, et al. Dynamics of the disrupted 2015/16 quasi-biennial oscillation[J]. Journal of Climate, 2017, 30(15): 5661-5674.

[224] Kang M J, Chun H Y, Garcia R R. Role of equatorial waves and convective gravity waves in the 2015/16 quasi-biennial oscillation disruption[J]. Atmospheric Chemistry and Physics, 2020, 20(23): 14669-14693.

[225] Dutta G, Bapiraju B, Prasad T S P L N, et al. Vertical wave number spectra of wind fluctuations in the troposphere and lower stratosphere over Gadanki, a tropical station[J]. Journal of Atmospheric and Solar-Terrestrial Physics, 2005, 67(3): 251-258.

[226] Venkat Ratnam M, Narendra Babu A, Jagannadha Rao V V M, et al. MST radar and radiosonde observations of inertia-gravity wave climatology over tropical stations: Source mechanisms[J]. Journal of Geophysical Research: Atmospheres, 2008, 113(D7): 2007JD008986.

[227] Narendra Babu A, Kishore Kumar K, Kishore Kumar G, et al. Long-term MST radar observations of vertical wave number spectra of gravity waves in the tropical troposphere over Gadanki (13.5° N, 79.2° E): Comparison with model spectra[J]. Annales Geophysicae, 2008, 26(7): 1671-1680.

[228] Leena P P, Venkat Ratnam M, Krishna Murthy B V. Inertia gravity wave characteristics and associated fluxes observed using five years of radiosonde measurements over a tropical station[J]. Journal of Atmospheric and Solar-Terrestrial Physics, 2012, 84-85: 37-44.

[229] Li H Y, Huang C M, Zhang S D, et al. Low-frequency oscillations of the gravity wave energy density in the lower atmosphere at low latitudes revealed by U.S. radiosonde data [J]. Journal of Geophysical Research: Atmospheres, 2016, 121(22): 458 – 473.

[230] Zhang S D, Yi F. A statistical study of gravity waves from radiosonde observations at Wuhan (30°N, 114°E) China [J]. Annales Geophysicae, 2005, 23: 665 – 673.

[231] Newman P A, Coy L, Pawson S, et al. The anomalous change in the QBO in 2015 – 2016 [J]. Geophysical Research Letters, 2016, 43(16): 8791 – 8797.

[232] Hansen F, Matthes K, Wahl S. Tropospheric QBO-ENSO interactions and differences between Atlantic and Pacific[J]. Journal of Climate, 2016, 29(4): 151229123839001.

[233] Li H Y, Kedzierski R P, Matthes K. On the forcings of the unusual Quasi-Biennial Oscillation structure in February 2016[J]. Atmospheric Chemistry and Physics, 2020, 20(11): 6541 – 6561.

[234] Huang K M, Yang Z X, Wang R, et al. A statistical study of inertia gravity waves in the lower stratosphere over the Arctic region based on radiosonde observations[J]. Journal of Geophysical Research: Atmospheres, 2018, 123(10): 4958 – 4976.

[235] He Y, Sheng Z, He M Y. Spectral analysis of gravity waves from near space high-resolution balloon data in northwest China[J]. Atmosphere, 2020, 11(2): 133.

[236] Ghosh P, Sharma S. Vertical wavenumber spectral characteristics of temperature in the stratosphere-mesosphere over tropical and subtropical regions[J]. Journal of Atmospheric and Solar-Terrestrial Physics, 2019, 191: 105053.

[237] Ding F, Wan W, Yuan H. The influence of background winds and attenuation on the propagation of atmospheric gravity waves[J]. Journal of Atmospheric and Solar-Terrestrial Physics, 2003, 65(7): 857 – 869.

[238] Medeiros A F, Taylor M J, Takahashi H, et al. An investigation gravity wave activity in the low-latitude upper mesosphere: Propagation direction and wind filtering[J]. Journal of Geophysical Research: Atmospheres, 2003, 108(14): 1 – 8.

[239] Dewan E M, Grossbard N, Quesada A F, et al. Spectral analysis of 10 m resolution scalar velocity profiles in the stratosphere[J]. Geophysical Research Letters, 1984, 11(6): 80 – 83.

[240] Wüst S, Bittner M. Gravity wave reflection: Case study based on rocket data[J]. Journal of Atmospheric and Solar-Terrestrial Physics, 2008, 70(5): 742 – 755.

[241] Kim Y H, Chun H Y, Preusse P, et al. Gravity wave reflection and its influence on the consistency of temperature-and wind-based momentum fluxes simulated above Typhoon Ewiniar[J]. Atmospheric Chemistry and Physics, 2012, 12(22): 10787 – 10795.

[242] Vincent R A, Alexander M J. Balloon-borne observations of short vertical wavelength gravity waves and interaction with QBO winds [J]. Journal of Geophysical Research:

Atmospheres, 2020, 125(15): e2020JD032779.

[243] Song I S, Chun H Y, Lane T P. Generation mechanisms of convectively forced internal gravity waves and their propagation to the stratosphere[J]. Journal of the Atmospheric Sciences, 2003, 60(16): 1960-1980.

[244] Gong J, Geller M A, Wang L. Source spectra information derived from U.S. high-resolution radiosonde data[J]. Journal of Geophysical Research: Atmospheres, 2008, 113(10): 1-15.

[245] Match A, Fueglistaler S. Anomalous dynamics of QBO disruptions explained by 1D theory with external triggering[J]. Journal of the Atmospheric Sciences, 2021, 78(2): 373-383.

[246] Watanabe S, Hamilton K, Osprey S, et al. First successful hindcasts of the 2016 disruption of the stratospheric quasi-biennial oscillation[J]. Geophysical Research Letters, 2018, 45(3): 1602-1610.

[247] Geller M A, Zhou T, Yuan W. The QBO, gravity waves forced by tropical convection, and ENSO[J]. Journal of Geophysical Research: Atmospheres,2016, 121(15): 8886-8895.

[248] Kawatani Y, Watanabe S, Sato K, et al. The roles of equatorial trapped waves and internal inertia-gravity waves in driving the quasi-biennial oscillation. Part I: Zonal mean wave forcing[J]. Journal of the Atmospheric Sciences, 2009, 67(4): 963-980.

[249] Kim Y H, Achatz U. Interaction between stratospheric Kelvin waves and gravity waves in the easterly QBO phase[J]. Geophysical Research Letters, 2021, 48(18): 1-8.

[250] Hirota N, Shiogama H, Akiyoshi H, et al. The influences of El Nino and Arctic sea-ice on the QBO disruption in February 2016[J]. Nature Climate and Atmospheric Science, 2018, 1(1): 2-6.

[251] Stott P A, Stone D A, Allen M R. Human contribution to the European heatwave of 2003 [J]. Nature, 2004, 432: 610-614.

[252] Otto F E L, Massey N, van Oldenborgh G J, et al. Reconciling two approaches to attribution of the 2010 Russian heat wave[J]. Geophysical Research Letters, 2012, 39(4): L04702.

[253] Dong B, Sutton R T, Shaffrey L C, et al. The 2015 European heat wave[J]. Bulletin of the American Meteorological Society, 2016, 97(12): S57-S62.

[254] Vautard R, Yiou P, Otto F, et al. Attribution of human-induced dynamical and thermodynamical contributions in extreme weather events[J]. Environmental Research Letters, 2016, 11: 114009.

[255] Kornhuber K, Osprey S M, Coumou D, et al. Extreme weather events in early summer 2018 connected by a recurrent hemispheric wave-7 pattern[J]. Environmental Research Letters, 2019, 14(5): 054002.

[256] Mitchell D M, Kornhuber K, Huntingford C, et al. The day the 2003 European heatwave record was broken[J]. The Lancet. Planetary health, 2019, 3(7): e290-e292.

[257] Rousi E, Fink A H, Andersen L S, et al. The extremely hot and dry 2018 summer in central and northern Europe from a multi-faceted weather and climate perspective[J]. Natural Hazards and Earth System Sciences, 2023, 23(5): 1699 – 1718.

[258] Amengual A, Homar V, Romero R, et al. Projections of heat waves with high impact on human health in Europe[J]. Global and Planetary Change, 2014, 119(1): 71 – 84.

[259] King A D, Harrington L J. The inequality of climate change from 1.5 to 2°c of global warming[J]. Geophysical Research Letters, 2018, 45: 5030 – 5033.

[260] Budescu D V, Broomell S B, Por H-H. Improving communication of uncertainty in the reports of the intergovernmental panel on climate change[J]. Psychological Science, 2009, 22(3): 299 – 308.

[261] Perkins-Kirkpatrick S E, Lewis S C. Increasing trends in regional heatwaves[J]. Nature Communications, 2020, 11(1): 3357.

[262] Rogers C D W, Kornhuber K, Perkins-Kirkpatrick S E, et al. Sixfold increase in historical Northern Hemisphere concurrent large heatwaves driven by warming and changing atmospheric circulations[J]. Journal of Climate, 2022, 35(3): 1063 – 1078.

[263] Ogi M, Yamazaki K, Tachibana Y. The summer northern annular mode and abnormal summer weather in 2003[J]. Geophysical Research Letters, 2005, 32(4): L04706.

[264] Palmer T N. Climate extremes and the role of dynamics[J]. Proceedings of the National Academy of Sciences, 2013, 110: 5281 – 5282.

[265] Tachibana Y, Nakamura T, Komiya H, et al. Abrupt evolution of the summer Northern Hemisphere annular mode and its association with blocking[J]. Journal of Geophysical Research: Atmospheres, 2010, 115(D12): D12125.

[266] Xu P Q, Wang L, Huang P, et al. Disentangling dynamical and thermodynamical contributions to the record-breaking heatwave over Central Europe in June 2019[J]. Atmospheric Research, 2021, 252: 105446.

[267] Chan P W, Catto J L, Collins M. Heatwave-blocking relation change likely dominates over decrease in blocking frequency under global warming[J]. npj Climate and Atmospheric Science, 2022, 5(1): 68.

[268] Schubert S, Wang H, Suárez M J. Warm season subseasonal variability and climate extremes in the Northern Hemisphere: The role of stationary rossby waves[J]. Journal of Climate, 2011, 24: 4773 – 4792.

[269] Angélil O, Perkins-Kirkpatrick S E, Alexander L V, et al. Comparing regional precipitation and temperature extremes in climate model and reanalysis products[J]. Weather and Climate Extremes, 2016, 13: 35 – 43.

[270] Van Oldenborgh G J, Wehner M F, Vautard R, et al. Attributing and projecting heatwaves is hard: We can do better[J]. Earth's Future, 2022, 10(6): e2021EF002271.

[271] Kornhuber K, Coumou D, Vogel E, et al. Amplified Rossby waves enhance risk of concurrent heatwaves in major breadbasket regions[J]. Nature Climate Change, 2019, 10: 48 - 53.

[272] Horton R M, Mankin J S, Lesk C, et al. A review of recent advances in research on extreme heat events[J]. Current Climate Change Reports, 2016, 2(4): 242 - 259.

[273] Mann M E, Rahmstorf S, Kornhuber K, et al. Projected changes in persistent extreme summer weather events: The role of quasi-resonant amplification[J]. Science Advances, 2018, 4(10): eaat3272.

[274] Coumou D, Di C G, Vavrus S, et al. The influence of Arctic amplification on mid-latitude summer circulation[J]. Nature Communications, 2018, 9(1): 2959.

[275] White R H, Kornhuber K, Martius O, et al. From atmospheric waves to heatwaves: A waveguide perspective for understanding and predicting concurrent, persistent and extreme extratropical weather[J]. Bulletin of the American Meteorological Society, 2021, 103(3): E923 - E935.

[276] Wirth V, Polster C. Diagnosing jet waveguidability in the presence of large-amplitude eddies[J]. Journal of the Atmospheric Sciences, 2021, 78(10): 3137 - 3151.

[277] Screen J A, Simmonds I. Caution needed when linking weather extremes to amplified planetary waves[J]. Proceedings of the National Academy of Sciences, 2013, 110: 1304867110.

[278] Witze A. Extreme heatwaves: Surprising lessons from the record warmth[J]. Nature, 2022, 608(7923): 464 - 465.

[279] Smith A K, Gille J C, Lyjak L V. Wave-wave interactions in the stratosphere: Observations during quiet and active wintertime periods[J]. Journal of the Atmospheric Sciences, 1984, 41(3): 363 - 373.

[280] Abatzoglou J T, Magnusdottir G. Nonlinear planetary wave reflection in the troposphere [J]. Geophysical Research Letters, 2004, 31: 2004GL019495.

[281] Douville H, Bielli S, Cassou C, et al. Tropical influence on boreal summer mid-latitude stationary waves[J]. Climate Dynamics, 2011, 37: 1783 - 1798.

[282] Hoskins B J, Woollings T. Persistent extratropical regimes and climate extremes[J]. Current Climate Change Reports, 2015, 1: 115 - 124.

[283] Martius O, Schwierz C, Davies H C. Tropopause-level waveguides[J]. Journal of the Atmospheric Sciences, 2010, 67: 866 - 879.

[284] Nishii K, Nakamura H, Orsolini Y J. Geographical dependence observed in blocking high influence on the stratospheric variability through enhancement and suppression of upward planetary-wave propagation[J]. Journal of Climate, 2011, 24(24): 6408.

[285] Tang L, Gu S Y, Dou X K. Eastward-propagating planetary waves in the polar middle atmosphere[J]. Atmospheric Chemistry and Physics, 2021, 21(23): 17495 - 17512.

[286] Rousi E, Kornhuber K, Beobide-Arsuaga G, et al. Accelerated western European heatwave trends linked to more-persistent double jets over Eurasia[J]. Nature Communications, 2022, 13(1): 1 - 11.

[287] Hu Y Y, Yang D, Yang J. Blocking systems over an aqua planet[J]. Geophysical Research Letters, 2008, 35(19): L19818.

[288] Tung K K, Lindzen R S. A theory of stationary long waves. Part I: A simple theory of blocking[J]. Monthly Weather Review, 1979, 107: 714 - 734.

[289] He Y, Zhu X Q, Sheng Z, et al. Observations of inertia gravity waves in the western pacific and their characteristic in the 2015/2016 quasi-biennial oscillation disruption[J]. Journal of Geophysical Research: Atmospheres, 2022, 127(22): e2022JD037208.

[290] Ma F, Yuan X, Jiao Y, et al. Unprecedented Europe heat in June-July 2019: Risk in the historical and future context[J]. Geophysical Research Letters, 2020, 47(11): e2020GL087809.

[291] Held I M, Ting M, Wang H. Northern winter stationary waves: Theory and modeling[J]. Journal of Climate, 2002, 15: 2125 - 2144.

[292] Mann M E, Rahmstorf S, Kornhuber K, et al. Influence of anthropogenic climate change on planetary wave resonance and extreme weather events[J]. Scientific Reports, 2017, 7: 45242.

[293] Wirth V, Polster C. The problem of diagnosing jet waveguidability in the presence of large-amplitude eddies[J]. Journal of the Atmospheric Sciences, 2021, 78(10): 3137 - 3151.

[294] Wolf G, Brayshaw D J, Klingaman N P, et al. Quasi-stationary waves and their impact on European weather and extreme events[J]. Quarterly Journal of the Royal Meteorological Society, 2018, 144: 2431 - 2448.

[295] Miralles D G, Teuling A J, van Heerwaarden C C, et al. Mega-heatwave temperatures due to combined soil desiccation and atmospheric heat accumulation[J]. Nature Geoscience, 2014, 7: 345 - 349.

[296] Zhang C Y, Zhang J K, Xu M, et al. Impacts of stratospheric polar vortex shift on the east Asian trough[J]. Journal of Climate, 2022, 35(17): 5605 - 5621.

[297] Ebdon R A. Notes on the wind flow at 50mb in tropical and sub-tropical regions in January 1957 and January 1958[J]. Quarterly Journal of the Royal Meteorological Society, 1960, 86(370): 540 - 542.

[298] Reed R J, Campbell W J, Rasmussen L A, et al. Evidence of a downward propagating annual wind reversal in the equatorial stratosphere[J]. Journal of Geophysical Research,

1961, 22(3): 813 - 818.

[299] Scaife A A, Athanassiadou M, Andrews M, et al. Predictability of the quasi-biennial oscillation and its northern winter teleconnection on seasonal to decadal timescales[J]. Geophysical Research Letters, 2014, 41(5): 1752 - 1758.

[300] Tweedy O V, Kramarova N A, Strahan S E, et al. Response of trace gases to the disrupted 2015 - 2016 quasi-biennial oscillation[J]. Atmospheric Chemistry and Physics, 2017, 17(11): 6813 - 6823.

[301] Dunkerton T J. The quasi-biennial oscillation of 2015 - 2016: Hiccup or death spiral? [J]. Geophysical Research Letters, 2016, 43(19): 10547 - 10552.

[302] Barton C A, McCormack J P. Origin of the 2016 QBO disruption and its relationship to extreme El Niño events[J]. Geophysical Research Letters, 2017, 44(21): 11150 - 11157.

[303] Kang M J, Chun H Y. Contributions of equatorial waves and small-scale convective gravity waves to the 2019/20 quasi-biennial oscillation (QBO) disruption[J]. Atmospheric Chemistry and Physics, 2021, 21(12): 9839 - 9857.

[304] Anstey J A, Banyard T P, Butchart N, et al. Prospect of increased disruption to the QBO in a changing climate[J]. Geophysical Research Letters, 2021, 48(15): 1 - 10.

[305] O'Sullivan D. Interaction of extratropical Rossby waves with westerly quasi-biennial oscillation winds[J]. Journal of Geophysical Research, 1997, 102(D16): 19461 - 19469.

[306] Killworth P D. Do Rossby wave critical layers absorb reflect or over-reflect? [J]. Journal of Fluid Mechanics, 1985, 161: 449 - 492.

[307] Lin P, Held I, Ming Y. The early development of the 2015/2016 Quasi-Biennial Oscillation disruption[J]. Journal of the Atmospheric Sciences, 2019, 76(3): 821 - 836.

[308] Charney J. A further note on large-scale motions in the tropics[J]. Journal of the Atmospheric Sciences, 1969, 26(1): 182 - 185.

[309] Liu H L. Quantifying gravity wave forcing using scale invariance[J]. Nature Communications, 2019, 10(1): 189763231.

[310] Schenzinger V, Osprey S, Gray L, et al. Defining metrics of the quasi-biennial oscillation in global climate models[J]. Geoscientific Model Development, 2017, 10(6): 2157 - 2168.

[311] Richter J H, Butchart N, Kawatani Y, et al. Response of the Quasi-biennial oscillation to a warming climate in global climate models[J]. Quarterly Journal of the Royal Meteorological Society, 2022, 148(744): 1490 - 1518.

[312] Butchart N, Anstey J A, Kawatani Y, et al. QBO changes in CMIP6 climate projections [J]. Geophysical Research Letters, 2020, 47(7): e2019GL086903.